志賀浩二［著］

新装改版

ベクトル解析30講

朝倉書店

は し が き

ベクトル解析という主題のもとで，どのような題材を選んでかいたらよいのかということは，私には予想していたよりはるかに難しい問題となった．前景におくべき素材にはいくつかの候補があったが，背景の色調が決まらないのである．

ベクトル解析という分野は，古典力学や電磁気学の理論の中から，3 次元ベクトルの解析学として，数理物理学の一分野として誕生してきたものである．それは 19 世紀後半のことと思う．この誕生の過程から生じた物理的雰囲気の中には，古典的なくすんだ色合いがいつまでも残っていて，そのことがベクトル解析を現代数学の明るい日差しの中に取り入れるのを，妨げていたようにみえる．実際，ふつうは，ベクトル解析のことは，いかにも取り扱いにくそうに，微積分の教科書の最後に付録のようにつけ加えられている．

この古典的な色合いを脱したベクトル解析の理論を新たに求めるとしたら，一体，どのような方向を目指すべきであろうか．解析学の中で，ベクトル解析として独立に取り上げるようなものがあるのだろうか．本書執筆に際して，私が考えなければならなかったのはこの問題であった．

20 世紀になって，物理学は相対性理論や場の量子論を生んだが，これらの中に盛られる数学的な形式は，単に運動群で不変なベクトルではなくて，もっと一般の座標変換で不変であるような物理量が取り扱えるものが望まれるようになった．一方，現代数学の中でも，微分幾何学やトポロジーの進展の中から，一般の座標変換で不変であるような数学的な対象を取り扱う場——多様体——が登場してきた．この歴史の流れを見ていると，ベクトル解析を支える背景の世界が変化してきたと考える方がよいようである．

現在の視点に立つならば，ベクトル解析の主題は，一般の座標変換で不変であるような解析学が展開できるような，数学的な形式を確立することと，その広い応用を示すことにあると思う．微分・積分の中で用いられる形式は，座標変換で不変であるようにはなっていない．微分という演算は，もともと変数の取り方に密着している．これを，一般の座標変換で不変であるような形にかき直すにはどうしたらよいか．

これに対する現代数学の与えた解答は，多様体やファイバー・バンドルの理論構成の中に見出すことができる．しかし，ベクトル解析の中に，このような広汎な理論を取り込むのは適当ではない．ベクトル解析は，やはり微分・積分の延長上にあるべきだろう．この考えに立ってみたとき，現代数学の視点とも合致するものとして，微分形式の理論がある．私は，本書の主題を，微分形式の初等的な入門においたのである．

微分形式の理論は，外積代数，またはグラスマン代数とよばれている代数的構造の上に構成されている．このため，一般の人はなかなか近づきにくいのである．私はこの外積代数の理論も，またその過程で導入されるテンソル代数のことも，ベクトル解析の一部と考えてよいのではないかと思い，本書前半に，できるだけわかりやすくかくことを試みてみた．また微分形式の導入も，古典的なグリーンの公式やガウスの定理の中に，すでに微分形式へと移行する萌芽があったということを示すように表わしてみた．読者が，微分形式の拠って立つ場所を一望の下に見下ろすような地点に，少しでも近づくことができればよいがと望んでいる．

終りに，本書の出版に際し，いろいろとお世話になった朝倉書店の方々に，心からお礼申し上げます．

1989 年 4 月

著　　者

目　　次

第 1 講

ベクトルとは

テーマ

- 風向きを表わす矢印
- 高速道路の自動車の流れを示す矢印
- 磁石の働きを示す矢印
- 力学とベクトル
- ベクトルの和とスカラー積
- 抽象数学の中でのベクトル——加法とスカラー積の演算だけに注目
- 線形代数とベクトル解析

風向きを表わす

最近になって，天気予報のテレビ画面では，ときどき風向きや波の高さまで図示するようになってきた．「明日は，東京地方は南風，房総半島南部では南東の風が吹くでしょう」という予報が伝えられると同時に，テレビ画面には関東地方の地図を示した画面が現われて，東京には南から北へ向かう矢印をおくことによって，館山のあたりには南東から北西へ向かう矢印をおくことによって風向きが示されている．各地の風向きが一目瞭然として，なかなかよいと思う．夏の暑い宵など，画面を見ながら，あのあたりは北から風が吹き渡って涼しそうだ，などと感じている．

しかし欲をいえば，風向きの強さによって，矢印の長さも変えてかかれているならばもっとよいだろう．風速によって矢印の長さを調節する．そうすると無風状態のところは，長さ 0 の矢印——点——によって示されることになるだろう．もっともテレビをよく観察したわけではないから，あるいはそれに近い工夫は，すでになされているのかもしれない．

見る方の楽しみだけからいえば，雲の流れを人工衛星からの画像を通して動的

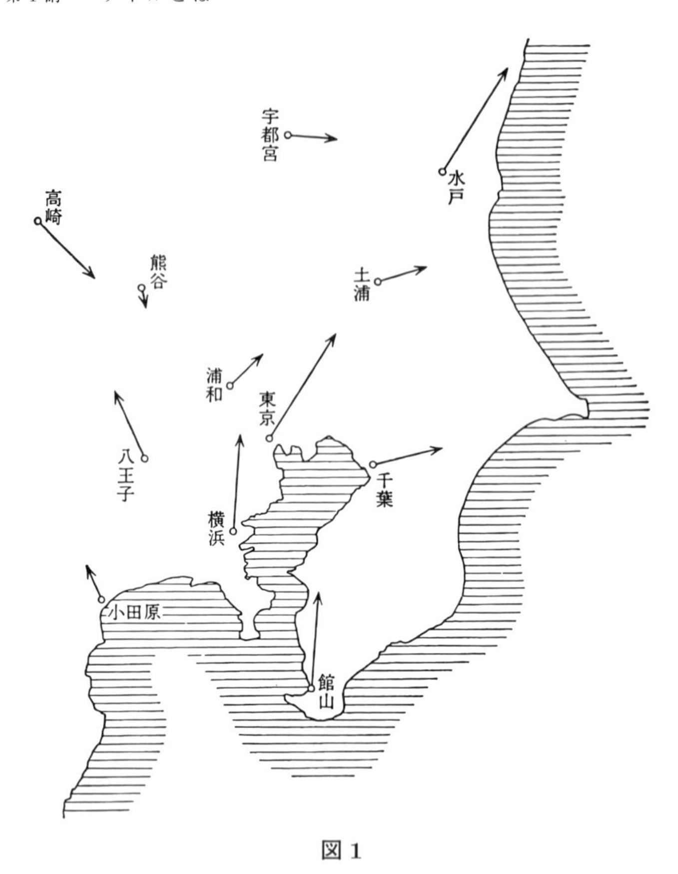

図1

に見せているように，1時間きざみで1日の風の変化を，矢印の変化で示してくれるともっと面白いと思う．

いずれにしても，ある地点でどれだけの強さの風が，どの方向から吹いてくるかを示すには，その地点から風速に比例した長さの矢印を，風向きの方向に地図に記すのが一番適している．

図1で，そのような風を示す図を描いておいた．この図で，東京と水戸では，同じ方向に同じ長さの矢印が引かれている．したがって東京と水戸では，同じ方向に，同じ風速の風が吹いていることがわかる．また，横浜と館山でも，南の方から同じ風が吹いている．熊谷では，ほとんど風のない状態となっている．

高速道路の車の流れ

高速道路を走っているたくさんの自動車を考えよう．ある時刻における，これらの自動車の流れと動きを見やすく表示するためには，その時刻における各自動車の進む方向に合わせた，速さに比例した長さをもつ矢印を，各自動車に付すとよい．図２では，このようにして片側２車線の高速道路での自動車の動きを図示してある．内側車線を走っている車に比べると，外側車線を走っている車のスピードは落ちている．

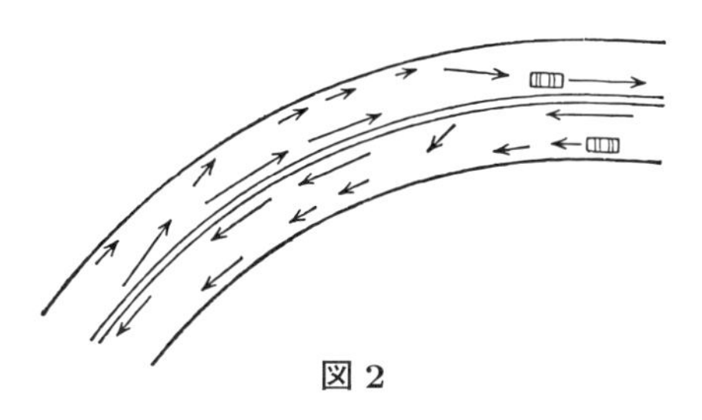

図２

この場合でも，２つの自動車に対して，同じ長さの矢印が同じ方向に向けて引かれているということは，その時刻で，２つの自動車が，同じ速さで，同じ方向を目指して走っていることを意味している．

磁　力　線

同じように矢印で示されるものとして，電場や磁場の強さがある．

砂鉄を集めてきて，紙の上に撒いて，下から磁石をあてるとどうなるかということは，誰しも一度くらいは，子供のときに確かめたことがあるだろう．あるいは小学校の理科の実験のときに試みたことがあるかもしれない．砂鉄は，磁力の向く方向にしたがって並び，全体として，１つの極から他の極へ向けての流れのようなパターンを紙の上に描く．この流れは，磁力によってつくられた磁場を示している．おのおのの砂鉄の粒に，そこに働く磁石の力の大きさに比例した長さをもち，流れの方向に走る矢印を付与すると，これらの矢印の分布は，全体として磁場を表わすことになる．矢印を十分短くかいて，順次結んでいくと，しだいに１つの流れを表わすようになってくる．これが，砂鉄の示す磁力線となる．

この場合，矢印は砂鉄に働く磁力を示している．

力学とベクトル

このように，物理現象として生ずるさまざまな運動や力を記述するには，それらを矢印で——一層正確には，向きと方向と長さをもつ量によって——表現するのが適当である場合が多い．

このように，向きと方向と長さによって決まる量をベクトルという．ベクトルの概念はまず力学の中で誕生した．現在，力学や電磁気学の教科書を見ると，これらの理論は，ベクトルの概念を積極的に用いて展開されていることがわかる．しかし，ベクトル表現が力学に用いられるようになったのは，実はそう古いことではなく，歴史的には，1880年頃のギブス (Willard Gibbs) による力学の講義がはじめらしいという (『古典物理学 I』(岩波講座)).

ベクトルの概念の重要さは，まず力学の中で実証され，それが数理物理学を経由して，数学の中に流れ込んできたのだろう．

力学が明らかにしたことによると，2つのベクトル $\boldsymbol{x}$ と $\boldsymbol{y}$ の和は，$\boldsymbol{x}$ と $\boldsymbol{y}$ をそれぞれ1辺とする平行四辺形の対角線の表わすベクトルとして定義するのが，最も自然なことであるということであった．実際，$\boldsymbol{x}$ と $\boldsymbol{y}$ が，ある質点に働く力を表わしているとすると，$\boldsymbol{x}$ と $\boldsymbol{y}$ を同時にこの質点に働かせたときの力は，この対角線の表わすベクトルとして表示される．

またベクトル $\boldsymbol{x}$ を2倍，3倍，... とすることは，このベクトルの向きと方向を保ったまま，長さだけを2倍，3倍，... とすることが最も自然の解釈であり，また，-2倍，-3倍，... とすることは，ベクトルの向きだけを変えてから，長さを2倍，3倍，... とすることが，最も自然な考えであることもわかった．

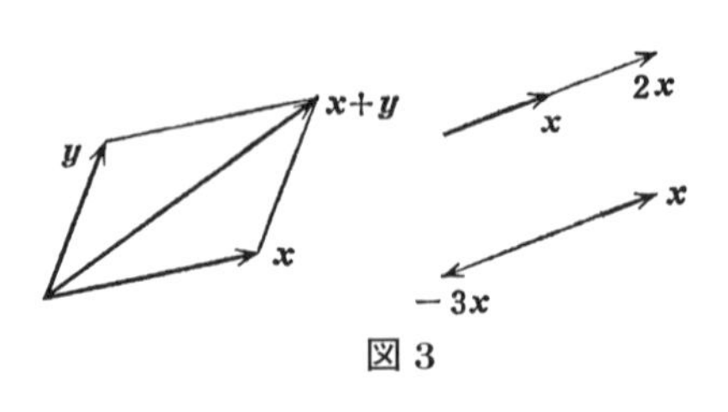

図 3

抽象数学の中でのベクトル

数学者もはじめのうちは，物理学者と同じように，平面のベクトルや，空間のベクトルを考えていたが，やがて20世紀となって，抽象数学，特に抽象代数学の考えが進んでくると，ベクトルという概念を，はるかに一般的な数学の対象にまで昇華してしまったのである．数学者は，ベクトルの中にある基本演算

加　　法：$\boldsymbol{x}+\boldsymbol{y}$

スカラー積：実数 α に対して，$\boldsymbol{x}$ を α 倍して，$\alpha\boldsymbol{x}$ をつくる演算

だけに注目した．

そして，これらの基本演算が図 3 のように表示できるというような直観的な表象もひとまず忘れることにした．このようにして，加法と，実数 α に対して α 倍できる演算——スカラー積——だけが許される抽象的な対象が登場してきた．この対象の集まりをベクトル空間といい，その元をベクトルとよぶことにしたのである．もちろんこの基本演算の間には，いくつかの関係がみたされていなくてはならない．これは第 2 講で述べることにしよう．

このように，図 3 のような 2 次元，3 次元における直観的な表示を用いて考える考え方を，ベクトルの概念の中から取り去ったため，たとえば，実数の n 個の組 $(x_1, x_2, \ldots, x_n)$ も 1 つのベクトル空間をつくると考えることができるようになった．

$$\boldsymbol{x}=(x_1, x_2, \ldots, x_n), \quad \boldsymbol{y}=(y_1, y_2, \ldots, y_n)$$

に対して，加法は

$$\boldsymbol{x}+\boldsymbol{y}=(x_1+y_1,\ x_2+y_2,\ \ldots,\ x_n+y_n)$$

により，またスカラー積は，実数 α に対して

$$\alpha\boldsymbol{x}=(\alpha x_1, \alpha x_2, \ldots, \alpha x_n)$$

と定義するのである．

ベクトルの許す 2 つの基本演算，加法とスカラー積は，現在では線形性という言葉で引用されるようになり，線形性というこの性質は，現代数学の対象を見るときの，広い視点を与えることになった．

線形代数とベクトル解析

線形性を基本的な性質としてもつベクトル空間の構造を，代数的な立場から詳しく調べるのが線形代数である．線形代数では，ベクトル空間の構造や，ベクトル空間からベクトル空間への写像で，線形性を保つもの——線形写像——の性質

を，行列表示を用いながら，徹底して調べていく．

一方，たとえば最初に述べた風向きを示すベクトルのようなときにも，時々刻々と変化する風向きの変化の模様を調べようとすると，時間 t の関数としてのベクトル $\boldsymbol{x}(t)$ が登場してくるだろう．正午には東京は南風が吹いていたのに，午後3時には東風に変わっていたとする．このとき，東京の風向きを示すベクトル $\boldsymbol{x}(t)$ は，t が0時から3時までの間に，どのように変化していったのだろうか．このような，ベクトルの変化を調べるのは，ベクトル解析の分野である．

たとえば，高速道路を走る1台の自動車の速度ベクトルを，時間の関数として $\boldsymbol{x}(t)$ とおくと，この変化の模様を記述する $\boldsymbol{x}(t)$ の微分

$$\boldsymbol{x}'(t) = \lim_{h \to 0} \frac{\boldsymbol{x}(t+h) - \boldsymbol{x}(t)}{h}$$

は，時間 t における，この自動車の加速度を示している．

Tea Time

質問　n が4以上のときも，n 個の実数の組からなるベクトル $\boldsymbol{x} = (x_1, x_2, \ldots, x_n)$ などを，日常考えることがあるのでしょうか．

答　2次元，3次元のベクトルには，背後に物理空間のイメージがつねにつきまとうから，n 個の実数の組 $(x_1, x_2, \ldots, x_n)$ のつくるベクトル空間——n 次元ベクトル空間——に対しても，何か背景に空間的なイメージを設定したくなる．そうすると，n 次元ベクトルというのはいかにも神秘的で，数学者しか扱えない対象にみえてくる．

だが実際は，数学はベクトルの概念の中に，加法とスカラー積しか認めていないという立場をとったのだから，空間的なイメージとはひとまず切り離されてしまったことになる．そのためごく日常的なところにも，n 次元ベクトルの考えは入ってきているのである．

たとえば，ある商店が3個の商品A, B, Cを扱っているとする．店の主人は，毎日，売上高から仕入値を引いた純益をA, B, Cの順に並べて，(x_1, x_2, x_3) と表わし，この値を見て，次の日の仕入れを考えている．たとえばある日のデータが

$$(-10000, 20000, 5000)$$

ということは，A については 1 万円の欠損が出たが，B については 2 万円の利益があり，C については 5 千円の利益があったことを示している．したがって，この日の純益は $-10000 + 20000 + 5000 = 15000$ (円) であるが，商品を仕入れる立場では，この値だけ知ればよいというわけにはいかないだろう．店の主人にとって関心のあるのは，3 次元のベクトル (x_1, x_2, x_3) の，日ごとの変化の模様である．

同じように考えれば，$n \geqq 4$ のときでも，n 個の商品を扱う商店の主人の関心は，おのおのの商品の純利益

$$(x_1, x_2, \ldots, x_n)$$

の毎日の変化だろう．この関心のあるところを数学的に見れば，主人の関心は，n 次元ベクトル空間の中の，ベクトルの変化にあるといってよいだろう．午前中の仕入れに対応する利潤が

$$\boldsymbol{x} = (x_1, x_2, \ldots, x_n)$$

であり，午後の仕入れから得た利潤が，

$$\boldsymbol{y} = (y_1, y_2, \ldots, y_n)$$

ならば，1 日の利潤を表わすベクトルは $\boldsymbol{x} + \boldsymbol{y} = (x_1 + y_1,\ x_2 + y_2,\ \ldots,\ x_n + y_n)$ となるだろう．このごく日常的な考えの中にも，すでに‘和は平行四辺形の対角線として表わされる’という空間的な表象は，完全に消えていることに注意してほしいのである．

第 2 講

ベクトル空間

テーマ
- ◆ これからのプラン
- ◆ ベクトル空間の定義
- ◆ 1 次独立と 1 次従属
- ◆ 有限次元のベクトル空間
- ◆ 基底
- ◆ (Tea Time) 同型なベクトル空間

これからのプラン

ベクトル解析を学ぶためには，まずベクトル空間のことをよく知っておかなくてはならない．したがって，ベクトル空間のことから話をはじめることにする．しかし，ベクトル解析を見通しよく進めていくためには，単にベクトル空間の線形的な性質だけではなくて，さらにベクトル空間の上に構成される外積代数 (グラスマン代数ともいう) の知識も必要となる．実際，この外積代数という概念は，ベクトル解析における最も重要な概念——微分形式——と密接に関係してくるのである．

これから第 11 講までは，ベクトル空間の一般的な理論からはじめて，外積代数を構成する道を進むことにする．次に計量を入れたベクトル空間の場合を論ずることにする．この代数的な枠組の中で述べられている理論構成全体は，それ自身興味深いものがあって，現代数学における考え方が，いろいろな面で反映しているところがある．

これらのことを述べた上で，第 16 講から，舞台を解析へと移して，ベクトル解析の主題に入ることにする．

ベクトル空間の定義

これからは，$\boldsymbol{R}$とかくときには，$\boldsymbol{R}$は実数全体の集まりを示すことにする．$\boldsymbol{R}$の中では，四則演算が自由にできる(ただし，0で割ることだけはできない).

【定義】 ものの集まり(集合)$\boldsymbol{V}$が，$\boldsymbol{R}$上のベクトル空間であるとは，$\boldsymbol{x}$，$\boldsymbol{y} \in \boldsymbol{V}$に対して，和とよばれる演算$+$があって$\boldsymbol{x}+\boldsymbol{y} \in \boldsymbol{V}$が決まり，また実数$\alpha$と$\boldsymbol{x} \in \boldsymbol{V}$に対して，スカラー積とよばれる演算があって$\alpha\boldsymbol{x} \in \boldsymbol{V}$が決まり，これらが次の演算規則❶〜❽をみたすときである．なお，$\boldsymbol{V}$の元$\boldsymbol{x}$，$\boldsymbol{y}$などをベクトルという．

❶ $\boldsymbol{x}+\boldsymbol{y}=\boldsymbol{y}+\boldsymbol{x}$

❷ $(\boldsymbol{x}+\boldsymbol{y})+\boldsymbol{z}=\boldsymbol{x}+(\boldsymbol{y}+\boldsymbol{z})$

❸ すべての$\boldsymbol{x}$に対し，$\boldsymbol{x}+\boldsymbol{0}=\boldsymbol{x}$を成り立たせるようなベクトル$\boldsymbol{0}$がただ1つ存在する．

❹ おのおのの$\boldsymbol{x}$に対し，$\boldsymbol{x}+\boldsymbol{x}'=\boldsymbol{0}$を成り立たせるようなベクトル$\boldsymbol{x}'$がただ1つ存在する．

❺ $1\boldsymbol{x}=\boldsymbol{x}$

❻ $\alpha(\beta\boldsymbol{x})=(\alpha\beta)\boldsymbol{x}$

❼ $\alpha(\boldsymbol{x}+\boldsymbol{y})=\alpha\boldsymbol{x}+\alpha\boldsymbol{y}$

❽ $(\alpha+\beta)\boldsymbol{x}=\alpha\boldsymbol{x}+\beta\boldsymbol{x}$

❸で存在を要請した$\boldsymbol{0}$は，零ベクトルとよばれている．零ベクトルと数の0とは概念としてはまったく異なるものであるが，全然無関係というわけではない．実際

$$0\boldsymbol{x}=\boldsymbol{0} \tag{1}$$

が成り立つ．

これを示すには，❽から

$$0\boldsymbol{x}=(0+0)\boldsymbol{x}=0\boldsymbol{x}+0\boldsymbol{x}$$

この両辺に❹で存在が保証されている$(0\boldsymbol{x})'$を加えて❷と❸を用いると

$$\boldsymbol{0}=0\boldsymbol{x}+\left\{0\boldsymbol{x}+(0\boldsymbol{x})'\right\}=0\boldsymbol{x}+\boldsymbol{0}=0\boldsymbol{x}$$

これで(1)が示された．

❹で存在を要請した$\boldsymbol{x}'$を$-\boldsymbol{x}$とかく．ここでマイナス記号を使っても混乱が

生じないのは

$$(-1)\boldsymbol{x} = -\boldsymbol{x}$$

が成り立つからである．

実際，$\boldsymbol{0} = 0\boldsymbol{x} = (1-1)\boldsymbol{x} = 1\boldsymbol{x}+(-1)\boldsymbol{x}$．この式は $(-1)\boldsymbol{x} = -\boldsymbol{x}$ を示している．

以下では，$\boldsymbol{R}$ 上のベクトル空間しか取り扱わないので，'$\boldsymbol{R}$ 上の' を省いて，単にベクトル空間ということにする．ベクトル $\boldsymbol{x}$ に対応する言葉として (これもたぶん物理の方から生じたよび方であろうが)，実数 α のことをスカラー α ということもある．$\alpha\boldsymbol{x}$ をスカラー積というのは，この語法に基づいている．

【例 1】　与えられた自然数 n に対して，n 個の実数の組

$$(x_1, x_2, \ldots, x_n)$$

の全体は，前講 (5 頁) で述べたような仕方で，加法とスカラー積を定義することにより，ベクトル空間となる．このベクトル空間を n 次元数ベクトル空間といい，$\boldsymbol{R}^n$ で表わす．

【例 2】　数直線上の閉区間 $[0,1]$ 上で定義された連続関数全体のつくる集合を $C[0,1]$ とする．$f, g \in C[0,1]$ に対し

$$(f+g)(t) = f(t) + g(t), \quad (\alpha f)(t) = \alpha f(t)$$

とおいて，加法 $f+g$ と，スカラー積 αf を定義する．このとき $C[0,1]$ はベクトル空間となる．

1 次独立と 1 次従属

$\boldsymbol{V}$ をベクトル空間とする．$\boldsymbol{V}$ の有限個のベクトル $\boldsymbol{x}_1, \boldsymbol{x}_2, \ldots, \boldsymbol{x}_r$ が与えられたとき，

$$\alpha_1\boldsymbol{x}_1 + \alpha_2\boldsymbol{x}_2 + \cdots + \alpha_r\boldsymbol{x}_r$$

の形で表わされるベクトルを，$\boldsymbol{x}_1, \boldsymbol{x}_2, \ldots, \boldsymbol{x}_r$ の 1 次結合であるという．

$\boldsymbol{y}, \boldsymbol{z}$ を $\boldsymbol{x}_1, \boldsymbol{x}_2, \ldots, \boldsymbol{x}_r$ の 1 次結合であるとし，

$$\boldsymbol{y} = \alpha_1\boldsymbol{x}_1 + \alpha_2\boldsymbol{x}_2 + \cdots + \alpha_r\boldsymbol{x}_r$$

$$\boldsymbol{z} = \beta_1\boldsymbol{x}_1 + \beta_2\boldsymbol{x}_2 + \cdots + \beta_r\boldsymbol{x}_r$$

とする．このとき，$\alpha_1 = \beta_1$，$\alpha_2 = \beta_2$，$\ldots$，$\alpha_r = \beta_r$ ならば，明らかに $\boldsymbol{y} = \boldsymbol{z}$ である．しかし，そうでなくとも $\boldsymbol{y} = \boldsymbol{z}$ となる場合もある．たとえば 3 つのベク

トル $\boldsymbol{x}_1, \boldsymbol{x}_2, \boldsymbol{x}_3$ をとったとき

$$\boldsymbol{x}_2 = \boldsymbol{x}_1 + \boldsymbol{x}_3$$

となっているとする．このとき $\boldsymbol{x}_1, \boldsymbol{x}_2, \boldsymbol{x}_3$ の 1 次結合として表わされる 2 つのベクトル

$$\boldsymbol{y} = \boldsymbol{x}_1 + \boldsymbol{x}_2 + \boldsymbol{x}_3$$

$$\boldsymbol{z} = 2\boldsymbol{x}_1 + 0\boldsymbol{x}_2 + 2\boldsymbol{x}_3$$

を見ると，$\boldsymbol{y}, \boldsymbol{z}$ を表わす $\boldsymbol{x}_1, \boldsymbol{x}_2, \boldsymbol{x}_3$ の係数は違うが，$\boldsymbol{y} = \boldsymbol{z}$ となっている．

このようなことが起きるか起きないかは，$\boldsymbol{x}_1, \boldsymbol{x}_2, \ldots, \boldsymbol{x}_r$ のとり方によっている．

【定義】 $\boldsymbol{y}, \boldsymbol{z}$ を $\boldsymbol{x}_1, \boldsymbol{x}_2, \ldots, \boldsymbol{x}_r$ の 1 次結合とし，

$$\boldsymbol{y} = \alpha_1\boldsymbol{x}_1 + \alpha_2\boldsymbol{x}_2 + \cdots + \alpha_r\boldsymbol{x}_r$$

$$\boldsymbol{z} = \beta_1\boldsymbol{x}_1 + \beta_2\boldsymbol{x}_2 + \cdots + \beta_r\boldsymbol{x}_r$$

とする．$\boldsymbol{y} = \boldsymbol{z}$ となるのは

$$\alpha_1 = \beta_1, \quad \alpha_2 = \beta_2, \quad \ldots, \quad \alpha_r = \beta_r$$

のときに限るとき，$\boldsymbol{x}_1, \boldsymbol{x}_2, \ldots, \boldsymbol{x}_r$ は1次独立であるという．

零ベクトルは $\boldsymbol{x}_1, \boldsymbol{x}_2, \ldots, \boldsymbol{x}_r$ の 1 次結合として表わすことができる．

$$\mathbf{0} = 0\boldsymbol{x}_1 + 0\boldsymbol{x}_2 + \cdots + 0\boldsymbol{x}_r$$

もし，$\boldsymbol{x}_1, \boldsymbol{x}_2, \ldots, \boldsymbol{x}_r$ が 1 次独立ならば，$\mathbf{0}$ を表わす表わし方は，これしかないのだから，まず次の命題の必要性がわかる．

> $\boldsymbol{x}_1, \boldsymbol{x}_2, \ldots, \boldsymbol{x}_r$ が 1 次独立であるための必要かつ十分な条件は次の性質が成り立つことである．
>
> $$\alpha_1\boldsymbol{x}_1 + \alpha_2\boldsymbol{x}_2 + \cdots + \alpha_r\boldsymbol{x}_r = \mathbf{0}$$
>
> となるのは，$\alpha_1 = \alpha_2 = \cdots = \alpha_r = 0$ となるときに限る．

条件が十分なこと：いまこの条件が成り立っているとする．このとき

$$\alpha_1\boldsymbol{x}_1 + \alpha_2\boldsymbol{x}_2 + \cdots + \alpha_r\boldsymbol{x}_r = \beta_1\boldsymbol{x}_1 + \beta_2\boldsymbol{x}_2 + \cdots + \beta_r\boldsymbol{x}_r$$

が成り立てば

$$(\alpha_1 - \beta_1)\,\boldsymbol{x}_1 + (\alpha_2 - \beta_2)\,\boldsymbol{x}_2 + \cdots + (\alpha_r - \beta_r)\,\boldsymbol{x}_r = \mathbf{0}$$

から，$\alpha_1{=}\beta_1$，$\alpha_2{=}\beta_2$，$\ldots$，$\alpha_r{=}\beta_r$ となり，これで条件が十分なことが示された．▮

【定義】 $\boldsymbol{x}_1, \boldsymbol{x}_2, \ldots, \boldsymbol{x}_r$ が 1 次独立でないとき，1次従属であるという．

$\boldsymbol{x}_1, \boldsymbol{x}_2, \ldots, \boldsymbol{x}_r$ が1次従属とする．このとき，ある $\alpha_i \neq 0$ で

$$\boldsymbol{0} = \alpha_1 \boldsymbol{x}_1 + \cdots + \alpha_{i-1} \boldsymbol{x}_{i-1} + \alpha_i \boldsymbol{x}_i + \alpha_{i+1} \boldsymbol{x}_{i+1} + \cdots + \alpha_r \boldsymbol{x}_r$$

という関係が成り立つ．したがって

$$\boldsymbol{x}_i = \left(-\frac{\alpha_1}{\alpha_i}\right) \boldsymbol{x}_1 + \cdots + \left(-\frac{\alpha_{i-1}}{\alpha_i}\right) \boldsymbol{x}_{i-1} + \left(-\frac{\alpha_{i+1}}{\alpha_i}\right) \boldsymbol{x}_{i+1} + \cdots + \left(-\frac{\alpha_r}{\alpha_i}\right) \boldsymbol{x}_r$$

すなわち，$\boldsymbol{x}_1, \boldsymbol{x}_2, \ldots, \boldsymbol{x}_r$ が1次従属ならば，この中のある $\boldsymbol{x}_i$ は，残りの $\boldsymbol{x}_1, \ldots, \boldsymbol{x}_{i-1}, \boldsymbol{x}_{i+1}, \ldots, \boldsymbol{x}_r$ の1次結合として表わされる．逆にこの性質があれば，$\boldsymbol{x}_i$ には，$1\boldsymbol{x}_i$ という表わし方があるのに，一方では，$\boldsymbol{x}_1, \ldots, \boldsymbol{x}_{i-1}, \boldsymbol{x}_{i+1}, \ldots, \boldsymbol{x}_r$ の1次結合としても表わされることになり，$\boldsymbol{x}_i$ には2通りの表わし方が可能となって，$\boldsymbol{x}_1, \boldsymbol{x}_2, \ldots, \boldsymbol{x}_r$ は1次独立ではないことになる．

有限次元のベクトル空間

ベクトル空間 $\boldsymbol{V}$ が与えられたとき，その中に含まれる1次独立なベクトルの個数 r について，次の2つのうちのどちらかの場合が生ずることになる．

(i)　ある正数 K があって，1次独立な元 $\{\boldsymbol{x}_1, \boldsymbol{x}_2, \ldots, \boldsymbol{x}_r\}$ に対して，つねに $r \leqq K$.

(ii)　どんな大きい正数 K をとっても，ある1次独立な元 $\{\boldsymbol{x}, \boldsymbol{x}_2, \ldots, \boldsymbol{x}_r\}$ で，$r \geqq K$ となるものが存在する．

(i) のとき，ベクトル空間 $\boldsymbol{V}$ は有限次元であるといい，(ii) のとき，$\boldsymbol{V}$ は無限次元であるという．

有限次元のベクトル空間に対しては，1次独立なベクトル $\{\boldsymbol{x}_1, \boldsymbol{x}_2, \ldots, \boldsymbol{x}_r\}$ をいろいろとってみても，ベクトルの個数 r は一定数を越えないのだから，r が最大となるようなものが必ず存在する．そのとき次のことが成り立つことが知られている．

【定理】　$\boldsymbol{V}$ を有限次元のベクトル空間とし，1次独立なベクトルの最大個数を n とする．このとき次のことが成り立っている．

(i)　$\{\boldsymbol{x}_1, \boldsymbol{x}_2, \ldots, \boldsymbol{x}_n\}$ を n 個の1次独立なベクトルとする．このとき，任意のベクトル $\boldsymbol{x}$ は，ただ1通りに

$$\boldsymbol{x} = \alpha_1 \boldsymbol{x}_1 + \alpha_2 \boldsymbol{x}_2 + \cdots + \alpha_n \boldsymbol{x}_n$$

と表わされる.

(ii) $\{\boldsymbol{y}_1, \boldsymbol{y}_2, \ldots, \boldsymbol{y}_s\}$ $(s \leqq n)$ を 1 次独立なベクトルとする. このとき, 必ずあるベクトル $\boldsymbol{y}_{s+1}, \ldots, \boldsymbol{y}_n$ が存在して $\{\boldsymbol{y}_1, \boldsymbol{y}_2, \ldots, \boldsymbol{y}_s, \boldsymbol{y}_{s+1}, \ldots, \boldsymbol{y}_n\}$ は 1 次独立となる.

【定義】 有限次元のベクトル空間 $\boldsymbol{V}$ において, 1 次独立なベクトルの最大個数 n を, $\boldsymbol{V}$ の次元といい

$$\dim \boldsymbol{V} = n$$

で表わす.

【定義】 $\boldsymbol{V}$ を n 次元のベクトル空間とする. このとき, n 個の 1 次独立なベクトル $\{\boldsymbol{e}_1, \boldsymbol{e}_2, \ldots, \boldsymbol{e}_n\}$ を $\boldsymbol{V}$ の基底という.

定理の (i) によって, $\boldsymbol{V}$ の任意のベクトル $\boldsymbol{x}$ は, $\boldsymbol{e}_1, \boldsymbol{e}_2, \ldots, \boldsymbol{e}_n$ の 1 次結合としてただ 1 通りに表わされる. これを

$$\begin{aligned} \boldsymbol{x} &= x^1 \boldsymbol{e}_1 + x^2 \boldsymbol{e}_2 + \cdots + x^n \boldsymbol{e}_n \\ &= \sum_{i=1}^{n} x^i \boldsymbol{e}_i \end{aligned} \tag{2}$$

のように表わすことにしよう.

(2) のように指標を上につけたり, 下につけたりすることは, いまの段階ではわずらわしいようにみえるかもしれないが, この記法の有効性は, おいおいわかってくるだろう.

ベクトル空間の次元 n のとる値は, 自然数 $1, 2, 3, \ldots$ である. また便宜上, $\boldsymbol{0}$ だけからなるベクトル空間を 0 次元のベクトル空間として考えることもある.

$\boldsymbol{R}^n$ は, n 次元のベクトル空間であって, その 1 つの基底は

$$\boldsymbol{e}_1 = (1, 0, 0, \ldots, 0), \quad \boldsymbol{e}_2 = (0, 1, 0, \ldots, 0), \quad \ldots, \quad \boldsymbol{e}_n = (0, 0, \ldots, 0, 1)$$

で与えられる. この基底を $\boldsymbol{R}^n$ の標準基底という.

なお, $C[0, 1]$ は無限次元である.

Tea Time

同型なベクトル空間

ベクトル空間とは，加法とスカラー積だけが基本構造として与えられている集合である．いま $\boldsymbol{V}$ と $\boldsymbol{W}$ を2つのベクトル空間とする．このとき，$\boldsymbol{V}$ と $\boldsymbol{W}$ で，加法とスカラー積に関する‘設計仕様’がまったく同じならば，$\boldsymbol{V}$ と $\boldsymbol{W}$ は私たちの前に同じベクトル空間を提示しているとみてもよいだろう．このようなとき $\boldsymbol{V}$ と $\boldsymbol{W}$ は同型なベクトル空間であるという (定義はすぐあとで述べる)．建物のたとえでいえば，同じ設計仕様でつくられた建物は，用いた材料は違っていても同じものと考えようというのである．大切なことは，ベクトル空間の定義で，私たちは，$\boldsymbol{V}$ と $\boldsymbol{W}$ に対して，どんな材料を使ってベクトル空間をつくるかまでは要請していないということである．たとえば2次元のベクトル空間といっても，平面の中でのベクトルを考えてもよいし，$C[0,1]$ の中で，$\boldsymbol{e}_1$ として $\sin t$，$\boldsymbol{e}_2$ として $\cos t$ ($0 \leqq t \leqq 1$) をとって

$$f(t) = x^1 \sin t + x^2 \cos t \quad (x^1, x^2 \in \boldsymbol{R})$$

と表わされる関数全体のつくるベクトル空間を考えてもよいわけである ($\sin t$, $\cos t$ は $C[0,1]$ の中で1次独立である)．この場合，素材としては，一方では $\boldsymbol{R}^2$ の標準基底 $(1,0)$，$(0,1)$ をとり，他方では $\sin t$，$\cos t$ という関数を採用していることになる．でき上がった建物の外観は違うが，加法とスカラー積に関する‘設計仕様’は同じである．このようなとき，2つのベクトル空間は同型であるというのである．

一般的な同型の定義は次のように述べられる．ベクトル空間 $\boldsymbol{V}$ から $\boldsymbol{W}$ の上への1対1写像 φ があって

$$\varphi(\boldsymbol{x}+\boldsymbol{y}) = \varphi(\boldsymbol{x}) + \varphi(\boldsymbol{y}), \quad \varphi(\alpha\boldsymbol{x}) = \alpha\varphi(\boldsymbol{x})$$

が成り立つとき，$\boldsymbol{V}$ と $\boldsymbol{W}$ は同型であるといい，φ を同型写像という．

任意の n 次元ベクトル空間 $\boldsymbol{V}$ は $\boldsymbol{R}^n$ と同型である．実際，$\boldsymbol{V}$ に1つの基底 $\{\boldsymbol{e}_1, \boldsymbol{e}_2, \ldots, \boldsymbol{e}_n\}$ をとって，任意のベクトル $\boldsymbol{x}$ を (2) のように表わしたとき，

$$\varphi(\boldsymbol{x}) = (x^1, x^2, \ldots, x^n)$$

とおくと，φ は $\boldsymbol{V}$ から $\boldsymbol{R}^n$ への同型写像を与えている．

質問　記号は，そのときどきの利用の仕方によって，一番つごうのよいものを使ってもよいのでしょうが，(1) のように，$\boldsymbol{x} = x^1\boldsymbol{e}_1 + x^2\boldsymbol{e}_2 + \cdots + x^n\boldsymbol{e}_n$ と表わす表わし方は少し納得がいきません．なぜかというと，x^2，x^3 などは，x の 2 乗，3 乗と区別がつかなくなるからです．x^n は x の n 乗を表わしていないということは，どうやって判定するのでしょうか．

答　確かに，この記号の使い方には少し難点があるかもしれない．x^n だけ切り離してかけば，誰でもこれは x の n 乗と思うだろう．しかし，もう少し先までベクトル空間の話を進めてみると，この記法は，いろいろな点で非常に有用なものであることがわかってくるだろう．いずれにせよ，前後のつづき具合から，x^n は，x の n 乗ではなくて，$\boldsymbol{e}_n$ の係数であるということがわかるのである．ここで立ち止まらずに，もう少し先の講まで進んでみることにしよう．

第 3 講

双対ベクトル空間

テーマ
- ◆ 線形関数
- ◆ 線形関数の和とスカラー積
- ◆ 双対ベクトル空間 $\boldsymbol{V}^*$
- ◆ $\boldsymbol{V}^*$ の構造——'座標成分' を対応させる線形関数
- ◆ 双対基底

これから取り扱うベクトル空間は，すべて有限次元のベクトル空間とする.

線 形 関 数

$\boldsymbol{V}$ をベクトル空間とする. $\boldsymbol{V}$ から $\boldsymbol{R}$ への写像 φ で線形なものを考える. すなわち写像

$$\varphi : \boldsymbol{V} \longrightarrow \boldsymbol{R}$$

で，線形性

$$\begin{aligned} &\text{(i)} \quad \varphi(\boldsymbol{x}+\boldsymbol{y}) = \varphi(\boldsymbol{x}) + \varphi(\boldsymbol{y}) \\ &\text{(ii)} \quad \varphi(\alpha\boldsymbol{x}) = \alpha\varphi(\boldsymbol{x}) \end{aligned}$$

をみたすものを考える.

(i) と (ii) は 1 つにまとめて

$$\varphi(\alpha\boldsymbol{x}+\beta\boldsymbol{y}) = \alpha\varphi(\boldsymbol{x}) + \beta\varphi(\boldsymbol{y})$$

と表わすことができる.

このような φ を $\boldsymbol{V}$ 上の線形関数ということにしよう (もう少し一般的な観点に立つときは，φ は $\boldsymbol{V}$ 上の線形汎関数というが，いまの場合，このいい方は多少大げさのように思える).

重要なことは，$\boldsymbol{V}$ 上の 2 つの線形関数 φ, ψ が与えられたとき，φ と ψ の和とよばれる新しい線形関数 $\varphi + \psi$ を定義できることと，実数 α に対して，スカラー積とよばれる新しい線形関数 $\alpha\varphi$ が定義できることである.

$$\text{和の定義：}\ (\varphi + \psi)(\boldsymbol{x}) = \varphi(\boldsymbol{x}) + \psi(\boldsymbol{x}) \qquad (1)$$

$$\text{スカラー積の定義：}\ (\alpha\varphi)(\boldsymbol{x}) = \alpha\varphi(\boldsymbol{x}) \qquad (2)$$

このように定義した $\varphi + \psi$ と $\alpha\varphi$ が実際 $\boldsymbol{V}$ 上の線形関数となっていることは確かめておかなくてはならない．和 $\varphi + \psi$ に対してだけ，念のため，これを確かめておこう.

$$\begin{aligned}(\varphi + \psi)(\boldsymbol{x} + \boldsymbol{y}) &= \varphi(\boldsymbol{x} + \boldsymbol{y}) + \psi(\boldsymbol{x} + \boldsymbol{y}) \quad ((1)\text{ から}) \\ &= \varphi(\boldsymbol{x}) + \varphi(\boldsymbol{y}) + \psi(\boldsymbol{x}) + \psi(\boldsymbol{y}) \quad (\varphi, \psi\text{が (i) をみたすから}) \\ &= \varphi(\boldsymbol{x}) + \psi(\boldsymbol{x}) + \varphi(\boldsymbol{y}) + \psi(\boldsymbol{y}) \\ &= (\varphi + \psi)(\boldsymbol{x}) + (\varphi + \psi)(\boldsymbol{y})\end{aligned}$$

$$\begin{aligned}(\varphi + \psi)(\alpha\boldsymbol{x}) &= \varphi(\alpha\boldsymbol{x}) + \psi(\alpha\boldsymbol{x}) \quad ((1)\text{ から}) \\ &= \alpha\varphi(\boldsymbol{x}) + \alpha\psi(\boldsymbol{x}) \quad (\varphi, \psi\text{ が (ii) をみたすから}) \\ &= \alpha(\varphi(\boldsymbol{x}) + \psi(\boldsymbol{x})) \\ &= \alpha(\varphi + \psi)(\boldsymbol{x})\end{aligned}$$

これで，$\varphi + \psi$ が線形性をもつことが示された.

同様にして，$\alpha\varphi$ も線形性をもつことが示される.

双対ベクトル空間

読者もすでに予想されていたであろうが，$\boldsymbol{V}$ 上の線形関数の中に，(1) と (2) によって加法とスカラー積を定義すると，実は，この 2 つの演算は，ベクトル空間の性質❶から❽(前講，9 頁) までをみたすのである．零ベクトルを与える線形関数は，$\boldsymbol{V}$ のすべてのベクトル $\boldsymbol{x}$ を，0 に移す定数写像である．また φ に対して，$-\varphi$ は，各 $\boldsymbol{x}$ に対して $\varphi(\boldsymbol{x})$ の符号を変えた値を対応させる線形関数として定義する.

このように定義しておくと，❶から❽までみたすことは容易に確かめられる.

たとえば❼：$\alpha(\varphi+\psi)=\alpha\varphi+\alpha\psi$ は

$$\begin{aligned}\alpha(\varphi+\psi)(\boldsymbol{x})&=\alpha(\varphi(\boldsymbol{x})+\psi(\boldsymbol{x}))=\alpha\varphi(\boldsymbol{x})+\alpha\psi(\boldsymbol{x})\\&=(\alpha\varphi+\alpha\psi)(\boldsymbol{x})\end{aligned}$$

がすべての $\boldsymbol{x}\in\boldsymbol{V}$ で成り立つことからわかり，また❽：$(\alpha+\beta)\varphi=\alpha\varphi+\beta\varphi$ は

$$\begin{aligned}(\alpha+\beta)\varphi(\boldsymbol{x})&=\varphi((\alpha+\beta)\boldsymbol{x})=\varphi(\alpha\boldsymbol{x}+\beta\boldsymbol{x})\\&=\alpha\varphi(\boldsymbol{x})+\beta\varphi(\boldsymbol{x})=(\alpha\varphi+\beta\varphi)(\boldsymbol{x})\end{aligned}$$

からわかる．

したがって，$\boldsymbol{V}$ 上の線形関数全体の集合は，1つのベクトル空間をつくる．

【定義】　$\boldsymbol{V}$ 上の線形関数全体のつくるベクトル空間を $\boldsymbol{V}$ の双対ベクトル空間，あるいは簡単に双対空間といい，$\boldsymbol{V}^*$ によって表わす．

読者は，$\boldsymbol{V}^*$ に対して何かベクトルの具象性が見失われたようで当惑された感じをもつかもしれない．確かにベクトルというと，2次元，3次元の空間の中に描かれた矢印だけを思い浮かべていると，$\boldsymbol{V}^*$ のベクトルを表わす矢印をどのように想像したらよいのか，わからなくなってくるのである．しかし，私たちの立場では，ベクトルはひとまず空間的な表象を失った対象となっている．そこにあるのは，単に加法とスカラー積だけが許される抽象的な対象だけである．この講義ではその観点に，読者がしだいに慣れていただくことを望んでいる．しかし，このような抽象的な設定で，一体，何が導かれるかという疑問も当然生ずるであろう．これについては，おいおい明らかにしていくことにしよう．

ここまでくると，ベクトル空間の元をいちいちベクトルというよりは，単に元という方が，抽象的な立場がはっきりするように思う．そのため，これからは，$\boldsymbol{V}$ の元とか，$\boldsymbol{V}^*$ の元というようないい方をすることにしよう．

$\boldsymbol{V}^*$ の構造

$\boldsymbol{V}$ の双対空間 $\boldsymbol{V}^*$ は上のように定義したが，$\boldsymbol{V}^*$ の元——$\boldsymbol{V}$ 上の線形関数——は，具体的にはどのようなものかを明らかにしておきたい．そのため $\boldsymbol{V}$ の基底を1つとり，それを $\{\boldsymbol{e}_1,\boldsymbol{e}_2,\ldots,\boldsymbol{e}_n\}$ とする：$\dim\boldsymbol{V}=n$．このとき，$\boldsymbol{V}$ の元 $\boldsymbol{x}$ は，ただ1通りに

$$\boldsymbol{x}=x^1\boldsymbol{e}_1+x^2\boldsymbol{e}_2+\cdots+x^n\boldsymbol{e}_n \tag{3}$$

と表わされる．もう１つ元 $\boldsymbol{y}$ をとって

$$\boldsymbol{y} = y^1\boldsymbol{e}_1 + y^2\boldsymbol{e}_2 + \cdots + y^n\boldsymbol{e}_n$$

と表わしておくと，表わし方の一意性から，$\boldsymbol{x}+\boldsymbol{y}$ は必然的に

$$\boldsymbol{x}+\boldsymbol{y} = (x^1+y^1)\boldsymbol{e}_1 + (x^2+y^2)\boldsymbol{e}_2 + \cdots + (x^n+y^n)\boldsymbol{e}_n \tag{4}$$

と表わされていることになる．

(3) の表現で，$\boldsymbol{e}_1, \boldsymbol{e}_2, \ldots, \boldsymbol{e}_n$ を座標軸方向を示す単位ベクトルのように考えると，係数 $x^1, x^2, \ldots, x^n$ は，座標成分といってよいだろう．

さて，$\boldsymbol{x}$ に対して，１番目の‘座標成分’ x^1 を対応させる写像 φ_1 は $\boldsymbol{V}$ 上の線形関数である．

実際，(4) から

$$\varphi_1(\boldsymbol{x}+\boldsymbol{y}) = x^1 + y^1 = \varphi_1(\boldsymbol{x}) + \varphi_2(\boldsymbol{y})$$

同様に

$$\varphi_1(\alpha\boldsymbol{x}) = \alpha x^1 = \alpha\varphi_1(\boldsymbol{x})$$

も成り立つ．

一般に，$\boldsymbol{x}$ に対して，i 番目の‘座標成分’ x^i $(i=1,2,\ldots,n)$ を対応させる写像 φ_i は，$\boldsymbol{V}$ 上の線形関数となる．

線形関数 $\varphi_1, \varphi_2, \ldots, \varphi_n$ は，ベクトル空間 $\boldsymbol{V}^*$ の元と考えているのだから，ベクトルらしく表記を変えておくことにしよう．そこで

$$\boldsymbol{e}^1 = \varphi_1, \quad \boldsymbol{e}^2 = \varphi_2, \quad \ldots, \quad \boldsymbol{e}^n = \varphi_n$$

とおく ($\boldsymbol{e}$ につける指標が，右肩へ上がったことに注意！)．

この定義から

$$\boldsymbol{e}^i(x^1\boldsymbol{e}_1 + x^2\boldsymbol{e}_2 + \cdots + x^n\boldsymbol{e}_n) = x^i \quad (i=1,2,\ldots,n)$$

特に

$$\boldsymbol{e}^i(\boldsymbol{e}_j) = \begin{cases} 1, & i=j \\ 0, & i\neq j \end{cases} \tag{5}$$

が成り立つ．‘特に’とかいてある部分は

$$\boldsymbol{e}_j = 0\boldsymbol{e}_1 + \cdots + 0\boldsymbol{e}_{j-1} + 1\boldsymbol{e}_j + 0\boldsymbol{e}_{j+1} + \cdots + 0\boldsymbol{e}_n$$

と表わして，すぐ上の等式を使うのである．

この $\boldsymbol{e}^1, \boldsymbol{e}^2, \ldots, \boldsymbol{e}^n$ を用いて，$\boldsymbol{V}$ 上の任意の線形関数 φ をかき表わすことができる．そのため，

$$\varphi(\boldsymbol{e}_1) = a_1, \quad \varphi(\boldsymbol{e}_2) = a_2, \quad \ldots, \quad \varphi(\boldsymbol{e}_n) = a_n$$

とおく．

このとき

$$\boxed{\varphi = a_1\boldsymbol{e}^1 + a_2\boldsymbol{e}^2 + \cdots + a_n\boldsymbol{e}^n \qquad (6)}$$

と表わされる．

【証明】 $\boldsymbol{V}$ の任意の元 $\boldsymbol{x}$ をとり，$\boldsymbol{x} = \sum_{j=1}^n x^j \boldsymbol{e}_j$ とおく．このとき

$$\begin{aligned}\varphi(\boldsymbol{x}) &= \varphi\left(\sum_{j=1}^n x^j \boldsymbol{e}_j\right)\\ &= \sum_{j=1}^n x^j \varphi(\boldsymbol{e}_j) \quad (\varphi \text{ の線形性})\\ &= \sum_{j=1}^n x^j a_j \quad (\varphi(\boldsymbol{e}_j) = a_j \text{ による}) \qquad (7)\end{aligned}$$

一方，(6) の右辺の線形関数 $\sum_{i=1}^n a_i\boldsymbol{e}^i$ が $\boldsymbol{x}$ でとる値を求めてみる：

$$\begin{aligned}\sum_{i=1}^n a_i\boldsymbol{e}^i(\boldsymbol{x}) &= \sum_{i=1}^n a_i\boldsymbol{e}^i\left(\sum_{j=1}^n x^j \boldsymbol{e}_j\right)\\ &= \sum_{i=1}^n \sum_{j=1}^n a_i x^j \boldsymbol{e}^i(\boldsymbol{e}_j) \quad (\text{各 } \boldsymbol{e}^i \text{ の線形性})\\ &= \sum_{i=1}^n a_i x^i \quad ((5) \text{ による}) \qquad (8)\end{aligned}$$

(7) と (8) を見比べて

$$\varphi(\boldsymbol{x}) = \sum_{i=1}^n a_i\boldsymbol{e}^i(\boldsymbol{x})$$

がすべての $\boldsymbol{x} \in \boldsymbol{V}$ で成り立つことがわかった．これで (6) が証明された．■

双対基底

(6) は，φ が $\boldsymbol{e}^1, \boldsymbol{e}^2, \ldots, \boldsymbol{e}^n$ の1次結合として表わされることを示しているが，このような表わし方は実はただ1通りである．なぜなら，もし

$$\varphi = \tilde{a}_1\boldsymbol{e}^1 + \tilde{a}_2\boldsymbol{e}^2 + \cdots + \tilde{a}_n\boldsymbol{e}^n$$

と表わされたとすると，両辺が $\boldsymbol{e}_i$ でとる値を考えて，(5) を用いると

$$a_i = \varphi(\boldsymbol{e}_i) = \tilde{a}_i$$

となってしまうからである．

任意の φ が，$\boldsymbol{e}^1, \boldsymbol{e}^2, \ldots, \boldsymbol{e}^n$ の 1 次結合として (6) のように表わされ，かつその表わし方が一意的であるということは，$\boldsymbol{e}^1, \boldsymbol{e}^2, \ldots, \boldsymbol{e}^n$ が $\boldsymbol{V}^*$ の基底を与えていることを示している．すなわち

> $\{\boldsymbol{e}^1, \boldsymbol{e}^2, \ldots, \boldsymbol{e}^n\}$ は，$\boldsymbol{V}^*$ の 1 つの基底である．したがって
>
> $$\dim \boldsymbol{V}^* = n$$
>
> である．

【定義】 $\{\boldsymbol{e}^1, \boldsymbol{e}^2, \ldots, \boldsymbol{e}^n\}$ を $\{\boldsymbol{e}_1, \boldsymbol{e}_2, \ldots, \boldsymbol{e}_n\}$ の双対基底という．

$\boldsymbol{V}$ の基底 $\{\boldsymbol{e}_1, \boldsymbol{e}_2, \ldots, \boldsymbol{e}_n\}$ と $\boldsymbol{V}^*$ の双対基底 $\{\boldsymbol{e}^1, \boldsymbol{e}^2, \ldots, \boldsymbol{e}^n\}$ との関係は (5) で与えられている．$\boldsymbol{V}$ の基底を別の基底 $\{\boldsymbol{e}_1{}', \boldsymbol{e}_2{}', \ldots, \boldsymbol{e}_n{}'\}$ にとりかえれば，対応して $\boldsymbol{V}^*$ の双対基底も $\{\boldsymbol{e}^{1\prime}, \boldsymbol{e}^{2\prime}, \ldots, \boldsymbol{e}^{n\prime}\}$ に変わってくる．

Tea Time

質問 ベクトル空間のことは，ひとまず知っていたと思ったのですが，双対空間のことをお聞きしたら，やはり急にベクトルのイメージがなくなったようで，少しわかりにくくなりました．ここはどう考えたらよいのでしょう．

答 ベクトルというと，無意識のうちに矢印で表わされたベクトルのことを想像してしまう．そうすると，$\boldsymbol{V}^*$ を表わすベクトルは，どんな矢印で表わされるのだろうと思って混乱してしまうのである．空間的な表象を離れたベクトルは考えにくいかもしれないが，少しずつ抽象的な考えにも慣れていかなくてはならないだろう．

もっとも，線形代数のことを知っている人は，n 次元のベクトル空間 $\boldsymbol{V}$ の元は，1 つ基底 $\{\boldsymbol{e}_1, \boldsymbol{e}_2, \ldots, \boldsymbol{e}_n\}$ をとっておくと，たてベクトル

$$\boldsymbol{x} = \begin{pmatrix} x^1 \\ x^2 \\ \vdots \\ x^n \end{pmatrix}$$

と表示されることを知っているだろう．$\boldsymbol{x}$ は n 行1列の行列と考えることができる．この表示では

$$\boldsymbol{e}_1 = \begin{pmatrix} 1 \\ 0 \\ \vdots \\ \vdots \\ 0 \end{pmatrix}, \quad \boldsymbol{e}_2 = \begin{pmatrix} 0 \\ 1 \\ 0 \\ \vdots \\ 0 \end{pmatrix}, \quad \ldots, \quad \boldsymbol{e}_n = \begin{pmatrix} 0 \\ \vdots \\ \vdots \\ 0 \\ 1 \end{pmatrix}$$

と表わされている．

このとき，(6) で与えられているような $\boldsymbol{V}$ 上の線形関数 φ は，1行 n 列の行列

$$\varphi = (a^1, a^2, \ldots, a^n)$$

で表わされる．実際，行列の積の規則から

$$\varphi(\boldsymbol{x}) = a^1 x_1 + a^2 x_2 + \cdots + a^n x_n$$

が成り立つ．この行列表示では，$\{\boldsymbol{e}_1, \boldsymbol{e}_2, \ldots, \boldsymbol{e}_n\}$ の双対基底 $\{\boldsymbol{e}^1, \boldsymbol{e}^2, \ldots, \boldsymbol{e}^n\}$ がちょうど，1行 n 列の行列

$$(1, 0, 0, \ldots, 0), \quad (0, 1, 0, \ldots, 0), \quad \ldots, \quad (0, 0, \ldots, 0, 1)$$

によって表わされていることになる．そして $\boldsymbol{V}^*$ の元は，1行 n 列の行列をよこベクトルとみて，

$$(a_1, a_2, \ldots, a_n)$$

と表わされていることになる．このように考えると $\boldsymbol{V}^*$ も大分具体的になってくるだろう．

第 4 講

ベクトル空間の双対性

テーマ

- ◆ 視点を変えてみる——$\boldsymbol{V}$ の元は $\boldsymbol{V}^*$ 上の線形関数
- ◆ $\boldsymbol{V}$ から $(\boldsymbol{V}^*)^*$ への 1 対 1 対応
- ◆ $(\boldsymbol{V}^*)^*$ における双対基底
- ◆ 同型対応 Φ: $\boldsymbol{V} \longrightarrow (\boldsymbol{V}^*)^*$
- ◆ 双対性
- ◆ ベクトルの新しい見方
- ◆ 1 変数関数から多変数関数への拡張
- ◆ (Tea Time) 双対原理

視点を変えてみる

$\boldsymbol{V}^*$ もベクトル空間となったのだから，次に $\boldsymbol{V}^*$ の双対空間 $(\boldsymbol{V}^*)^*$ はどんなものだろうかと考えてみることは，ごく自然な問題設定となる．しかしこの問題を考えるとき，$\boldsymbol{V}$ と $\boldsymbol{V}^*$ に関する視点を転換して考えることが重要なことになってくる．

$\boldsymbol{V}^*$ の元 φ は，$\boldsymbol{V}$ 上の線形関数で，対応

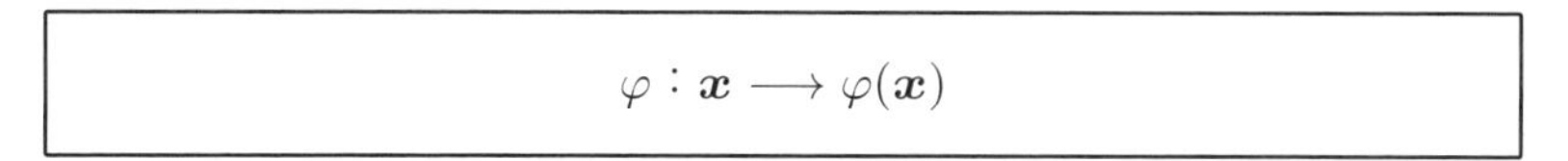

$$\varphi : \boldsymbol{x} \longrightarrow \varphi(\boldsymbol{x})$$

を与えていた．φ の線形性についての定義は (i) と (ii) (16 頁) で与えられていた．また $\boldsymbol{V}^*$ の中での演算——和とスカラー積——の定義は前講の (1) と (2) で与えられていた．そこでは，$\boldsymbol{x}$ は‘変数’として $\boldsymbol{V}$ の元を動き，φ の方は $\boldsymbol{V}^*$ の 1 つの元と考えていた．

しかし，いまはまったく別の見方も可能になってきた．その見方とは，φ の方が $\boldsymbol{V}^*$ の中を自由に動き，$\boldsymbol{x}$ の方がとまっているとみるのである．そうみると，

φ は $\boldsymbol{V}^*$ 上を動く'変数'となり，$\boldsymbol{x}$ の方は，φ に対して，$\varphi(\boldsymbol{x})$ の値を対応させる写像となる．

すなわち

$$\boldsymbol{x} : \varphi \longrightarrow \varphi(\boldsymbol{x})$$

どちらが変数かをはっきりさせるために，この見方を採用して $\boldsymbol{x}$ をひとつとめて考えるときには，$\boldsymbol{x}$ の代りに $\tilde{\tilde{\boldsymbol{x}}}$ とおき，

$$\tilde{\tilde{\boldsymbol{x}}}(\varphi) = \varphi(\boldsymbol{x})$$

とかくのがよいかもしれない．このとき，前講の (i)，(ii)，(1)，(2) は次のように異なった表現の形をとって，いい表わされる．

$$\begin{aligned}
\text{(i)} \Longrightarrow \text{(i)}' &: (\widetilde{\widetilde{\boldsymbol{x}+\boldsymbol{y}}})(\varphi) = \tilde{\tilde{\boldsymbol{x}}}(\varphi) + \tilde{\tilde{\boldsymbol{y}}}(\varphi) \\
\text{(ii)} \Longrightarrow \text{(ii)}' &: (\widetilde{\widetilde{\alpha\boldsymbol{x}}})(\varphi) = \alpha\tilde{\tilde{\boldsymbol{x}}}(\varphi) \\
(1) \Longrightarrow (1)' &: \tilde{\tilde{\boldsymbol{x}}}(\varphi + \psi) = \tilde{\tilde{\boldsymbol{x}}}(\varphi) + \tilde{\tilde{\boldsymbol{x}}}(\psi) \\
(2) \Longrightarrow (2)' &: \tilde{\tilde{\boldsymbol{x}}}(\alpha\varphi) = \alpha\tilde{\tilde{\boldsymbol{x}}}(\varphi)
\end{aligned}$$

$(1)'$ と $(2)'$ は，$\tilde{\tilde{\boldsymbol{x}}}$ が，$\boldsymbol{V}^*$ 上の線形関数と考えられることを示している．したがって $\tilde{\tilde{\boldsymbol{x}}} \in (\boldsymbol{V}^*)^*$ である．

一方，$\text{(i)}'$ と $\text{(ii)}'$ は，$\boldsymbol{V}$ の元と考えたときの加法 $\boldsymbol{x}+\boldsymbol{y}$ と，スカラー積 $\alpha\boldsymbol{x}$ が，そのまま上にナミをつけると，$(\boldsymbol{V}^*)^*$ の元の加法 $\tilde{\tilde{\boldsymbol{x}}}+\tilde{\tilde{\boldsymbol{y}}}$ とスカラー積 $\alpha\tilde{\tilde{\boldsymbol{x}}}$ として考えられることを意味している．

1対1対応 $\boldsymbol{V} \longrightarrow (\boldsymbol{V}^*)^*$

その上，実は

$$\boldsymbol{x} \neq \boldsymbol{y} \Longrightarrow \tilde{\tilde{\boldsymbol{x}}} \neq \tilde{\tilde{\boldsymbol{y}}}$$

が成り立つ．

【証明】 $\boldsymbol{V}$ の基底 $\{\boldsymbol{e}_1, \boldsymbol{e}_2, \ldots, \boldsymbol{e}_n\}$ をとって，$\boldsymbol{x} = \sum_{i=1}^n x^i \boldsymbol{e}_i$，$\boldsymbol{y} = \sum_{i=1}^n y^i \boldsymbol{e}_i$ と表わすと，$\boldsymbol{x} \neq \boldsymbol{y}$ から，ある j に対しては，$x^j \neq y^j$ が成り立つ．したがって $\{\boldsymbol{e}^1, \boldsymbol{e}^2, \ldots, \boldsymbol{e}^n\}$ を双対基底とすると

$$\tilde{\tilde{\boldsymbol{x}}}(\boldsymbol{e}^j) = \boldsymbol{e}^j(\boldsymbol{x}) = x^j$$

$$\tilde{\tilde{\boldsymbol{y}}}(\boldsymbol{e}^j) = \boldsymbol{e}^j(\boldsymbol{y}) = y^j$$

により，$\tilde{\tilde{\boldsymbol{x}}}$ と $\tilde{\tilde{\boldsymbol{y}}}$ は，$\boldsymbol{e}^j$ でとる値が異なることになる．このことは，$\tilde{\tilde{\boldsymbol{x}}}$ と $\tilde{\tilde{\boldsymbol{y}}}$ が，$(\boldsymbol{V}^*)^*$ の元として異なる元であることを示している． ∎

ここまで述べてきたことをまとめると

$$\Phi : \boldsymbol{x} \longrightarrow \tilde{\tilde{\boldsymbol{x}}}$$

は，$\boldsymbol{V}$ から $(\boldsymbol{V}^*)^*$ への 1 対 1 対応となって，$\boldsymbol{V}$ のベクトル空間の構造——加法とスカラー積——は，$(\boldsymbol{V}^*)^*$ の中でもそのまま保たれているということである．

$(\boldsymbol{V}^*)^*$ における双対基底

$\boldsymbol{V}$ の基底 $\{\boldsymbol{e}_1, \boldsymbol{e}_2, \ldots, \boldsymbol{e}_n\}$ の双対基底を $\{\boldsymbol{e}^1, \boldsymbol{e}^2, \ldots, \boldsymbol{e}^n\}$ とする．$\{\boldsymbol{e}^1, \boldsymbol{e}^2, \ldots, \boldsymbol{e}^n\}$ は $\boldsymbol{V}^*$ の基底なのだから，この ($(\boldsymbol{V}^*)^*$ における) 双対基底を考えることができる．これを求めてみよう．双対基底の関係を与える前講の (5) を，‘変数’ をとりかえて

$$\tilde{\tilde{\mathbf{e}}}_i(\boldsymbol{e}^j) = \begin{cases} 1, & i = j \\ 0, & i \neq j \end{cases}$$

とかき直してみると，この式はちょうど $\left\{\tilde{\tilde{\mathbf{e}}}_1, \tilde{\tilde{\mathbf{e}}}_2, \ldots, \tilde{\tilde{\mathbf{e}}}_n\right\}$ が $\left\{\boldsymbol{e}^1, \boldsymbol{e}^2, \ldots, \boldsymbol{e}^n\right\}$ の双対基底となっていることを示している．

このことはまた Φ が

$$\Phi : \sum_{i=1}^{n} x^i \boldsymbol{e}_i \longrightarrow \sum_{i=1}^{n} x^i \tilde{\tilde{\mathbf{e}}}_i$$

と表わされていることを示している．

この結果は，同時に，Φ が，$\boldsymbol{V}$ から $(\boldsymbol{V}^*)^*$ への同型対応 (第 2 講，Tea Time 参照) を与えていることを示している．すなわち次の定理が示された．

【定理】 対応 $\Phi : \boldsymbol{V} \longrightarrow (\boldsymbol{V}^*)^*$ は，ベクトル空間としての同型対応を与えている．

双　対　性

このようにして，任意のベクトル空間 $\boldsymbol{V}$ は，$\boldsymbol{V}$ の双対空間の双対空間 $(\boldsymbol{V}^*)^*$ と Φ を通して同型となった．$\boldsymbol{V}$ の元 $\boldsymbol{x}$ と，Φ による $\boldsymbol{x}$ の像 $\tilde{\tilde{\boldsymbol{x}}}$ を同一視して重ね

てしまえば，

$$\boldsymbol{V} = (\boldsymbol{V}^*)^*$$

とかいてもよい．この同一視は，簡単にいえば $(\boldsymbol{V}^*)^*$ の双対基底 $\left\{\tilde{\tilde{\boldsymbol{e}}}_1, \tilde{\tilde{\boldsymbol{e}}}_2, \ldots, \tilde{\tilde{\boldsymbol{e}}}_n\right\}$ を $\boldsymbol{V}$ の基底 $\left\{\boldsymbol{e}_1,\ \boldsymbol{e}_2,\ \ldots,\ \boldsymbol{e}_n\right\}$ と同一視することである．このことはまた，次のように考えることができる．抽象的なベクトル空間 $\boldsymbol{V}$ が与えられたとき，双対空間を考えることによって，$\boldsymbol{V}$ から新しいベクトル空間 $\boldsymbol{V}^*$ が生まれたが，今度は逆に，$\boldsymbol{V}^*$ が $\boldsymbol{V}$ を生んだのである！

$\boldsymbol{V} \rightleftarrows \boldsymbol{V}^*$ (矢印は双対空間へ移ることを示す)

すなわち，双対空間へ移るということは，ベクトル空間の間の相互的な関係を与えている．

この事実を，ベクトル空間において双対性が成り立つといい表わす．

なお，これからは $(\boldsymbol{V}^*)^*$ のことを簡単に $\boldsymbol{V}^{**}$ とかくことにしよう．

ベクトルの新しい見方

$\boldsymbol{V} = \boldsymbol{V}^{**}$ と考えることにして，何かよいことがあるのか，ただ事態を複雑にしただけではないか，と思われる読者も多いのではなかろうか．実際‘双対空間の双対空間’などという，抽象的な捉えどころのないところに，ベクトル空間を追いやってしまったにすぎないようにみえる．

確かにそれはそうかもしれないが，別の見方もある．いままではまったく抽象的であったベクトルという概念に，多少とも具体的な意味がつけ加えられてきたのである．$\boldsymbol{V} = \boldsymbol{V}^{**}$ の述べていることは，‘どんな $\boldsymbol{V}$ のベクトルも，$\boldsymbol{V}^*$ 上の線形関数と見なせる’ということである．ベクトル空間の定義にあったベクトルには，それ自身，付与すべきどのようなイメージも属性もなく，ただ単に加法とスカラー積ができるという概念があっただけである．それに比べれば，いまは，1 つ 1 つのベクトルは，$\boldsymbol{V}^*$ 上の線形関数として，いわば 1 つの主体性を得てきたといってよい．もちろん，ここでもそれは単に抽象概念から出発して，論理をいたずらに巡らしているだけではないかという批判もあるかもしれない．しかし，ベクトルという概念が，新しい見方——線形関数——を克ちとったことは間違いないことであって，数学ではこのような見方の導入が，新しい方向へと理論を導いていく原動力となることもあるのである．

これから述べることは，このような見方によって得られたベクトル空間の概念の拡張である．

1 変数関数から多変数関数への拡張 (挿記)

次講への準備のためもあり，ここで，少しわき道に入って，微分を学んだときのことを思い出してみよう．

微分の概念は，まず 1 変数関数の場合からスタートして，導入されていく．$y = f(x)$ が微分可能であるとは

$$\lim_{h \to 0} \frac{f(x+h) - f(x)}{h}$$

が各点で存在することである．この値を $f'(x)$ と表わしたのであった．

一般に数学では 1 変数での理論の大枠が完成すると，ふつう，変数の個数を増やしたらどのようになるかを考える．実際，応用に現われる関数では，1 つの変数に従属して変化する量よりも，いくつもの変数に従属して変化する量を取り扱うことが多いのである．

微分学では，したがって，n 変数の関数

$$y = f\left(x_1, x_2, \ldots, x_n\right)$$

の微分をどのように考えるかが，次に問題となってくる．簡単のため，2 変数の場合を考えることにし，関数

$$z = f\left(x, y\right) \tag{1}$$

を考察する．このとき，最も近づきやすい考えは，2 つの変数 x，y を，2 つとも自由に動かさないで，1 つの変数だけ動かし，他の変数をとめて考えてみようということである．たとえば，変数 y の方は，y_0 でとめてしまうと，(1) は

$$z = f(x, y_0)$$

となる．この関数は x についての 1 変数の関数となっている！ ここにはすでに知っている理論が適用できる．したがって，変数 x にだけ注目して，x について微分ができるという性質，すなわち

$$\lim_{h \to 0} \frac{f(x_0 + h, y_0) - f(x_0, y_0)}{h} = \frac{\partial f}{\partial x}(x_0, y_0)$$

が各点 (x_0, y_0) で存在するという性質が，ごく自然に導入される．このとき，(1) は，x について偏微分可能であるという．

同様に，変数 y だけに注目して，微分可能性の性質を付与しようとすると，y について偏微分可能という性質が導入されてくる．

x と y について，それぞれ偏微分可能なとき，2 変数の関数 (1) は，偏微分可能な関数というのである．

もちろん，多変数の微分についてよく知っておられる読者は，この偏微分可能という概念は中間的なものであって，全微分可能という概念の方が自然なものであることを想起されたかもしれない．

ここに述べたかったことは，そのように立ち入ったことではなくて，1 変数関数に関するある概念，または性質 (P) があったとき，それを多変数関数 f へと拡張しようとするとき，まず最初に考えられる最も自然な手がかりは，次のようにするということである．

(i)　1 つの変数にだけ注目して，残りの変数をとめてしまう．

(ii)　この変数について，f を 1 変数関数とみたとき，性質 (P) をみたすかどうか確かめる．

(iii)　各変数についてこのことが成り立つとき，性質 (P) の多変数への直接の拡張が，f に対して成り立っているとみる．

この考え方は，いわば，各変数を分離して，おのおのの変数について，性質 (P) が成り立つかどうかをみる，という考えである．

Tea Time

双対原理について

あまりはっきりした定義はないのだが，数学の 2 つの対象があって，互いに他を同じ関係で規定し合っているとき，この 2 つの対象の間に双対原理が成り立つという．英語では，duality (〜が成り立つ) という単語を用いる．この形容詞は dual である．dual という単語はあまりお目にかかからないかもしれない．辞書を引くと，二重人格は dual personality というらしい．つまり 1 つの人格の裏表である．日本語では，裏表などという便利ないいまわしがあるのだから，双対原理より，裏表(うらおもて)原理の方が実感があったかもしれないと思う．抽象的なベクトル空間を裏返してみたら，双対ベクトル空間という概念が出てきた．改めて，もう一度裏返してみると，双対空間の双対空間はやはりもとのベクトル空間であったという，単純な驚きが，$\boldsymbol{V} = \boldsymbol{V}^{**}$ の内容である．

なお，物理の相対性原理は，relativity であって，こちらは，(少なくとも特殊相対性原理では) 時間と空間が互いに関係し合っていることを示している．読者は，漢字‘双対’と‘相対’のニュアンスの違いに注目すべきかもしれない．

数学の歴史の上では，双対性がはっきりとした形をとって現われたのは，射影幾何学においてであった．この最も簡単な場合は，点と直線との双対性である．

「相異なる 2 点は一直線を決める．相異なる 2 直線は (交点として) 1 点を決める．」

しかし，ふつうの座標平面で考えると，相異なる 2 直線というときには，平行な 2 直線を除いておかないと，上の命題の後半は成り立たない．平行な 2 直線に対しても，上の命題が成り立ち，点と直線の位置関係に双対性が成り立つようにするためには，平行な 2 直線は，‘無限遠点’で交わっていると考えるとよい．平行な光線は，私たちがふつう見ている経験では，ずっと先で交わっているように感じている (遠近法！)．この感覚を幾何学にとり入れようとすると，ふつうの座標平面ではなくて，平行な直線の先に，‘無限遠点’をつけ加えたもの——射影平面——を考えなくてはならない．このような場で展開される幾何学を射影幾何学といって，そこでは，双対性が基本原理として登場してくるのである．

第 5 講

双線形関数

テーマ

- 双線形関数
- 双線形関数のつくる空間
- $\boldsymbol{V}$ のテンソル積 $\boldsymbol{V} \otimes \boldsymbol{V}$
- $\boldsymbol{V}$ の元のテンソル積 $\boldsymbol{x} \otimes \boldsymbol{y}$
- $\boldsymbol{V} \otimes \boldsymbol{V}$ の元の表示
- $\boldsymbol{V} \otimes \boldsymbol{V}$ の構造：基底は $\left\{\boldsymbol{e}_i \otimes \boldsymbol{e}_j \colon i, j = 1, 2, \ldots, n\right\}$ で与えられる.

双線形関数

さて，前講の終りで述べた考えを，ベクトル空間上の線形関数に適用し，同時にベクトル空間の概念の拡張を目指すことにしよう.

ベクトル空間 $\boldsymbol{V}$ は，$\boldsymbol{V}^*$ 上の線形関数のつくるベクトル空間であることを考えに入れて，この概念を，まず‘2 変数’のとき拡張することを考えよう.

考察の出発点となるのは，$\boldsymbol{V}^*$ の直積集合

$$\boldsymbol{V}^* \times \boldsymbol{V}^* = \left\{(\tilde{\boldsymbol{x}}, \tilde{\boldsymbol{y}}) \mid \tilde{\boldsymbol{x}} \in \boldsymbol{V}^*, \tilde{\boldsymbol{y}} \in \boldsymbol{V}^*\right\}$$

上で定義された，2 変数の関数

$$\varphi(\tilde{\boldsymbol{x}}, \tilde{\boldsymbol{y}})$$

と，‘線形性’という性質である.

この線形性という性質を (P) として，前講で述べた 2 変数への拡張の一般的な方法をいまの場合に適用してみると，次の定義が得られる.

【定義】 $\boldsymbol{V}^* \times \boldsymbol{V}^*$ 上で定義された実数値をとる関数 $\varphi(\tilde{\boldsymbol{x}}, \tilde{\boldsymbol{y}})$ が，次の性質をみたすとき，$\boldsymbol{V}^*$ 上の双線形関数という.

(i) $\varphi(\alpha\tilde{\boldsymbol{x}} + \beta\tilde{\boldsymbol{x}}', \tilde{\boldsymbol{y}}) = \alpha\varphi(\tilde{\boldsymbol{x}}, \tilde{\boldsymbol{y}}) + \beta\varphi(\tilde{\boldsymbol{x}}', \tilde{\boldsymbol{y}})$

(ii) $\varphi(\tilde{\boldsymbol{x}}, \alpha\tilde{\boldsymbol{y}} + \beta\tilde{\boldsymbol{y}}') = \alpha\varphi(\tilde{\boldsymbol{x}}, \tilde{\boldsymbol{y}}) + \beta\varphi(\tilde{\boldsymbol{x}}, \tilde{\boldsymbol{y}}')$

すなわち，双線形関数とは，各変数に関して線形な関数である．

双線形関数のつくる空間

次のことが成り立つ．

> φ, ψ を $\boldsymbol{V}^*$ 上の双線形関数とする．そのとき
>
> $$\varphi + \psi, \quad \alpha\varphi \quad (\alpha \in \boldsymbol{R})$$
>
> も $\boldsymbol{V}^*$ 上の双線形関数である．

ここで，$\varphi + \psi$，$\alpha\varphi$ はそれぞれ

$$(\varphi + \psi)(\tilde{\boldsymbol{x}}, \tilde{\boldsymbol{y}}) = \varphi(\tilde{\boldsymbol{x}}, \tilde{\boldsymbol{y}}) + \psi(\tilde{\boldsymbol{x}}, \tilde{\boldsymbol{y}})$$
$$(\alpha\varphi)(\tilde{\boldsymbol{x}}, \tilde{\boldsymbol{y}}) = \alpha\varphi(\tilde{\boldsymbol{x}}, \tilde{\boldsymbol{y}})$$

として定義された $\boldsymbol{V}^*$ 上の 2 変数の関数である．これらが双線形関数となることは，第 3 講で (1)，(2) が成り立つことを示したのと同様にして示すことができる．

この命題で与えられている $\varphi + \psi$ と $\alpha\varphi$ を，それぞれ和とスカラー積と考えることにより，$\boldsymbol{V}^*$ 上の双線形関数全体は，ベクトル空間をつくっている．ここで記号を導入しておこう．

$\boldsymbol{V}^*$ 上の双線形関数全体のつくるベクトル空間を $L_2(\boldsymbol{V}^*)$ で表わす．L の下の添数 2 は，2 変数ということを意味している．

記号の使い方を揃えるためには，$\boldsymbol{V}^*$ 上の線形関数全体のつくるベクトル空間 $\boldsymbol{V}^{**}$ も，場合によっては，$L_1(\boldsymbol{V}^*)$ と表わすこともあるとしておいた方が便利である．今度は添数 1 は，変数が 1 つのことを意味している．

そのとき，前講で述べた同一視によると

$$\boldsymbol{V} = L_1(\boldsymbol{V}^*) \tag{1}$$

であった．$L_2(\boldsymbol{V}^*)$ は，$L_1(\boldsymbol{V}^*)$ から出発して変数を 1 つから 2 つへ増すことによって，ごく自然に得られたベクトル空間なのである．(1) の左辺に注目すれば，このことは，ベクトル空間 $\boldsymbol{V}$ から，新しいベクトル空間が，双 1 次関数という概念を媒介にして，誕生したことを意味しているとみてよいだろう．

【定義】 $\boldsymbol{V} \otimes \boldsymbol{V} = L_2(\boldsymbol{V}^*)$ とおき，ベクトル空間 $\boldsymbol{V} \otimes \boldsymbol{V}$ を $\boldsymbol{V}$ の (2 階の)

テンソル積という．

まとめてかいておくと

$$\boldsymbol{V} = L_1(\boldsymbol{V}^*) \quad (\text{線形関数})$$
$$\Big\Downarrow \ 2\text{ 変数}$$
$$\boldsymbol{V}\otimes\boldsymbol{V} = L_2(\boldsymbol{V}^*) \quad (\text{双線形関数})$$

となる．

$\boldsymbol{V}$ の元のテンソル積

それでは，ベクトル空間 $\boldsymbol{V}$ のテンソル積 $\boldsymbol{V}\otimes\boldsymbol{V}$ は，ベクトル空間としてどのような構造をもっているのだろうか．たとえば $\boldsymbol{V}\otimes\boldsymbol{V}$ の基底としては，どのようなものがとれるのだろうか．そのようなことを少し調べてみよう．

$\boldsymbol{V}$ の2つの元 $\boldsymbol{x}, \boldsymbol{y}$ に対して

$$\boldsymbol{x}\otimes\boldsymbol{y}(\tilde{\boldsymbol{x}}, \tilde{\boldsymbol{y}}) = \boldsymbol{x}(\tilde{\boldsymbol{x}})\boldsymbol{y}(\tilde{\boldsymbol{y}}) \qquad (\tilde{\boldsymbol{x}}, \tilde{\boldsymbol{y}} \in \boldsymbol{V}^*) \tag{2}$$

とおくことにより，$\boldsymbol{V}^* \times \boldsymbol{V}^*$ から $\boldsymbol{R}$ への写像 $\boldsymbol{x}\otimes\boldsymbol{y}$ を定義する．ここで右辺で，たとえば $\boldsymbol{x}(\tilde{\boldsymbol{x}})$ とおいてあるのは，$\boldsymbol{x} \in \boldsymbol{V}$ を，$\boldsymbol{V}^{**}$ の元と思って，$\boldsymbol{x}$ が $\tilde{\boldsymbol{x}}$ でとる値をかいているつもりである．もちろんこれは $\tilde{\boldsymbol{x}}(\boldsymbol{x})$ とかいても同じことである．

このとき

$$\boldsymbol{x}\otimes\boldsymbol{y} \in \boldsymbol{V}\otimes\boldsymbol{V}$$

となる．

【証明】 $\boldsymbol{V}\otimes\boldsymbol{V} = L_2(\boldsymbol{V}^*)$ に注意すると，証明すべきことは，(2) で定義された $\boldsymbol{x}\otimes\boldsymbol{y}$ が $\boldsymbol{V}^*$ 上の双線形関数となっているということである．ところが，このことは

$$\begin{aligned}\boldsymbol{x}\otimes\boldsymbol{y}(\alpha\tilde{\boldsymbol{x}} + \beta\tilde{\boldsymbol{x}}', \tilde{\boldsymbol{y}}) &= \boldsymbol{x}(\alpha\tilde{\boldsymbol{x}} + \beta\tilde{\boldsymbol{x}}')\boldsymbol{y}(\tilde{\boldsymbol{y}}) \\ &= \{\alpha\boldsymbol{x}(\tilde{\boldsymbol{x}}) + \beta\boldsymbol{x}(\tilde{\boldsymbol{x}}')\}\boldsymbol{y}(\tilde{\boldsymbol{y}}) \\ &= \alpha\boldsymbol{x}(\tilde{\boldsymbol{x}})\boldsymbol{y}(\tilde{\boldsymbol{y}}) + \beta\boldsymbol{x}(\tilde{\boldsymbol{x}}')\boldsymbol{y}(\tilde{\boldsymbol{y}}) \\ &= \alpha\boldsymbol{x}\otimes\boldsymbol{y}(\tilde{\boldsymbol{x}}, \tilde{\boldsymbol{y}}) + \beta\boldsymbol{x}\otimes\boldsymbol{y}(\tilde{\boldsymbol{x}}', \tilde{\boldsymbol{y}})\end{aligned}$$

から明らかである (変数 $\tilde{\boldsymbol{y}}$ についても，線形性は同様に確かめられる)． ∎

$\boldsymbol{x} \otimes \boldsymbol{y}$ を，$\boldsymbol{x}$ と $\boldsymbol{y}$ のテンソル積という．このようにして $\boldsymbol{V}$ の 2 つの元に対して定義されたテンソル積は，次の性質をもつ．

$$
\begin{aligned}
&(\alpha\boldsymbol{x} + \beta\boldsymbol{x}') \otimes \boldsymbol{y} = \alpha\boldsymbol{x} \otimes \boldsymbol{y} + \beta\boldsymbol{x}' \otimes \boldsymbol{y} \\
&\boldsymbol{x} \otimes (\alpha\boldsymbol{y} + \beta\boldsymbol{y}') = \alpha\boldsymbol{x} \otimes \boldsymbol{y} + \beta\boldsymbol{x} \otimes \boldsymbol{y}' \\
&\alpha\boldsymbol{x} \otimes \boldsymbol{y} = \boldsymbol{x} \otimes \alpha\boldsymbol{y} = \alpha(\boldsymbol{x} \otimes \boldsymbol{y}) \qquad (3)
\end{aligned}
$$

この最後の等式 (3) の意味しているのは，$\boldsymbol{V}$ の元 $\alpha\boldsymbol{x}$ と $\boldsymbol{y}$，または $\boldsymbol{x}$ と $\alpha\boldsymbol{y}$ のテンソル積は，$\boldsymbol{V} \otimes \boldsymbol{V}$ の元 $\boldsymbol{x} \otimes \boldsymbol{y}$ の α 倍に等しいということである．

【証明】 証明はどれも同様にできるから，最初の等式だけを示しておこう．

$$
\begin{aligned}
((\alpha\boldsymbol{x} + \beta\boldsymbol{x}') \otimes \boldsymbol{y})(\tilde{\boldsymbol{x}}, \tilde{\boldsymbol{y}}) &= (\alpha\boldsymbol{x} + \beta\boldsymbol{x}')(\tilde{\boldsymbol{x}})\boldsymbol{y}(\tilde{\boldsymbol{y}}) \\
&= \{\alpha\boldsymbol{x}(\tilde{\boldsymbol{x}}) + \beta\boldsymbol{x}'(\tilde{\boldsymbol{x}})\}\boldsymbol{y}(\tilde{\boldsymbol{y}}) \\
&= \alpha\boldsymbol{x}(\tilde{\boldsymbol{x}})\boldsymbol{y}(\tilde{\boldsymbol{y}}) + \beta\boldsymbol{x}'(\tilde{\boldsymbol{x}})\boldsymbol{y}(\tilde{\boldsymbol{y}}) \\
&= (\alpha\boldsymbol{x} \otimes \boldsymbol{y} + \beta\boldsymbol{x}' \otimes \boldsymbol{y})(\tilde{\boldsymbol{x}}, \tilde{\boldsymbol{y}})
\end{aligned}
$$

この式は，最初の等式が成り立つことを示している． ∎

$\boldsymbol{V} \otimes \boldsymbol{V}$ の元の表示

ベクトル空間としての $\boldsymbol{V} \otimes \boldsymbol{V}$ の構造を調べるために $\boldsymbol{V}$ の基底を 1 つとって，それを $\{\boldsymbol{e}_1, \boldsymbol{e}_2, \ldots, \boldsymbol{e}_n\}$ とする．この基底に対する $\boldsymbol{V}^*$ の双対基底を $\{\boldsymbol{e}^1, \boldsymbol{e}^2, \ldots, \boldsymbol{e}^n\}$ とする．

まず補助的な次の命題を示しておこう．

> $\varphi, \psi \in L_2(\boldsymbol{V}^*)$ が
>
> $$\varphi(\boldsymbol{e}^i, \boldsymbol{e}^j) = \psi(\boldsymbol{e}^i, \boldsymbol{e}^j) \quad (i, j = 1, 2, \ldots, n)$$
>
> をみたすならば，$\varphi = \psi$ である．

【証明】 すべての $\tilde{\boldsymbol{x}}, \tilde{\boldsymbol{y}} \in \boldsymbol{V}^*$ に対して

$$\varphi(\tilde{\boldsymbol{x}}, \tilde{\boldsymbol{y}}) = \psi(\tilde{\boldsymbol{x}}, \tilde{\boldsymbol{y}})$$

が成り立つことを示すとよい．そのため

$$\tilde{\boldsymbol{x}} = \sum_{i=1}^{n} x_i \boldsymbol{e}^i, \quad \tilde{\boldsymbol{y}} = \sum_{i=1}^{n} y_i \boldsymbol{e}^i$$

とおく．φ が双線形関数であるという性質を用いると

$$\begin{aligned}\varphi(\tilde{\boldsymbol{x}},\tilde{\boldsymbol{y}}) &= \varphi\left(\sum_{i=1}^{n} x_i\mathbf{e}^i, \sum_{i=1}^{n} y_i\mathbf{e}^i\right)\\ &= \sum_{i=1}^{n} x_i\varphi\left(\mathbf{e}^i, \sum_{j=1}^{n} y_j\mathbf{e}^j\right)\\ &= \sum_{i=1}^{n}\sum_{j=1}^{n} x_iy_j\varphi(\mathbf{e}^i,\mathbf{e}^j)\end{aligned}$$

同様にして

$$\psi(\tilde{\boldsymbol{x}},\tilde{\boldsymbol{y}}) = \sum_{i=1}^{n}\sum_{j=1}^{n} x_iy_j\psi(\mathbf{e}^i,\mathbf{e}^j)$$

が成り立つ．したがって $\varphi(\mathbf{e}^i,\mathbf{e}^j)=\psi(\mathbf{e}^i,\mathbf{e}^j)$ $(i,j=1,2,\ldots,n)$ が成り立っていれば，$\varphi=\psi$ となる．■

これを用いて，次の結果が成り立つことを示そう．

> $\boldsymbol{V}\otimes\boldsymbol{V}$ の元は，ただ1通りに
>
> $$\sum_{i,j=1}^{n} a^{ij}\boldsymbol{e}_i\otimes\boldsymbol{e}_j \tag{4}$$
>
> と表わされる．

【証明】　$\boldsymbol{V}\otimes\boldsymbol{V}(=L_2(\boldsymbol{V}^*))$ の任意の元 φ をとり，

$$\varphi(\mathbf{e}^i,\mathbf{e}^j)=a^{ij} \qquad (i,j=1,2,\ldots,n)$$

とおく．

そこでいま $\psi=\sum_{s,t=1}^{n} a^{st}\boldsymbol{e}_s\otimes\boldsymbol{e}_t$ とおいて，$\psi(\mathbf{e}^i,\mathbf{e}^j)$ を求めてみよう．

$$\begin{aligned}\psi(\mathbf{e}^i,\mathbf{e}^j) &= \sum_{s,t=1}^{n} a^{st}\boldsymbol{e}_s\otimes\boldsymbol{e}_t(\mathbf{e}^i,\mathbf{e}^j)\\ &= \sum_{s,t=1}^{n} a^{st}\boldsymbol{e}_s(\mathbf{e}^i)\boldsymbol{e}_t(\mathbf{e}^j)\\ &= a^{ij}\end{aligned}$$

ここで，第3講の(5)を用いた．この式は，$i,j=1,2,\ldots,n$ に対して成り立つから，前の命題から $\varphi=\psi$ である．したがって，

$$\varphi=\sum_{i,j=1}^{n} a^{ij}\boldsymbol{e}_i\otimes\boldsymbol{e}_j$$

と表わされることがわかった．

$\varphi \in L_2(\boldsymbol{V}^*)$ が与えられたとき，このような表わし方が 1 通りであることは，上の証明からもわかるように，$\boldsymbol{e}_i \otimes \boldsymbol{e}_j$ の係数は，$\varphi(\boldsymbol{e}^i, \boldsymbol{e}^j)$ に等しくなり，したがって φ によって表示が一意的に決まることからわかる． ∎

$\boldsymbol{V} \otimes \boldsymbol{V}$ の構造

この結果として次のことが示されたことになる．

> $\boldsymbol{V}$ の基底 $\{\boldsymbol{e}_1, \boldsymbol{e}_2, \ldots, \boldsymbol{e}_n\}$ に対して
>
> $$\{\boldsymbol{e}_1 \otimes \boldsymbol{e}_1, \boldsymbol{e}_1 \otimes \boldsymbol{e}_2, \ldots, \boldsymbol{e}_i \otimes \boldsymbol{e}_j, \ldots, \boldsymbol{e}_n \otimes \boldsymbol{e}_n\}$$
>
> は，$\boldsymbol{V} \otimes \boldsymbol{V}$ の基底となる．特に
>
> $$\dim \boldsymbol{V} \otimes \boldsymbol{V} = n^2$$
>
> である．

$\boldsymbol{V}$ の基底 $\{\boldsymbol{e}_1, \boldsymbol{e}_2, \ldots, \boldsymbol{e}_n\}$ を固定してとっておくときは，$\boldsymbol{V} \otimes \boldsymbol{V}$ の基底 $\{\boldsymbol{e}_i \otimes \boldsymbol{e}_j \mid i, j = 1, 2, \ldots, n\}$ も固定されることになり，このときには (4) から，$\boldsymbol{V} \otimes \boldsymbol{V}$ の元は‘成分’ $\alpha^{ij}(i, j = 1, 2, \ldots, n)$ で与えられるといってもよいことになる．

Tea Time

質問　ベクトル空間 $\boldsymbol{V}$ があるとその双対空間 $\boldsymbol{V}^*$ を考えることによって，そこに双対原理が成り立つということが，前講でのお話でした．この $\boldsymbol{V}$ と $\boldsymbol{V}^*$ を対(つい)として考えるという考え方が，とても新鮮で印象的だったせいか，今度はテンソル空間 $\boldsymbol{V} \otimes \boldsymbol{V}$ の双対空間 $(\boldsymbol{V} \otimes \boldsymbol{V})^*$ はどんなものなのか，知りたくなりました．前講の Tea Time でのお話のようにいえば，$\boldsymbol{V} \otimes \boldsymbol{V}$ を裏返ししたとき，どんな顔をしたジョーカーが出るかを知りたいのです．$(\boldsymbol{V} \otimes \boldsymbol{V})^*$ の元は，ベクトル空間 $\boldsymbol{V}$ からみたとき，どのようなものになっているのでしょうか．

答　$(\boldsymbol{V} \otimes \boldsymbol{V})^*$ の元 Φ は，素顔のままならば $\boldsymbol{V} \otimes \boldsymbol{V}$ から $\boldsymbol{R}$ への線形関数である．しかしこの Φ に対して，

$$\varphi(\boldsymbol{x}, \boldsymbol{y}) = \Phi(\boldsymbol{x} \otimes \boldsymbol{y}) \tag{♯}$$

とおいてみよう．φ は $\boldsymbol{V} \times \boldsymbol{V}$ から $\boldsymbol{R}$ への写像で，双1次関数となっている．たとえば，最初の変数についての線形性を確かめてみると

$$\begin{aligned}\varphi(\alpha\boldsymbol{x}+\beta\boldsymbol{x}',\boldsymbol{y}) &= \Phi((\alpha\boldsymbol{x}+\beta\boldsymbol{x}')\otimes\boldsymbol{y}) \\ &= \Phi(\alpha\boldsymbol{x}\otimes\boldsymbol{y}+\beta\boldsymbol{x}'\otimes\boldsymbol{y}) \\ &= \alpha\Phi(\boldsymbol{x}\otimes\boldsymbol{y})+\beta\Phi(\boldsymbol{x}'\otimes\boldsymbol{y}) \quad (\Phi\text{ の線形性}) \\ &= \alpha\varphi(\boldsymbol{x},\boldsymbol{y})+\beta\varphi(\boldsymbol{x}',\boldsymbol{y})\end{aligned}$$

したがって，Φ に φ を対応させることにより，$(\boldsymbol{V}\otimes\boldsymbol{V})^*$ から，$\boldsymbol{V}$ 上の双1次関数のつくるベクトル空間 $L_2(\boldsymbol{V})$ への対応が得られた．この対応は，ベクトル空間からベクトル空間への写像と考えて，線形写像となっていることはすぐにわかる．実は同型対応となっている．

念のため，そのことをみておこう．上の対応を ι とかく：$\iota(\Phi)=\varphi$．さて，逆に任意の $\tilde{\varphi}\in L_2(\boldsymbol{V})$ に対して，($\sharp$) によって $\tilde{\Phi}$ を決める．$\tilde{\Phi}$ は，$\boldsymbol{x}\otimes\boldsymbol{y}$ の形をした元の上でしか値が与えられていないが，$\tilde{\varphi}$ の双線形性から，$\tilde{\Phi}$ の定義域は自然に $\boldsymbol{V}\otimes\boldsymbol{V}$ 上へ一意的に拡張されることがわかる．$\tilde{\varphi}$ に $\tilde{\Phi}$ を対応させる写像は，ι の逆写像 ι^{-1} を与えている．したがって ι は同型写像である．

すなわち，ι を通して同一視することにより

$$(\boldsymbol{V}\otimes\boldsymbol{V})^* = L_2(\boldsymbol{V})$$

と考えてよい．

$\boldsymbol{V}\otimes\boldsymbol{V}$ を裏返してみたら，何と，$\boldsymbol{V}$ 上の双1次関数という顔も出てきたのである．このことは，$\boldsymbol{V}$ 上の双1次関数は，$\boldsymbol{V}\otimes\boldsymbol{V}$ 上の線形関数と考えてよいということを意味している．双1次性という，新しい世界への扉を叩くような概念は，いつの間にか，線形性という概念の中に吸収されてしまった．$\boldsymbol{V}\otimes\boldsymbol{V}$ という概念の中に吸収されてしまったのである！

第 6 講

多重線形関数とテンソル空間

テーマ

◆ k 重線形関数，多重線形関数

◆ k-テンソル空間

◆ テンソル積を $\boldsymbol{V}$ の元の‘かけ算’と考える．

◆‘かけ算’の規則

◆ 多項式のかけ算

◆ k 次の単項式のつくる 1 次元ベクトル空間 $\boldsymbol{P}_k$

◆ 多項式全体のつくる空間 $\tilde{\boldsymbol{P}}$:$\tilde{\boldsymbol{P}} = \boldsymbol{P}_0 \oplus \boldsymbol{P}_1 \oplus \cdots \oplus \boldsymbol{P}_k \oplus \cdots$

多重線形関数

私たちは，線形関数の概念を，2 変数の場合に対して双線形関数という新しい考えを導入して拡張した．そして，この拡張を媒介として，ベクトル空間 $\boldsymbol{V}$ から新しいベクトル空間 $\boldsymbol{V} \otimes \boldsymbol{V}$ を誕生させた．一度この道筋がわかれば，線形関数の概念を k 変数にまで拡張して，対応して $\boldsymbol{V}$ の k 階のテンソル積 $\boldsymbol{V} \otimes \boldsymbol{V} \otimes \cdots \otimes \boldsymbol{V}$($k$ 個！) を構成することは，容易なことになるだろう．視点を 2 変数から k 変数にまで上げればよいのである．

【定義】 $\boldsymbol{V}^*$ の k 個の直積集合 $\overbrace{\boldsymbol{V}^* \times \boldsymbol{V}^* \times \cdots \times \boldsymbol{V}^*}^{k \text{ 個}}$ 上で定義された関数 $\varphi(\tilde{\boldsymbol{x}}_1, \tilde{\boldsymbol{x}}_2, \ldots, \tilde{\boldsymbol{x}}_k)$ が次の性質をみたすとき，φ を $\boldsymbol{V}^*$ 上の k 重線形関数という．

$$\begin{aligned}&\varphi(\tilde{\boldsymbol{x}}_1, \ldots, \tilde{\boldsymbol{x}}_{i-1},\ \alpha\tilde{\boldsymbol{x}}_i + \beta\tilde{\boldsymbol{y}}_i,\ \tilde{\boldsymbol{x}}_{i+1}, \ldots, \tilde{\boldsymbol{x}}_k)\\&= \alpha\varphi(\tilde{\boldsymbol{x}}_1, \ldots, \tilde{\boldsymbol{x}}_{i-1}, \tilde{\boldsymbol{x}}_i, \tilde{\boldsymbol{x}}_{i+1}, \ldots, \tilde{\boldsymbol{x}}_k)\\&\quad + \beta\varphi(\tilde{\boldsymbol{x}}_1, \ldots, \tilde{\boldsymbol{x}}_{i-1}, \tilde{\boldsymbol{y}}_i, \tilde{\boldsymbol{x}}_{i+1}, \ldots, \tilde{\boldsymbol{x}}_k)\end{aligned}$$

$\boldsymbol{V}^*$ 上の k 重線形関数全体のつくる集まりを $L_k(\boldsymbol{V}^*)$ とおく．$L_k(\boldsymbol{V}^*)$ はベクトル空間となる．この場合，加法とスカラー積は，双線形関数のときと同様に定義するのである．すなわち，$\varphi, \psi \in L_k(\boldsymbol{V}^*)$ に対して，加法 $\varphi + \psi$，スカラー積

$\alpha\varphi\ (\alpha \in \boldsymbol{R})$ を次のように定義する：

$$(\varphi + \psi)(\tilde{\boldsymbol{x}}_1, \ldots, \tilde{\boldsymbol{x}}_k) = \varphi(\tilde{\boldsymbol{x}}_1, \ldots, \tilde{\boldsymbol{x}}_k) + \psi(\tilde{\boldsymbol{x}}_1, \ldots, \tilde{\boldsymbol{x}}_k)$$

$$(\alpha\varphi)(\tilde{\boldsymbol{x}}_1, \ldots, \tilde{\boldsymbol{x}}_k) = \alpha\varphi(\tilde{\boldsymbol{x}}_1, \ldots, \tilde{\boldsymbol{x}}_k)$$

k を自然数の上を動かしていくと，それに応じて，k 重線形関数のつくるベクトル空間の系列

$$L_1(\boldsymbol{V}^*), \quad L_2(\boldsymbol{V}^*), \quad L_3(\boldsymbol{V}^*), \quad \ldots, \quad L_k(\boldsymbol{V}^*), \quad \ldots \tag{1}$$

が得られる．このどれかに属する元を，一般に $\boldsymbol{V}^*$ 上の多重線形関数という．

k-テンソル空間

【定義】 ベクトル空間 $L_k(\boldsymbol{V}^*)$ を，$\boldsymbol{V}$ の k-テンソル空間といい

$$\otimes^k \boldsymbol{V} = \overbrace{\boldsymbol{V} \otimes \boldsymbol{V} \otimes \cdots \otimes \boldsymbol{V}}^{k\ 個}$$

と表わす．

したがって系列 (1) は，新しく導入されたこの記法によると，テンソル空間の系列

$$\otimes^1 \boldsymbol{V}\,(=\boldsymbol{V}), \quad \otimes^2 \boldsymbol{V}, \quad \otimes^3 \boldsymbol{V}, \quad \ldots, \quad \otimes^k \boldsymbol{V}, \quad \ldots \tag{2}$$

として表わされることになる．

$\otimes^2 \boldsymbol{V} = \boldsymbol{V} \otimes \boldsymbol{V}$ のベクトル空間としての構造は，前講で明らかにした．同様の推論を繰り返すことによって，k-テンソル空間 $\otimes^k \boldsymbol{V}$ の構造も知ることができる．

$\boldsymbol{V}$ の k 個の元 $\boldsymbol{x}_1, \boldsymbol{x}_2, \ldots, \boldsymbol{x}_k$ に対して，そのテンソル積

$$\boldsymbol{x}_1 \otimes \boldsymbol{x}_2 \otimes \cdots \otimes \boldsymbol{x}_k \quad (\in \otimes^k \boldsymbol{V})$$

を，$\boldsymbol{V}^*$ 上の k 重線形関数

$$\begin{aligned} &\boldsymbol{x}_1 \otimes \boldsymbol{x}_2 \otimes \cdots \otimes \boldsymbol{x}_k\,(\tilde{\boldsymbol{x}}_1, \tilde{\boldsymbol{x}}_2, \ldots, \tilde{\boldsymbol{x}}_k) \\ &= \boldsymbol{x}_1(\tilde{\boldsymbol{x}}_1)\,\boldsymbol{x}_2(\tilde{\boldsymbol{x}}_2) \cdots \boldsymbol{x}_k(\tilde{\boldsymbol{x}}_k) \end{aligned}$$

であると定義する．

$\boldsymbol{V}$ の基底 $\{\boldsymbol{e}_1, \boldsymbol{e}_2, \ldots, \boldsymbol{e}_n\}$ を 1 つとると

$$\boldsymbol{e}_{i_1} \otimes \boldsymbol{e}_{i_2} \otimes \cdots \otimes \boldsymbol{e}_{i_k}$$

$(i_1, i_2, \ldots, i_k = 1, 2, \ldots, n)$ の全体は，$\otimes^k \boldsymbol{V}$ の基底をつくることが示される．したがって

$\otimes^k \boldsymbol{V}$ の元は，ただ 1 通りに

$$\sum_{i_1=1}^{n}\sum_{i_2=1}^{n}\cdots\sum_{i_k=1}^{n} a^{i_1 i_2 \cdots i_k} \boldsymbol{e}_{i_1} \otimes \boldsymbol{e}_{i_2} \otimes \cdots \otimes \boldsymbol{e}_{i_k} \qquad (3)$$

と表わされる．

実際，任意の元 $\varphi \in \otimes^k \boldsymbol{V}\ (= L_k(\boldsymbol{V}^*))$ をとって

$$\varphi = \sum_{i_1=1}^{n}\sum_{i_2=1}^{n}\cdots\sum_{i_k=1}^{n} a^{i_1 i_2 \cdots i_k} \boldsymbol{e}_{i_1} \otimes \boldsymbol{e}_{i_2} \otimes \cdots \otimes \boldsymbol{e}_{i_k}$$

と表わしたとき，係数 $a^{i_1 i_2 \cdots i_k}$ は

$$a^{i_1 i_2 \cdots i_k} = \varphi(\mathbf{e}^{i_1}, \mathbf{e}^{i_2}, \ldots, \mathbf{e}^{i_k})$$

によって一意的に決まっている．ここで $\{\mathbf{e}^1, \mathbf{e}^2, \ldots, \mathbf{e}^n\}$ は，$\{\mathbf{e}_1, \mathbf{e}_2, \ldots, \mathbf{e}_n\}$ の双対基底である．

(3) で，$i_1, i_2, \ldots, i_k$ はそれぞれ独立に 1 から n までの値をとることに注意すると

$$\dim \otimes^k \boldsymbol{V} = n^k$$

が成り立つことがわかる．

テンソル積を $\boldsymbol{V}$ の元の‘かけ算’として考える

$\boldsymbol{V}$ の元を勝手に k 個とったとき，私たちはそのテンソル積を考えることができる．たとえば $\boldsymbol{V}$ の 4 個の元 $\boldsymbol{x}_1, \boldsymbol{x}_2, \boldsymbol{x}_3, \boldsymbol{x}_4$ が与えられれば，テンソル積

$$\xi = \boldsymbol{x}_1 \otimes \boldsymbol{x}_2 \otimes \boldsymbol{x}_3 \otimes \boldsymbol{x}_4$$

を考えることができる．別に 3 個の元 $\boldsymbol{x}_5, \boldsymbol{x}_6, \boldsymbol{x}_7$ が与えられていれば，同様にテンソル積

$$\eta = \boldsymbol{x}_5 \otimes \boldsymbol{x}_6 \otimes \boldsymbol{x}_7$$

を考えることができる．しかし私たちは，さらに ξ, η の‘積’

$$\xi \otimes \eta = \boldsymbol{x}_1 \otimes \boldsymbol{x}_2 \otimes \boldsymbol{x}_3 \otimes \boldsymbol{x}_4 \otimes \boldsymbol{x}_5 \otimes \boldsymbol{x}_6 \otimes \boldsymbol{x}_7$$

を考えることもできるのである．

このように，テンソル積の概念は，$\boldsymbol{V}$ の元に対する‘かけ算’の可能性を与え

ているとみることができる．ただし，かけ算をした結果は，自分の中にはおさまらないで，ずっと先のテンソル空間の中で捉えられるというようになっている．たとえば，上の例では

$$\xi \in \otimes^4 \boldsymbol{V}, \quad \eta \in \otimes^3 \boldsymbol{V}$$

であるが，結果は

$$\xi \otimes \eta \in \otimes^7 \boldsymbol{V}$$

であって，ξ の入っているテンソル空間 $\otimes^4 \boldsymbol{V}$ からも，η の入っているテンソル空間 $\otimes^3 \boldsymbol{V}$ からもはみ出している．

このような点をもう少しはっきりさせなくては，テンソル積をここですぐにかけ算として考えることは，少しためらわれる．だからさしあたりは，'かけ算' と引用記号をつけておこう．

'かけ算' の規則

$\xi \in \otimes^k \boldsymbol{V}$, $\eta \in \otimes^l \boldsymbol{V}$ に対して，一般に

$$\xi \otimes \eta\,(\tilde{\boldsymbol{x}}_1, \tilde{\boldsymbol{x}}_2, \ldots, \tilde{\boldsymbol{x}}_{k+l}) = \xi\,(\tilde{\boldsymbol{x}}_1, \ldots, \tilde{\boldsymbol{x}}_k)\,\eta\,(\tilde{\boldsymbol{x}}_{k+1}, \ldots, \tilde{\boldsymbol{x}}_l) \tag{4}$$

とおくことにより

$$\xi \otimes \eta \in \otimes^{k+l} \boldsymbol{V}$$

が定義されて，これが次の性質をもつことを注意しておこう．

$\xi, \xi' \in \otimes^k \boldsymbol{V}$，$\eta, \eta' \in \otimes^l \boldsymbol{V}$ に対して

$$\begin{aligned}(\xi + \xi') \otimes \eta &= \xi \otimes \eta + \xi' \otimes \eta \\ \xi \otimes (\eta + \eta') &= \xi \otimes \eta + \xi \otimes \eta'\end{aligned} \tag{5}$$

この式が成り立つことは，(4) から容易に確かめられる．

また前講の (3) の一般化として，

$\alpha \in \boldsymbol{R}$，$\xi \in \otimes^k \boldsymbol{V}$，$\eta \in \otimes^l \boldsymbol{V}$ に対して

$$\alpha\xi \otimes \eta = \xi \otimes \alpha\eta = \alpha(\xi \otimes \eta) \tag{6}$$

も成り立つ．

(5) と (6) から，たとえば

$$\xi = \sum_i a^{i_1 \cdots i_k} \boldsymbol{e}_{i_1} \otimes \cdots \otimes \boldsymbol{e}_{i_k} \left(\sum_i \text{は，} i_1, \ldots, i_k \text{ について 1 から } n \text{ までの和}\right)$$

$$\eta = \sum_j b^{j_1 \cdots j_l} \boldsymbol{e}_{j_1} \otimes \cdots \otimes \boldsymbol{e}_{j_l} \left(\sum_j \text{は，} j_1, \ldots, j_l \text{ について 1 から } n \text{ までの和}\right)$$

のとき，

$$\xi \otimes \eta = \sum_{i,j} a^{i_1 \cdots i_k} b^{j_1 \cdots j_l} \boldsymbol{e}_{i_1} \otimes \cdots \otimes \boldsymbol{e}_{i_k} \otimes \boldsymbol{e}_{j_1} \otimes \cdots \otimes \boldsymbol{e}_{j_l}$$

と表わされることがわかる．

また

> $\xi \in \otimes^k \boldsymbol{V}$，$\eta \in \otimes^l \boldsymbol{V}$，$\zeta \in \otimes^m \boldsymbol{V}$ に対して
>
> $$(\xi \otimes \eta) \otimes \zeta = \xi \otimes (\eta \otimes \zeta)$$

が成り立つ．この式は，テンソル積は，どの順で‘かける’かの順序のとり方によらないことを示している．したがってこの式を，単に $\xi \otimes \eta \otimes \zeta$ とかいても，差しつかえないことになった．

なお，一般には $\xi \otimes \eta \neq \eta \otimes \xi$ である．たとえば $\boldsymbol{V}$ の基底 $\{\boldsymbol{e}_1, \boldsymbol{e}_2, \ldots, \boldsymbol{e}_n\}$ に対し，$i \neq j$ のときつねに

$$\boldsymbol{e}_i \otimes \boldsymbol{e}_j \neq \boldsymbol{e}_j \otimes \boldsymbol{e}_i$$

である．実際，この両辺が $(\boldsymbol{e}^i, \boldsymbol{e}^j)$ でとる値をみると $\boldsymbol{e}_i \otimes \boldsymbol{e}_j(\boldsymbol{e}^i, \boldsymbol{e}^j) = 1$ であるが，$\boldsymbol{e}_j \otimes \boldsymbol{e}_i(\boldsymbol{e}^i, \boldsymbol{e}^j) = 0$ である (このことは，もちろん，$\{\boldsymbol{e}_i \otimes \boldsymbol{e}_j \mid i, j = 1, 2, \ldots, n\}$ が $\otimes^2 \boldsymbol{V}$ の基底をつくっていることからも明らかである)．

多項式のかけ算

$\boldsymbol{V}$ の元を，テンソル積によっていくつでも自由にかけ合わすことができるようにするためには，(2) に現われたベクトル空間の系列を，全部まとめたような空間を考えることが必要になるだろう．その考えは，テンソル代数という概念に導くのであるが，その話は次講にまわすことにして，ここでは，その準備として，もっと考えやすい状況——多項式のかけ算——について話しておこう．

0 次の単項式は定数項だけからなるものであって，その全体は $\boldsymbol{R}$ である．1 次の単項式は ax ($a \in \boldsymbol{R}$) と表わされるものからなり，一般に k 次の単項式は ax^k ($a \in \boldsymbol{R}$) と表わされるもの全体からなる．記号は少し大げさだが，あとからの説明に役立つこともあって，k 次の単項式全体を $\boldsymbol{P}^k$ とおく：

$$\boldsymbol{P}^k = \{ax^k \mid a \in \boldsymbol{R}\}$$

$\boldsymbol{P}^k$ は，対応 $ax^k \leftrightarrow a$ によって，$\boldsymbol{R}$ と同型な，したがって1次元のベクトル空間になっている．このとき

$$
\begin{aligned}
&a_0 \in \boldsymbol{P}^0\\
&a_0 + a_1x \in \boldsymbol{P}^0 \oplus \boldsymbol{P}^1\\
&a_0 + a_1x + a_2x^2 \in \boldsymbol{P}^0 \oplus \boldsymbol{P}^1 \oplus \boldsymbol{P}^2\\
&\cdots\cdots\cdots\\
&a_0 + a_1x + \ldots + a_kx^k \in \boldsymbol{P}^0 \oplus \boldsymbol{P}^1 \oplus \ldots \oplus \boldsymbol{P}^k
\end{aligned}
$$

となっている．ここで右辺に現われた記号 $\oplus$ は，ベクトル空間の直和を表わす記号であって，いまの場合は，左辺のような表わし方がただ1通りであることを示している(正確にいうと，$\boldsymbol{P}^0, \boldsymbol{P}^1, \ldots, \boldsymbol{P}^k$ の元が，互いに1次独立と思って，それぞれに属する元の和をとって得られるベクトル全体のつくるベクトル空間を，これらの空間の直和というのである)．

このような記法を採用したとき，単項式の積の規則は

$$\boldsymbol{P}^k\boldsymbol{P}^l = \boldsymbol{P}^{k+l}$$

と表わされる．この式の意味は，$\boldsymbol{P}^k$ に属する ax^k と $\boldsymbol{P}^l$ に属する bx^l をいろいろとってかけ合わすと，$\boldsymbol{P}^{k+l}$ の元が，abx^{k+l} の形ですべて得られるということである．

高々 k 次の多項式全体のつくるベクトル空間を

$$\tilde{\boldsymbol{P}}^k = \boldsymbol{P}_0 \oplus \boldsymbol{P}_1 \oplus \ldots \oplus \boldsymbol{P}_k \tag{7}$$

と表わすことにする．このとき

$$\tilde{\boldsymbol{P}}^k\tilde{\boldsymbol{P}}^l = \tilde{\boldsymbol{P}}^{k+l}$$

も成り立つことになる．

さらに，多項式全体のつくる集合を $\tilde{\boldsymbol{P}}$ とする．$\tilde{\boldsymbol{P}}$ は高々 k 次の多項式 $(k = 0, 1, 2, \ldots)$ をすべて合わせた集合

$$\tilde{\boldsymbol{P}} = \bigcup_{k=0}^{\infty} \tilde{\boldsymbol{P}}^k \tag{8}$$

となっている．

$\tilde{\boldsymbol{P}}$ は，もちろん，ベクトル空間の構造をもつ．$\tilde{\boldsymbol{P}}$ をベクトル空間とみるときには，集合としては同じものであるが，(8) の記法をかえ，むしろ (7) の表わし方に

合わすようにして

$$\tilde{\boldsymbol{P}} = \boldsymbol{P}_0 \oplus \boldsymbol{P}_1 \oplus \boldsymbol{P}_2 \oplus \cdots \oplus \boldsymbol{P}_k \oplus \cdots \tag{9}$$

とかく．

この (9) の表わし方で注意することは，右辺は無限個の直和という表わし方をしているが，集合として意味しているものは (8) である．したがって (9) は，有限個の $\boldsymbol{P}_{k_1}, \boldsymbol{P}_{k_2}, \ldots, \boldsymbol{P}_{k_s} (k_1 < k_2 < \ldots < k_s)$ から $f_1, f_2, \ldots, f_s$ をとり，和 $f_1 + f_2 + \cdots + f_s$ として表わされる元全体からなっている．

$\tilde{\boldsymbol{P}}$ は，多項式全体のつくるベクトル空間であるが，このように多項式全体をとっておくと，今度は $\tilde{\boldsymbol{P}}$ の中でかけ算が自由にできるのである (4 次の多項式と 3 次の多項式をかけると，7 次式になるが，7 次式も $\tilde{\boldsymbol{P}}$ に含まれている！).

Tea Time

algebra という単語について

algebra は，代数のことであるということは，割合よく知られている．算術や，解析学を英語で何というか，と聞かれると少し戸惑う人でも，代数は英語で algebra だということを知っている人は多い．

algebra という，独特な響きをもつ単語の起源は，9 世紀前半，イスラムの天文学者であり数学者であったアル・ファリズミー (al-Khwārizmi) の有名な著作『アル・ジャブル・ヴァル・ムカーバラ』の標題に由来している．この標題の ‘jabr’ は，負の項を除くために，方程式の両辺に同じ項を加えることを意味し，‘muquabala’ は，方程式の両辺から同じ量を引くことにより，正の項を小さくすることを意味していたそうである．この 2 つの言葉の結合 ‘a1-jabr wal-muquabala’ は，もう少し一般的に，代数的演算をするという意味に，しばしば用いられていたという (なお，アルゴリズムという言葉は，彼の名前アル・ファリズミーに由来している).

algebra という言葉は，その後，代数演算を取り扱う学問の総称としてすっかり定着したが，20 世紀になって，algebras，または algebra という言葉がもう少し狭い意味にも使われるようになって，事態が少し厄介なことになってきた．

たとえば，上の多項式全体 $\tilde{\boldsymbol{P}}$ は，$\boldsymbol{R}$ 上のベクトル空間であるが，同時にかけ算もできる．英語では $\tilde{\boldsymbol{P}}$ を polynomial algebra という．一般にベクトル空間で，かけ算もできるような対象を algebra というようになり，これが代数学における重要な研究対象となってきた．このような数学的な対象は，当初は，'hypercomplex number system' とよばれ，日本語では '多元環' と訳されたが，日本語の多元環が定着する頃には，あちらでは，algebra とよぶことが主流となってきた．

私たちは，あまりいままでの経過にこだわらずに，$\tilde{\boldsymbol{P}}$ を英語の直訳の形で，多項式代数ということにしよう．また，これから，英語では tensor algebra，exterior algebra とよばれているものを導入するが，これも簡単にそのままテンソル代数，外積代数ということにしよう．読者が，いままで知っている algebra の語感に，あまりこだわられないことを望むのである．

第 7 講

テンソル代数

テーマ
- ◆ $\boldsymbol{V}$ 上のテンソル代数
- ◆ テンソル代数における演算の定義
- ◆ テンソル代数の構造
- ◆ テンソル代数の元の次数
- ◆ テンソル代数と多項式代数との違い——乗法の非可換性と可換性
- ◆ ベクトル空間からテンソル代数への道

テンソル代数

1つ1つの多項式をかけ合わせていくと，次数がどんどん上がっていくが，多項式全体 $\tilde{\boldsymbol{P}}$ を考えると，$\tilde{\boldsymbol{P}}$ の中では，かけ算が自由にできるようになる．テンソルの場合でも，k 次のテンソル $\xi \in \otimes^k \boldsymbol{V}$ と，l 次のテンソル $\eta \in \otimes^l \boldsymbol{V}$ をかけると，$(k+l)$ 次のテンソル $\xi \otimes \eta \in \otimes^{k+l} \boldsymbol{V}$ となるが，ここでもすべての次数のテンソルから生成された大きなベクトル空間を考えておくと，多項式と同様な状況が成り立つに違いない．そこで次の定義をおく．

【定義】 ベクトル空間 $\boldsymbol{V}$ に対し

$$T(\boldsymbol{V}) = \boldsymbol{R} \oplus \boldsymbol{V} \oplus (\otimes^2 \boldsymbol{V}) \oplus \cdots \oplus (\otimes^k \boldsymbol{V}) \oplus \cdots \tag{1}$$

とおき，$T(\boldsymbol{V})$ を，$\boldsymbol{V}$ 上のテンソル代数という．

この定義に対して説明を加えよう．

記号 $\oplus$：これは直和の記号であって，$\tilde{\boldsymbol{P}}$ のとき用いたものと同様の意味をもつ．すなわち $T(\boldsymbol{V})$ の元は，有限個のベクトル空間 $\otimes^{k_1} \boldsymbol{V}, \otimes^{k_2} \boldsymbol{V}, \ldots, \otimes^{k_s} \boldsymbol{V} (k_1 < k_2 < \cdots < k_s)$ から $\xi_1, \xi_2, \ldots, \xi_s$ をとって

$$\xi = \xi_1 + \xi_2 + \cdots + \xi_s \tag{2}$$

と表示される元全体からなる．

別の元 $\eta \in T(\boldsymbol{V})$ をとって

$$\eta = \eta_1 + \eta_2 + \cdots + \eta_t \tag{3}$$
$$\eta_j \in \otimes^{l_j} \boldsymbol{V} \, (l_1 < l_2 < \cdots < l_t)$$

と表わしたとき，ξ と η が $T(\boldsymbol{V})$ の同じ元を表わすのは

$$\boxed{\begin{array}{c} \xi = \eta \Longleftrightarrow s = t, \quad k_1 = l_1, \quad k_2 = l_2, \quad \ldots, \quad k_s = l_s; \\ \xi_1 = \eta_1, \quad \xi_2 = \eta_2, \quad \ldots, \quad \xi_s = \eta_s \end{array}}$$

と約束してある ((2) と (3) の右辺には 0 は現われていないとしている).

このように形式的にかくとわかりにくいかもしれないが，要するに $\tilde{\boldsymbol{P}}$ で，2つの多項式が等しいのは，次数が等しく，各係数が等しいという内容に対応することを，$T(\boldsymbol{V})$ の場合に述べているだけである.

(1) の表示で，各 $\otimes^k \boldsymbol{V}$ を直和因子といって引用することもある.

$\boldsymbol{R}$, $\boldsymbol{V}$: (1) の右辺に直和因子として $\boldsymbol{R}$ と $\boldsymbol{V}$ も加えられている．$\boldsymbol{R}$ の元 α は，スカラー積として $\xi \in \otimes^k \boldsymbol{V}$ にかけることができる．特に $1 \in \boldsymbol{R}$ は乗法単位となっている : $1\xi = \xi$. $\boldsymbol{R} = \otimes^0 \boldsymbol{V}$，$\boldsymbol{V} = \otimes^1 \boldsymbol{V}$ とおくと，(1) は

$$T(\boldsymbol{V}) = \bigoplus_{k=0}^{\infty} (\otimes^k \boldsymbol{V})$$

とかいてもよい．記号 $\bigoplus_{k=0}^{\infty}$ の使い方は，記号 $\sum_{k=0}^{\infty}$ の使い方と似ている．ただし，$\bigoplus_{k=0}^{\infty}$ では有限個の元の和だけをとっている.

テンソル代数における演算の定義

加法とスカラー積 : (2) と (3) で表わされている ξ と η に対して

$$\xi + \eta = \xi_1 + \cdots + \xi_s + \eta_1 + \cdots + \eta_t \tag{4}$$
$$\alpha\xi = \alpha\xi_1 + \cdots + \alpha\xi_s$$

とおく．(4) は，たとえば $\xi_1, \eta_1 \in \otimes^{k_1} \boldsymbol{V}$ ならば，$\xi_1 + \eta_1$ は，$\otimes^{k_1} \boldsymbol{V}$ の元として加えるのである．(1) のかき方に揃えるためには，同じ直和因子に入っている ξ_i と η_j を加えて，次に，直和因子の順に——テンソルの次数にしたがって——並べて，加法の形でかく．このような，直和因子の順にしたがう順序の入れかえは，これからいちいち断らないことにする.

積 : (2) と (3) で表わされている ξ と η に対し，そのテンソル積を

$$\xi \otimes \eta = \xi_1 \otimes \eta_1 + \xi_1 \otimes \eta_2 + \cdots + \xi_i \otimes \eta_j + \cdots + \xi_s \otimes \eta_t$$

$(i = 1, 2, \ldots, s;\ j = 1, 2, \ldots, t)$ で定義する.

この積の定義も形式的でわかりにくいという人は，多項式のかけ算を，分配則にしたがって，順次かけ合わせて，そののちに降ベキの順に揃えることを思い出してみるとよいだろう.

注意 これからは，$T(\boldsymbol{V})$ の零元は 0 で表わし，これは同時に，ベクトル空間 $\boldsymbol{V}$ の零元を表わしていると考える.

テンソル代数の構造

$T(\boldsymbol{V})$ を $\boldsymbol{V}$ 上のテンソル代数とする．$T(\boldsymbol{V})$ は代数的には次のような構造をもつ.

(I) $T(\boldsymbol{V})$ は，($\boldsymbol{R}$ 上の) ベクトル空間である.

(II) $T(\boldsymbol{V})$ には，かけ算 $\otimes$ が定義されていて，これは次の性質をもつ.

(i) $\xi \otimes (\eta \otimes \zeta) = (\xi \otimes \eta) \otimes \zeta$ (結合則)

(ii) $(\xi + \eta) \otimes \zeta = \xi \otimes \zeta + \eta \otimes \zeta$ (分配則)

$\xi \otimes (\eta + \zeta) = \xi \otimes \eta + \xi \otimes \zeta$

(iii) $\alpha \in \boldsymbol{R}$ に対して

$$\alpha\xi \otimes \eta = \xi \otimes \alpha\eta = \alpha(\xi \otimes \eta)$$

(iv) $1 \in \boldsymbol{R}$ に対して

$$1\xi = \xi$$

これらの規則が成り立つことは，すでに前項で示してある.

一般に，ものの集まり $\boldsymbol{A}$ があって，$\boldsymbol{A}$ の中に加法，($\boldsymbol{R}$ との) スカラー積，かけ算が定義されていて，これが上の (I)，(II) の性質をみたすとき，$\boldsymbol{A}$ を ($\boldsymbol{R}$ 上の) 多元環，または前講の Tea Time での術語の使い方の了承によれば，代数というのである.

一般の代数 $\boldsymbol{A}$ に対しては，かけ算は，$x, y \in \boldsymbol{A}$ に対して xy と記すのがふつうである.

なお，$T(\boldsymbol{V})$ には，多項式代数 $\tilde{\boldsymbol{P}}$ の場合と同じように，$\xi \in \otimes^k \boldsymbol{V}$ のとき，ξ は次数 k をもつということにより，次数 (または階数) の概念が入る．このとき次数 k の元 ξ と，次数 l の元 η との積 $\xi \otimes \eta$ は，次数 $k + l$ をもつ．一般に

$$(\otimes^k \boldsymbol{V}) \otimes (\otimes^l \boldsymbol{V}) = \otimes^{k+l} \boldsymbol{V}$$

が成り立つ．この式で包含関係 $\subset$ は明らかであろうが，等号が成り立つことは，左辺の空間の次元が $n^k \times n^l = n^{k+l}$ となって，右辺の空間の次元と等しくなることからわかる．

テンソル代数と多項式代数との違い

私たちの関心は，$\boldsymbol{V}$ 上のテンソル代数 $T(\boldsymbol{V})$ にあるのだが，この導入にあたって，多項式代数 $\tilde{\boldsymbol{P}}$ の類似をたどりながら，いままで話を進めてきた．

類似している方だけを強調していくと，$T(\boldsymbol{V})$ と $\tilde{\boldsymbol{P}}$ には，本質的な点に何の違いもないようにみえてくる．しかし実は，かけ算の規則に関して1つの点で本質的な違いがある．

$T(\boldsymbol{V})$ は非可換であり，$\tilde{\boldsymbol{P}}$ は可換である．

すなわち，$\xi, \eta \in T(\boldsymbol{V})$ に対して，一般には $\xi \otimes \eta \neq \eta \otimes \xi$ であるが，$f, g \in \tilde{\boldsymbol{P}}$ に対してはつねに $f \cdot g = g \cdot f$ が成り立っている．

この違いをもっとはっきり認識してもらうために，$\boldsymbol{V}$ として，基底 $\boldsymbol{e}_1, \boldsymbol{e}_2$ をもつ2次元のベクトル空間をとり，多項式代数としては，ここでは2変数 x, y についての多項式全体のつくる多項式代数 $\tilde{\boldsymbol{P}}[x,y] = \bigoplus_{k=0}^{\infty} \tilde{\boldsymbol{P}}^k[x,y]$ をとる．$\tilde{\boldsymbol{P}}[x,y]$ の元は，たとえば

$$f(x,y) = x - 5x^3y + 2x^2y^2 + 6y^8$$

のように表わされている．

このとき，$T(\boldsymbol{V})$ の非可換性と $\tilde{\boldsymbol{P}}[x,y]$ の可換性を対比しながら考えてみると次のようになる．

- ○　$\otimes^2 \boldsymbol{V}$ では，$\boldsymbol{e}_1 \otimes \boldsymbol{e}_1$，$\boldsymbol{e}_1 \otimes \boldsymbol{e}_2$，$\boldsymbol{e}_2 \otimes \boldsymbol{e}_1$，$\boldsymbol{e}_2 \otimes \boldsymbol{e}_2$ が基底をつくる．
- ○　$\boldsymbol{P}^2[x,y]$ では $x^2, xy(=yx), y^2$ が基底をつくる．
- ●　$\otimes^3 \boldsymbol{V}$ では，$\boldsymbol{e}_1 \otimes \boldsymbol{e}_1 \otimes \boldsymbol{e}_2$，$\boldsymbol{e}_1 \otimes \boldsymbol{e}_2 \otimes \boldsymbol{e}_1$，$\boldsymbol{e}_2 \otimes \boldsymbol{e}_1 \otimes \boldsymbol{e}_1$ はすべて異なる元となる．
- ●　$\boldsymbol{P}^3[x,y]$ では，xxy, xyx, yxx は同じ元 x^2y を表わしている．

この非可換性と可換性は，次元の上でもはっきり現われる．いまの場合

$$\dim \otimes^k \boldsymbol{V} = 2^k$$

であるが,

$$\dim \boldsymbol{P}^k[x,y] = k+1$$

である. $\otimes^k \boldsymbol{V}$ は, $\boldsymbol{P}^k[x,y]$ に比べれば, はるかに大きいベクトル空間となる!

ベクトル空間 $\boldsymbol{V}$ からテンソル代数 $T(\boldsymbol{V})$ へ

このようにして, 長い道のりではあったが, 抽象的なベクトル空間から出発して, テンソル代数 $T(\boldsymbol{V})$ に到達した. (1) から

$$\boldsymbol{V} \subset T(\boldsymbol{V})$$

である. したがって, $T(\boldsymbol{V})$ はベクトル空間 $\boldsymbol{V}$ を拡張したものであると考えることができる.

ベクトル空間 $\boldsymbol{V}$ の中では, 加法とスカラー積が定義されていただけであったが, $T(\boldsymbol{V})$ の中で考えると, $\boldsymbol{V}$ の元はいくらでもかけ合わすことができるようになった.

だが, $\boldsymbol{V}$ に比べれば, $T(\boldsymbol{V})$ は非常に大きいベクトル空間である. 実際, $\boldsymbol{V}$ は有限次元で, その基底は, $\{\boldsymbol{e}_1, \boldsymbol{e}_2, \ldots, \boldsymbol{e}_n\}$ で与えられているが, $T(\boldsymbol{V})$ は無限次元で, その基底は無限個の元

$$\{1, \boldsymbol{e}_{i_1} \otimes \boldsymbol{e}_{i_2} \otimes \cdots \otimes \boldsymbol{e}_{i_k} \quad (k=1,2,\ldots)\}$$

で与えられている. ここで $i_1, i_2, \ldots, i_k$ は, $\{1,2,\ldots,n\}$ から重複を許してとったすべての順列をわたる.

ベクトル空間 $\boldsymbol{V}$ が与えられたとき, $\boldsymbol{V}$ を広げて, $\boldsymbol{V}$ の元を自由にかけ合わすことのできるような対象を考えることは, 望ましいことだし, またそのような考えは, 数学の中にある自由性を端的に示しているともいえるだろう. 確かにテンソル代数 $T(\boldsymbol{V})$ は, その方向への 1 つの答を与えている. しかし, $T(\boldsymbol{V})$ は無限次元で, 有限次元のベクトル空間 $\boldsymbol{V}$ との隔りがあまりにも大きすぎる.

何か, $\boldsymbol{V}$ を含む有限次元のベクトル空間があって, その中では, かけ算が自由に行なえるような対象を構成することはできないだろうか.

さらに, (この要求は多少漠然としているが) かけ算の規則に意味があり, 広い適用性をもつものが望ましい. たとえば極端な場合, $\boldsymbol{V}$ の任意の 2 元 $\boldsymbol{x}, \boldsymbol{y}$ に対して

$$\boldsymbol{x} \cdot \boldsymbol{y} = \boldsymbol{0}$$

とおいて，かけ算を導入すると，$\boldsymbol{V}$ の中だけでかけ算ができるようになるが，これはいかにもつまらない．

次講では，この問題の1つの答として，ベクトル空間 $\boldsymbol{V}$ に対して，外積代数 $E(\boldsymbol{V})$ とよばれる1つの代数を構成しよう．$E(\boldsymbol{V})$ は $\boldsymbol{V}$ を含む有限次元のベクトル空間であって

$$\dim E(\boldsymbol{V}) = 2^n \quad (n = \dim \boldsymbol{V})$$

となっている．$E(\boldsymbol{V})$ を構成する道は，テンソル代数 $T(\boldsymbol{V})$ を経由していくのであるが，$E(\boldsymbol{V})$ は $T(\boldsymbol{V})$ よりも，現代数学の中では——殊にベクトル解析の中では——はるかに広い適用性をもっている．

Tea Time

質問　1つのことを発見しました．これは僕にとって生まれてはじめての数学上の発見です．多項式の場合，$\tilde{\boldsymbol{P}}$ まで広げなくとも，高々1次の多項式のつくるベクトル空間 $\tilde{\boldsymbol{P}}^1$ の中でも，ちゃんとかけ算ができるような規則を見つけたのです．それは

$$(a + bx) \odot (a' + b'x) = aa' + (ab' + a'b)x \tag{$*$}$$

として，かけ算 $\odot$ を定義するのです．分配則，結合則が成り立つことも確かめてみました．結合則を示してみましょうか．それには

$$\{(a + bx) \odot (a' + b'x)\} \odot (a'' + b''x) = (a + bx) \odot \{(a' + b'x) \odot (a'' + b''x)\}$$

が成り立つことをみればよいわけです．ところが

$$\begin{aligned} \text{左辺} &= \{aa' + (ab' + a'b)x\} \odot (a'' + b''x) \\ &= aa'a'' + (aa'b'' + aa''b' + a'a''b)x \\ \text{右辺} &= (a + bx) \odot \{a'a'' + (a'b'' + a''b')x\} \\ &= aa'a'' + (aa'b'' + aa''b' + a'a''b)x \end{aligned}$$

で，左辺 $=$ 右辺 となり，結合則が成り立ちます．僕が見つけたこのかけ算 $\odot$ によって，$\tilde{\boldsymbol{P}}^1$ も‘高々1次式代数’と命名してもよいことになったのでしょうか．

答　発見の喜びは，大きいもので，1つの発見が数学の勉強へ駆りたてる契機とな

ることも多い．君が発見したことは正しいことであるし，また $\tilde{\boldsymbol{P}}^1$ を高々 1 次式代数といっても構わないわけである．$(*)$ のかけ算の規則を発見したのは，きっと，ふつうのかけ算をした上で，x^2 の項をとってしまったらどうなるかと考えてみたのだろうと思う．

しかし，このことは数学者が実はもうよく知っていることなのである．同様の考えで，高々 k 次の多項式全体 $\tilde{\boldsymbol{P}}^k$ も，代数の構造をいれることができる．それには高々 k 次の 2 つの多項式 f, g をふつうのようにかけ算してから，次に $k+1$ 次以上の項を 0 とおく．すなわち

$$f(x)g(x) = (f \odot g)(x) + x^{k+1}G(x)$$

($f \odot g$ は k 次までの部分) として，かけ算 $f \odot g$ を定義するのである．

このとき得られる‘高々 k 次式代数’は，次講で述べるいい方にしたがえば，$\tilde{\boldsymbol{P}}$ を x^{k+1} から生成されたイデアルで割って得られた代数ということになる．君の発見は，もっと大きな考えへと発展し，そこに吸収されていくことになるだろう．

第 8 講

イ デ ア ル

テーマ
- ◆ 代数 $\boldsymbol{A}$ のイデアルの一般的な定義
- ◆ イデアル $\boldsymbol{I}$ による類別——同値類
- ◆ 商集合 $\boldsymbol{A}/\boldsymbol{I}$
- ◆ 商集合 $\boldsymbol{A}/\boldsymbol{I}$ は，代数の構造をもつ.
- ◆ 商代数
- ◆ 多項式代数における 1 つの例

一般論——イデアルについて

$\boldsymbol{A}$ を $\boldsymbol{R}$ 上の代数 (多元環) とする．$\boldsymbol{A}$ から新しい代数をつくる一般的な方法がある．そのことをまず述べておこう．なお $\boldsymbol{A}$ の元 x, y に対して積を xy で表わすことにする.

【定義】 $\boldsymbol{A}$ の空でない部分集合 $\boldsymbol{I}$ が次の条件をみたすとき，イデアルという.

(i) $x, y \in \boldsymbol{I} \Longrightarrow x+y \in \boldsymbol{I}$

(ii) $\alpha \in \boldsymbol{R},\ x \in \boldsymbol{I} \Longrightarrow \alpha x \in \boldsymbol{I}$

(iii) $a \in \boldsymbol{A},\ x \in \boldsymbol{I} \Longrightarrow ax \in \boldsymbol{I},\ xa \in \boldsymbol{I}$

ここで (i) と (ii) の条件は，$\boldsymbol{I}$ が $\boldsymbol{A}$ の中で部分ベクトル空間になっているという条件である．すなわち，$\boldsymbol{I}$ の中で加法もスカラー積も自由にできる．なお任意の $x \in \boldsymbol{I}$ に対し (ii) から $-x = (-1)x \in \boldsymbol{I}$ だから，(i) から，$\boldsymbol{I}$ の中で引き算も自由にできることがわかる.

(iii) は，特徴的な性質であって，単に $\boldsymbol{I}$ の元を 2 つかけ合わせても $\boldsymbol{I}$ に含まれるということを保証しているだけではなくて，一方の元 x が $\boldsymbol{I}$ に含まれていさえすれば，$\boldsymbol{A}$ のどんな元 a を，x に (左または右から) かけても $\boldsymbol{I}$ に含まれているということを保証しているのである.

最初にこのような話を聞かれた読者は，イデアル $\boldsymbol{I}$ の例を知りたいと思われるかもしれない．前講からの話の続きとしては，次のような例を述べておくのが，最も適切であろう．

多項式代数 $\tilde{\boldsymbol{P}}$ を，上の定義の $\boldsymbol{A}$ にとる．自然数 k が与えられたとき，$\tilde{\boldsymbol{P}}$ の部分集合 $\boldsymbol{I}_k$ を

$$\boldsymbol{I}_k = \{f \mid f(x) = x^{k+1}F(x),\ F(x) \text{ は任意の多項式}\}$$

とおく．すなわち $\boldsymbol{I}_k$ は

$$x^{k+1}\left(a_0 + a_1 x + \cdots + a_l x^l\right)$$

の形をした多項式からなる集合である．$\boldsymbol{I}_k$ は $\tilde{\boldsymbol{P}}$ のイデアルとなる．実際，$\boldsymbol{I}_k$ の元に，どんな $\tilde{\boldsymbol{P}}$ の元 (多項式！) をかけても $\boldsymbol{I}_k$ に含まれていることは明らかだろう．

イデアルによる類別——同値類

代数 $\boldsymbol{A}$ の中にイデアル $\boldsymbol{I}$ が与えられると，$\boldsymbol{A}$ の元を $\boldsymbol{I}$ によって類別することができる．すなわち

$$x - y \in \boldsymbol{I} \text{ のとき } x \sim y$$

とおき，x と y は同じ類に入っているというのである．このとき

(a)　$x \sim x$ である

　　なぜなら $x - x = 0 \in \boldsymbol{I}$

(b)　$x \sim y$ ならば $y \sim x$

　　なぜなら $x - y \in \boldsymbol{I}$ ならば $-(x - y) = y - x \in \boldsymbol{I}$

(c)　$x \sim y,\quad y \sim z$ ならば $x \sim z$

　　なぜなら $x - y \in \boldsymbol{I},\quad y - z \in \boldsymbol{I}$ より，$x - z = (x - y) + (y - z) \in \boldsymbol{I}$

　　となるからである．

この (a), (b), (c) を示すには，イデアルの性質のうち，(i) と，$x \in \boldsymbol{I}$ ならば $-x \in \boldsymbol{I}$ という性質しか用いていないことを注意しておこう．

任意の $a \in \boldsymbol{A}$ に対し，a と同じ類に入っている x をひとまとめにすると，$\boldsymbol{A}$ の部分集合が得られる．この部分集合を a を含む同値類といい，$[a]$ で表わすことにする．$a \in \boldsymbol{A}$ であるが，$[a] \subset \boldsymbol{A}$ である．このとき (a) は，$x \in [x]$ を示し，(b)

は，$y \in [x]$ ならば $x \in [y]$ を示している．

(c) からは次のことがわかる．2つの同値類 $[x], [y]$ が与えられたとき，$[x] = [y]$ か，$[x] \cap [y] = \phi$ (空集合) のいずれか1つしか起きない．

なぜなら，もし $[x] \cap [y] \neq \phi$ とすると，$[x]$ と $[y]$ に共通な $\boldsymbol{A}$ の元 z が含まれる．$x \sim z$，$y \sim z$ (したがって $z \sim y$) から，$x \sim y$ となり，$y \in [x]$ となる．そこで $y' \in [y]$ とすると，$x \sim y$，$y \sim y'$ から $x \sim y'$．したがって $y' \in [x]$．このことは，$[y] \subset [x]$ を示している．同様にして，$[x] \subset [y]$ もいえる．したがって，結局，$[x] \cap [y] \neq \phi$ ならば，$[x] = [y]$ が示された．このことは，$[x] = [y]$ か，$[x] \cap [y] = \phi$ かの，いずれか一方の場合しか起きないことを示している．

$\boldsymbol{A}$ は，相異なる同値類によって，互いに共通点のない部分集合の集まりに分割される．これを，イデアル $\boldsymbol{I}$ による $\boldsymbol{A}$ の類別という．

同値類を1つの‘もの’と思って，相異なる同値類全体を集めて得られる集合を，

$$\boldsymbol{A}/\boldsymbol{I}$$

と表わし，$\boldsymbol{A}$ の $\boldsymbol{I}$ による商集合という．$\boldsymbol{A}/\boldsymbol{I}$ の元は，相異なる同値類 $[x], [y], \ldots$ からなっているわけである．

これからときどき，説明の便宜さもあって，$\boldsymbol{A}$ を日本に住む人の集まりにたとえ，関係 $x \sim y$ は，x と y が同じ世帯に属している関係を示しているというようなたとえをとる．このとき，各同値類はそれぞれの世帯となり，日本の人をこの関係で類別するということは，世帯別にわけるということになる．もちろんこのたとえでは，$x - y$ などという演算に意味はないし，イデアル $\boldsymbol{I}$ も登場しないのだが，$\boldsymbol{A}$ の元 x と，x を含む同値類 $[x]$ というとき，人と，その人の属している世帯というたとえが，状況を簡明に説明することも多いのである．

$\boldsymbol{A}/\boldsymbol{I}$ は代数になる

$\boldsymbol{A}/\boldsymbol{I}$ の‘元’$[x], [y]$ に加法と乗法を定義し，さらに任意の実数 α に対して，スカラー積 $\alpha[x]$ を定義することによって，$\boldsymbol{A}/\boldsymbol{I}$ に代数の構造を与えることができる．

結論から先にいうと，これらは次のように定義する：

$$
\begin{array}{ll}
\text{加　　法：} & [x]+[y]=[x+y] \\
\text{スカラー積：} & \alpha[x]=[\alpha x] \\
\text{乗　　法：} & [x][y]=[xy]
\end{array}
\qquad (1)
$$

この定義は自明なことのようにみえるが，このような定義が可能かどうかということは実は少しも明らかなことではない．

問題点はすべて同じ場所から生ずるが，まず加法から説明しよう．上の定義は，$[x]$ と $[y]$ の和を $x+y$ を含む同値類として定義しようというのである．ところが，図4をみるとわかるように，$[x]$ から別の x'，$[y]$ から別の y' をとったとき，$x'+y'$ がやはり $x+y$ と同じ同値類に移っていないと，この定義には意味がない．世帯のたとえでいうと，$[x]$ 世帯の父親 x と $[y]$ 世帯の父親 y が揃って，別の $[z]$ 世帯へ移っても，$[x]$ 世帯と $[y]$ 世帯にいる父親以外の人たちが，父親の移動に同道して $[z]$ 世帯へ移ったかどうかは，明らかなことではない．

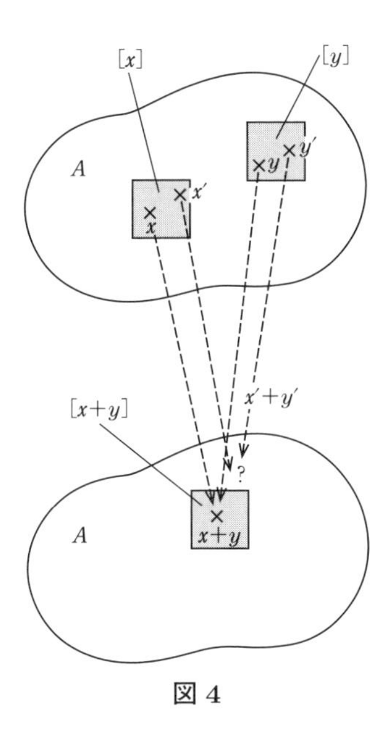

図 4

つまり，この加法の定義に意味があるためには，次のことを示さなくてはならない．

$$
x \sim x', \quad y \sim y' \quad \text{ならば} \quad x+y \sim x'+y'
$$

ところがこのことは

$$
\begin{aligned}
x-x' \in \boldsymbol{I},\ y-y' \in \boldsymbol{I} \Longrightarrow (x+y)-(x'+y') \\
=(x-x')+(y-y') \in \boldsymbol{I}
\end{aligned}
$$

となって成り立つ．ここではイデアルの性質 (i) を用いている．

スカラー積の定義に対しても，図5をみるとわかるように同じ問題が起きている．このとき示すべきことは

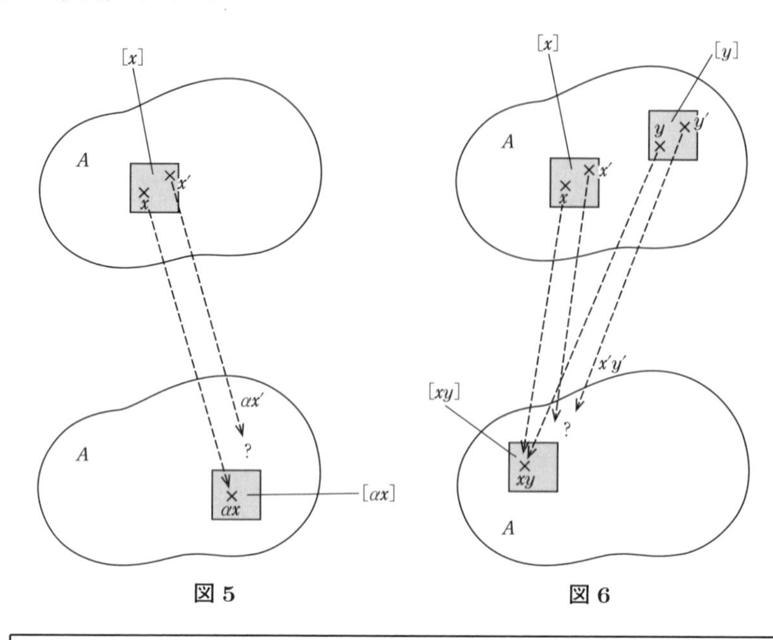

図 5　　　　図 6

$$x \sim x' \quad \text{ならば} \quad \alpha x \sim \alpha x'$$

である．

このことは $x - x' \in \boldsymbol{I} \Longrightarrow \alpha(x - x') \in \boldsymbol{I}$，$\alpha x - \alpha x' \in \boldsymbol{I}$ からわかる．ここではイデアルの性質 (ii) を用いている．

乗法の定義が妥当なものであるためには

$$x \sim x', \quad y \sim y' \quad \text{ならば} \quad xy \sim x'y'$$

を示さなくてはならない (図 6).

これは，イデアルの性質 (iii) から導くことができる．すなわち

$$x - x' \in \boldsymbol{I},\ y - y' \in \boldsymbol{I} \Longrightarrow xy - x'y' = (x - x')y + x'(y - y') \in \boldsymbol{I}$$

ここで $(x - x')y \in \boldsymbol{I}$，$x'(y - y') \in \boldsymbol{I}$ を用いたのである．

これらのことが示されてはじめて，最初に述べた，加法，スカラー積，乗法の定義が確定した．一度確定してみれば，$\boldsymbol{A}$ の元 x に対して，$\boldsymbol{A}/\boldsymbol{I}$ の元 $[x]$ を対応

させる対応は

$$x+y \longrightarrow [x]+[y]$$

$$\alpha x \longrightarrow \alpha[x]$$

$$xy \longrightarrow [x][y]$$

をみたしているのだから，$\boldsymbol{A}$ で成り立つ演算規則は，そのまま $\boldsymbol{A}/\boldsymbol{I}$ への演算規則へと遺伝されていく．したがって $\boldsymbol{A}/\boldsymbol{I}$ は，代数の構造をもつ．

特に $\boldsymbol{A}/\boldsymbol{I}$ の 0 は，$\boldsymbol{A}$ の 0 と同値な元全体からなる類，すなわち $x-0=x\in\boldsymbol{I}$ からなる．すなわち，$\boldsymbol{I}$ が $\boldsymbol{A}/\boldsymbol{I}$ の 1 つの元となって，これが $\boldsymbol{A}/\boldsymbol{I}$ の零元となるのである．

【定義】 $\boldsymbol{A}/\boldsymbol{I}$ を，$\boldsymbol{A}$ のイデアル $\boldsymbol{I}$ によって得られた商代数という．

なお，$\boldsymbol{A}$ の元 x に対し，x を含む同値類 $[x]$ を対応させる対応——各個人に対して，その属している世帯を対応させる対応——を，$\boldsymbol{A}$ から $\boldsymbol{A}/\boldsymbol{I}$ への標準射影といって π で表わす：

$$\pi(x)=[x]$$

この記号を使うと，(1) は ((1) の左辺と右辺は逆になるが)

$$\begin{aligned}\pi(x+y)&=\pi(x)+\pi(y)\\ \pi(\alpha x)&=\alpha\pi(x)\\ \pi(xy)&=\pi(x)\pi(y)\end{aligned} \tag{2}$$

と表わすことができる．

1 つ の 例

多項式代数 $\tilde{\boldsymbol{P}}$ において，

$$\boldsymbol{I}_k=\{f \mid f(x)=x^{k+1}F(x),\ F(x)\text{ は任意の多項式}\} \quad (k=1,2,\ldots)$$

がイデアルとなることは，前に述べてある．それでは商代数

$$\tilde{\boldsymbol{P}}/\boldsymbol{I}_k$$

はどのようなものになっているのだろうか．

イデアル $\boldsymbol{I}_k$ による類別を考えてみると

$$f(x)\sim g(x) \Longleftrightarrow f(x)-g(x)\in\boldsymbol{I}_k \tag{3}$$

であるが,

$$\begin{aligned} f(x) &= a_0 + a_1 x + \cdots + a_k x^k + x^{k+1} F(x) \\ g(x) &= b_0 + b_1 x + \cdots + b_k x^k + x^{k+1} G(x) \end{aligned} \tag{4}$$

$(F(x), G(x)$ は多項式$)$ と, f と g を k 次までの部分と $k+1$ 次以上の部分にわけてみると, (3) が成り立つ必要十分条件は

$$a_0 = b_0, \quad a_1 = b_1, \quad \ldots, \quad a_k = b_k$$

が成り立つことであることがわかる．すなわち, f と g が同じ類に入っているかどうかは, k 次の部分までが等しいかどうかによって, 完全に決まってしまう．このことは, (4) の形をした f に対し

$$[f] \ni a_0 + a_1 x + \cdots + a_k x^k$$

であり, $[f]$ に属するほかの元は, これに x^{k+1} 次以上の項を任意に加えたものからなっていることを示している.

簡単なたとえでいえば, 世帯 $[f]$ の‘世帯主’としてつねに代表

$$a_0 + a_1 x + \cdots + a_k x^k$$

を選ぶことができるのである.

したがって $\tilde{\boldsymbol{P}}/\boldsymbol{I}_k$ の演算 $[f]+[g]$, $\alpha[f]$, $[f][g]$ などに対して, つねにその‘世帯主’を代表として演算結果を表わすことにしておくと, 高々 k 次の多項式全体に加法, スカラー積, 乗法が定義されることになる.

このことを $\tilde{\boldsymbol{P}}/\boldsymbol{I}_1$ に適用すると, 高々 1 次の多項式全体にも乗法が定義されることになる．これが実は, 前講の Tea Time で述べた乗法 $\odot$ となっている．そこで 2 次の項を捨てたのは, ここでの私たちの立場からいえば, そうすることによって, 高々 1 次式で代表される‘世帯主’を選んだことになっている.

Tea Time

イデアルについて

イデアルは, 日本語に訳しきれなかった数学の術語の 1 つであって, 英語 ideal をそのまま訳せば‘理想’になってしまう．歴史的な経過を無視すれば, いまここで述べたイデアルに対する抽象的な一般概念に対して,‘理想’などという定義

を与えてしまっては，一体，この概念のどこに理想があるのかと面食らってしまうだろう．もっとも，アメリカやイギリスの人たちが，数学の中で ideal という言葉に最初に出会ったとき，どのように感ずるのかまでは，私にはわからない．

歴史的には，クンマーが代数的整数に対しても，素因子分解の一意性を成り立たせるためには，数の概念を拡張することが必要であるという着想を得て，'理想数' という概念を導入したのが最初であった．これがデデキントにより，イデアルという立場で見直されたのは，大体 1870 年頃のことである．その概念がさらに抽象化されて，ここで述べたような形になったのは，20 世紀になって抽象代数学の考えが展開するようになってからである．クンマーの '理想数' という言葉は，完全に抽象化されていく過程の中でも，イデアルという言葉の中に残り続けたのである．

もっともクンマーが，'理想数' などというものを考えたのは，具体的な整数と，抽象的なイデアル概念を結ぶかけ橋があったからである．その橋とは，任意の整数 n に対して，n の倍数からなるイデアル $\boldsymbol{J}_n$ を対応させるという考えである．すなわち，整数のつくる代数 $\boldsymbol{Z}$ の中で

$$\boldsymbol{J}_n = \{x \mid x = na,\ a \in \boldsymbol{Z}\}$$

とおくと，$\boldsymbol{J}_n$ は $\boldsymbol{Z}$ のイデアルで，対応

$$n \longrightarrow \boldsymbol{J}_n$$

は 1 対 1 である ($m \neq n$ ならば $\boldsymbol{J}_m \neq \boldsymbol{J}_n$)．

$\boldsymbol{Z}/\boldsymbol{J}_n$ は，整数を n で割った余りが等しいときに同値であると考える同値類からなり，その代表元は $\{0, 1, 2, \ldots, n-1\}$ で与えられる．整数論を少し学んだことのある人は，$\boldsymbol{J}_n$ による類別関係 $x \sim y$ は，ふつうは $x \equiv y \pmod{n}$ とかくことを思い出されるだろう．

第 9 講

外 積 代 数

テーマ

◆ 目標：$T(\boldsymbol{V})$ の適当なイデアル $\boldsymbol{I}$ をとって，有限次元代数 $T(\boldsymbol{V})/\boldsymbol{I}$ をつくる．

◆ $\boldsymbol{x}\otimes\boldsymbol{x}\,(\boldsymbol{x}\in\boldsymbol{V})$ から生成されるイデアル

◆ 外積代数の定義：外積代数 $E(\boldsymbol{V})=T(\boldsymbol{V})/\boldsymbol{I}$

◆ 外積 $\omega\wedge\omega'$

◆ $E(\boldsymbol{V})$ の部分空間 $\wedge^k\boldsymbol{V}$

◆ $E(\boldsymbol{V})$ の乗法の基本規則：$\boldsymbol{x}\wedge\boldsymbol{x}=0,\ \boldsymbol{x}\wedge\boldsymbol{y}=-\boldsymbol{y}\wedge\boldsymbol{x}$

目　　標

ベクトル空間 $\boldsymbol{V}$ が与えられたとき，$\boldsymbol{V}$ を含む有限次元のベクトル空間で，代数の構造をもつものをつくることが目標である．そのために，$\boldsymbol{V}$ 上のテンソル代数 $T(\boldsymbol{V})$ の中に適当なイデアル $\boldsymbol{I}$ を見出して，商代数

$$T(\boldsymbol{V})/\boldsymbol{I} \tag{1}$$

を考えることによって，その目標を達したい．

勝手にイデアル $\boldsymbol{I}$ をもってきても，(1) は一般には無限次元になってしまう．それでは，私たちの目標には合わないのである．どのようなイデアル $\boldsymbol{I}$ をとったらよいであろうか．

これを考えるヒントとして，テンソル代数 $T(\boldsymbol{V})$ と多項式代数 $\tilde{\boldsymbol{P}}$ とを対比してみよう：

$$T(\boldsymbol{V})=\boldsymbol{R}\oplus\boldsymbol{V}\oplus(\otimes^2\boldsymbol{V})\oplus(\otimes^3\boldsymbol{V})\oplus\cdots \tag{2}$$

$$\tilde{\boldsymbol{P}}=\boldsymbol{R}\oplus\boldsymbol{P}^1\oplus\boldsymbol{P}^2\oplus\boldsymbol{P}^3\oplus\cdots \tag{3}$$

このようにかき並べてみると，すぐわかることは，$T(\boldsymbol{V})$ の中の $\boldsymbol{R}\oplus\boldsymbol{V}$ に対応するものは，$\tilde{\boldsymbol{P}}$ の中の高々 1 次式全体のつくる空間 $\boldsymbol{R}\oplus\boldsymbol{P}^1=\{a+bx\mid a,b\in\boldsymbol{R}\}$

である．$\tilde{\boldsymbol{P}}$ の中でイデアル $\boldsymbol{I}_1 = \left\{x^2F(x) \mid F(x)\text{ は任意の多項式}\right\}$ を考えると，前講の終りで述べたように (そこでは $\tilde{\boldsymbol{P}}^1 = \boldsymbol{R} \oplus \boldsymbol{P}^1$ とおいてある)，

$$\tilde{\boldsymbol{P}}/\boldsymbol{I}_1 \cong \boldsymbol{R} \oplus \boldsymbol{P}^1 \quad (\text{ベクトル空間として同型})$$

となっている．$\tilde{\boldsymbol{P}}$ を，$\boldsymbol{I}_1$ で‘割る’ことによって，2 次以上の項が，除去されてしまうのである．

これは，(3) の方での話である．なおイデアルは $\boldsymbol{I}_1$ は

$$\boldsymbol{I}_1 = \boldsymbol{P}^2 \oplus \boldsymbol{P}^3 \oplus \cdots \oplus \boldsymbol{P}^k \oplus \cdots$$

と表わされていることに注意しておこう．

(2) の方でこれに対応することを考えてみようとすると，まず 2 次の項に相当する $\otimes^2\boldsymbol{V}$ という空間に目がいく．しかし，実際は，この空間そのものではなくて，私たちにとってこれから重要な役目を果たす代数をつくる‘構成への道’は，$\otimes^2\boldsymbol{V}$ の中に含まれている $\boldsymbol{x} \otimes \boldsymbol{x}$ の形の元に注目し，これらの元から‘生成される’イデアル $\boldsymbol{I}$ をとるところからスタートするのである．

$\boldsymbol{x} \otimes \boldsymbol{x}$ $(\boldsymbol{x} \in \boldsymbol{V})$ から生成されるイデアル

$\boldsymbol{V}$ の元 $\boldsymbol{x}$ をとって $\boldsymbol{x} \otimes \boldsymbol{x} \in \otimes^2\boldsymbol{V}$ をつくる．このような元 $\boldsymbol{x} \otimes \boldsymbol{x}$ 全体を含む $T(\boldsymbol{V})$ の中の最小のイデアル $\boldsymbol{I}$ とはどのようなものであろうか．まず，そのようなイデアル $\boldsymbol{I}$ があったとすると，イデアルの性質 (iii) (52 頁) から

$$\xi \otimes \boldsymbol{x} \otimes \boldsymbol{x} \otimes \eta \quad (\xi, \eta \in T(\boldsymbol{V}))$$

の形の元は，すべて $\boldsymbol{I}$ に含まれていなくてはならない．ここで ξ, η が $T(\boldsymbol{V})$ の任意の元をとってもよいというところに，イデアルの特性が現われている．したがってイデアルの性質 (i) (52 頁) から，これらの元の有限和

$$\xi_1 \otimes \boldsymbol{x}_1 \otimes \boldsymbol{x}_1 \otimes \eta_1 + \xi_2 \otimes \boldsymbol{x}_2 \otimes \boldsymbol{x}_2 \otimes \eta_2 + \cdots + \xi_s \otimes \boldsymbol{x}_s \otimes \boldsymbol{x}_s \otimes \eta_s \tag{4}$$

もまた $\boldsymbol{I}$ に属さなくてはならない．

逆に，(4) で $s = 1, 2, \ldots$ と動かし，$\boldsymbol{x}_i \in \boldsymbol{V}$，$\xi_i, \eta_i \in T(\boldsymbol{V})$ を任意にとって得られる元全体は，イデアルの条件 (i)，(ii)，(iii) (52 頁) をみたすことは，すぐに確かめられる．また (4) の表現で $s = 1$，$\xi_1 = \eta_1 = 1$ $(\in \boldsymbol{R})$ とおくと，$\boldsymbol{x}_1 \otimes \boldsymbol{x}_1$ の形の元も，(4) の中に含まれていることを注意しよう．

このことは，(4) の形で表わされる元全体が，$\boldsymbol{x} \otimes \boldsymbol{x}$ $(\boldsymbol{x} \in \boldsymbol{V})$ を含む，$T(\boldsymbol{V})$

の中の最小のイデアルであることを示している．すなわち，求める最小のイデアル $\boldsymbol{I}$ は

$$\boldsymbol{I} = \left\{ \sum_{i=1}^{s} \xi_i \otimes \boldsymbol{x}_i \otimes \boldsymbol{x}_i \otimes \eta_i \mid \xi_i, \eta_i \in T(\boldsymbol{V}), \quad \boldsymbol{x}_i \in \boldsymbol{V}; \quad s = 1, 2, \ldots \right\}$$

で与えられる．

【定義】　イデアル $\boldsymbol{I}$ を $\boldsymbol{x} \otimes \boldsymbol{x}$ $(\boldsymbol{x} \in \boldsymbol{V})$ から生成されたイデアルという．

$\boldsymbol{I}$ のある場所を明示しておくと

$$T(\boldsymbol{V}) = \boldsymbol{R} \oplus \boldsymbol{V} \oplus \underbrace{(\otimes^2 \boldsymbol{V}) \oplus (\otimes^3 \boldsymbol{V}) \oplus \cdots}_{\substack{\bigcup \\ \boldsymbol{I}}}$$

となる．$\boldsymbol{I} \cap (\boldsymbol{R} \oplus \boldsymbol{V}) = \{0\}$ なのである．

外積代数の定義

【定義】　商代数

$$E(\boldsymbol{V}) = T(\boldsymbol{V})/\boldsymbol{I}$$

を，$\boldsymbol{V}$ 上の外積代数 (またはグラスマン代数) という．

$T(\boldsymbol{V})$ から，$E(\boldsymbol{V})$ への標準射影を π とおく．π は $T(\boldsymbol{V})$ の元 ξ に対して，ξ を含む同値類 $[\xi]$ を対応させる写像であった．$T(\boldsymbol{V})$ の加法，スカラー積，乗法は，π によって，$E(\boldsymbol{V})$ へと自然に移されてくるが，$E(\boldsymbol{V})$ の乗法は，新しい記号

$$\omega \wedge \omega'$$

のように，記号 $\wedge$ を用いてかくことにしよう．すなわち，この記号の定義は

$$\boxed{\pi(\xi \otimes \eta) = \pi(\xi) \wedge \pi(\eta)}$$

で与えられる．

【定義】　$E(\boldsymbol{V})$ の元 ω と ω' に対し，その積 $\omega \wedge \omega'$ を，ω と ω' の外積という．

さて，$\boldsymbol{I} \cap (\boldsymbol{R} \oplus \boldsymbol{V}) = \{0\}$ から，次の重要なことが導かれる．

$$\boxed{\pi \text{ は } \boldsymbol{R} \oplus \boldsymbol{V} \text{ 上では 1 対 1 である．}}$$

いいかえると，$\boldsymbol{R}$ の元 α, β，また $\boldsymbol{V}$ の元 $\boldsymbol{x}, \boldsymbol{y}$ に対して

$$\alpha \neq \beta \Longrightarrow \pi(\alpha) \neq \pi(\beta)$$
$$\boldsymbol{x} \neq \boldsymbol{y} \Longrightarrow \pi(\boldsymbol{x}) \neq \pi(\boldsymbol{y})$$

が成り立つ.

【証明】 たとえば $\boldsymbol{x}, \boldsymbol{y} \in \boldsymbol{V}$ で $\boldsymbol{x} \neq \boldsymbol{y}$ とすると，$\boldsymbol{x} - \boldsymbol{y} \in \boldsymbol{V}$ で $\boldsymbol{x} - \boldsymbol{y} \neq 0$ だから $\boldsymbol{x} - \boldsymbol{y} \notin \boldsymbol{I}$ ($\boldsymbol{I} \cap \boldsymbol{V} = \{0\}$!). したがって $\boldsymbol{I}$ による類別で，$\boldsymbol{x}$ と $\boldsymbol{y}$ は異なる同値類に属している. ∎

この結果に基づいて，これからは $\boldsymbol{R} \oplus \boldsymbol{V}$ の元に対しては，π で移った先も同じ記号で表わすことにしよう：$\pi(\alpha) = \alpha$ ($\alpha \in \boldsymbol{R}$)，$\pi(\boldsymbol{x}) = \boldsymbol{x}$ ($\boldsymbol{x} \in \boldsymbol{V}$).

ここは少し注意を加えておく必要があるかもしれない．$\boldsymbol{R} \oplus \boldsymbol{V}$ の元は，この元の属する世帯の世帯主のような役目をしているのである．世帯主が違えば (たとえば $\boldsymbol{x} \neq \boldsymbol{y}$ ならば)，世帯も違う ($\pi(\boldsymbol{x}) \neq \pi(\boldsymbol{y})$ となる)．だから世帯 (同値類 $[\boldsymbol{x}]$) を考える代りに，世帯主の名前 $\boldsymbol{x}$ を考えてすませることができる．今後は $\boldsymbol{R} \oplus \boldsymbol{V}$ の元の同値類に対しては，世帯主の名前だけをかくことにするというのである.

対応することを $\tilde{\boldsymbol{P}}/\boldsymbol{I}_1$ でいえば，$\tilde{\boldsymbol{P}}/\boldsymbol{I}_1$ で，1 次式 $a + bx$ を含む同値類を，そのまま $a + bx$ で表わしておくことに相当している.

したがってこれからは

$$\boldsymbol{R} \oplus \boldsymbol{V} \subset E(\boldsymbol{V}) \tag{5}$$

と考える.

$\boldsymbol{E(V)}$ の分解

(5) のように考えることは，$\pi(\alpha) = \alpha$ ($\alpha \in \boldsymbol{R}$)，$\pi(\boldsymbol{x}) = \boldsymbol{x}$ ($\boldsymbol{x} \in \boldsymbol{V}$) と考えることであり，したがって

$$\pi(\boldsymbol{R}) = \boldsymbol{R}, \quad \pi(\boldsymbol{V}) = \boldsymbol{V}$$

である．$\otimes^2 \boldsymbol{V}$ の元は，$\boldsymbol{x} \otimes \boldsymbol{y}$ ($\boldsymbol{x}, \boldsymbol{y} \in \boldsymbol{V}$) の形の元の 1 次結合で表わされているから，$\otimes^2 \boldsymbol{V}$ の π による像は

$$\begin{aligned} \pi(\boldsymbol{x} \otimes \boldsymbol{y}) &= \pi(\boldsymbol{x}) \wedge \pi(\boldsymbol{y}) \\ &= \boldsymbol{x} \wedge \boldsymbol{y} \end{aligned}$$

の形の元の 1 次結合で表わされていることになる．このことを知った上で

$$\pi\,(\otimes^2\boldsymbol{V}\,) = \boldsymbol{V} \wedge \boldsymbol{V} = \wedge^2\boldsymbol{V}$$

とおこう．$\wedge^2\boldsymbol{V}$ は，$E(\boldsymbol{V})$ の部分ベクトル空間である．同様に

$$\pi\,(\otimes^3\boldsymbol{V}\,) = \boldsymbol{V} \wedge \boldsymbol{V} \wedge \boldsymbol{V} = \wedge^3\boldsymbol{V}$$

一般に

$$\pi\,(\otimes^k\boldsymbol{V}\,) = \overbrace{\boldsymbol{V} \wedge \boldsymbol{V} \wedge \cdots \wedge \boldsymbol{V}}^{k\ \text{個}} = \wedge^k\boldsymbol{V} \quad (k = 2, 3, \ldots)$$

とおく．なお，$k = 0, 1$ に対しては

$$\wedge^0\boldsymbol{V} = \boldsymbol{R}, \quad \wedge^1\boldsymbol{V} = \boldsymbol{V}$$

とおく．

$\wedge^k\boldsymbol{V}$ は $\boldsymbol{V}$ の k 次の外積空間とよばれている．$\wedge^k\boldsymbol{V}$ は $E(\boldsymbol{V})$ の部分ベクトル空間であって，

$$\boldsymbol{x}_{i_1} \wedge \boldsymbol{x}_{i_2} \wedge \cdots \wedge \boldsymbol{x}_{i_k} \quad (\boldsymbol{x}_{i_s} \in \boldsymbol{V})$$

の形の元の 1 次結合として表わされている．

このようにして，$T(\boldsymbol{V})$ から $E(\boldsymbol{V})$ への標準射影 π は

$$\begin{array}{ccccccccccc}
T(\boldsymbol{V}) = & \boldsymbol{R} & \oplus & \boldsymbol{V} & \oplus & (\otimes^2\boldsymbol{V}) & \oplus & (\otimes^3\boldsymbol{V}) & \oplus \cdots \oplus & (\otimes^k\boldsymbol{V}) & \oplus \cdots \\
\pi\downarrow & \downarrow & & \downarrow & & \downarrow & & \downarrow & & \downarrow & \\
E(\boldsymbol{V}) = & \boldsymbol{R} & \oplus & \boldsymbol{V} & + & \wedge^2\boldsymbol{V} & + & \wedge^3\boldsymbol{V} & + \cdots + & \wedge^k\boldsymbol{V} & + \cdots
\end{array}$$

と分解される．

読者はここで，$T(\boldsymbol{V})$ の右辺には直和記号 $\oplus$ が用いられているのに，$E(\boldsymbol{V})$ の右辺には，$\oplus$ の記号と $+$ の記号とが混じり合っているのに目をとめられたかもしれない．

私たちは，$E(\boldsymbol{V})$ の方が，直和分解となっているかどうか，まだよくわかっていないのである．たとえば $\wedge^2\boldsymbol{V}$ に属する元 $(\neq 0)$ が，別のいくつかの $\wedge^k\boldsymbol{V}$ からとった元の 1 次結合で表わされるかもしれない．もしそうしたことが起きるならば，$E(\boldsymbol{V})$ は $\wedge^k\boldsymbol{V}$ の直和としては表わされないだろう．

この段階でわかっているのは，$E(\boldsymbol{V})$ の元は，$\wedge^k\boldsymbol{V}$ $(k = 0, 1, 2, \ldots)$ に属する元の 1 次結合で必ず表わされているということだけである．そしてこのことは，$T(\boldsymbol{V})$ の元が $\otimes^k\boldsymbol{V}$ $(k = 0, 1, 2, \ldots)$ に属する元の 1 次結合で表わされていることからの結論である．

$E(\boldsymbol{V})$ の乗法の基本規則

> $\boldsymbol{V}$ の元 $\boldsymbol{x}$ に対して
> $$\boldsymbol{x} \wedge \boldsymbol{x} = 0 \tag{6}$$
> が成り立つ.

このことは, $\boldsymbol{x} \otimes \boldsymbol{x} \in \boldsymbol{I}$ からの結論である.

このことから, 次の乗法規則が導かれる.

> $\boldsymbol{x}, \boldsymbol{y} \in \boldsymbol{V}$ に対し
> $$\boldsymbol{x} \wedge \boldsymbol{y} = -\boldsymbol{y} \wedge \boldsymbol{x} \tag{7}$$

【証明】 (6) により $(\boldsymbol{x}+\boldsymbol{y}) \wedge (\boldsymbol{x}+\boldsymbol{y}) = 0$. これに分配則を適用して

$$\boldsymbol{x} \wedge \boldsymbol{x} + \boldsymbol{x} \wedge \boldsymbol{y} + \boldsymbol{y} \wedge \boldsymbol{x} + \boldsymbol{y} \wedge \boldsymbol{y} = 0$$

となる. これに再び (6) を用いて

$$\boldsymbol{x} \wedge \boldsymbol{y} + \boldsymbol{y} \wedge \boldsymbol{x} = 0$$

すなわち, $\boldsymbol{x} \wedge \boldsymbol{y} = -\boldsymbol{y} \wedge \boldsymbol{x}$ が成り立つ. ∎

このことを繰り返すと, たとえば $\wedge^3 \boldsymbol{V}$ の中では

$$\begin{aligned} \boldsymbol{x} \wedge \boldsymbol{y} \wedge \boldsymbol{z} &= -\boldsymbol{y} \wedge \boldsymbol{x} \wedge \boldsymbol{z} \quad (\boldsymbol{x} \text{ と } \boldsymbol{y} \text{ のとりかえ}) \\ &= \boldsymbol{y} \wedge \boldsymbol{z} \wedge \boldsymbol{x} \qquad (\boldsymbol{x} \text{ と } \boldsymbol{z} \text{ のとりかえ}) \end{aligned}$$

また $\wedge^4 \boldsymbol{V}$ の元の中では

$$\begin{aligned} \boldsymbol{x}_1 \wedge \boldsymbol{x}_2 \wedge \boldsymbol{x}_3 \wedge \boldsymbol{x}_4 &= -\boldsymbol{x}_2 \wedge \boldsymbol{x}_1 \wedge \boldsymbol{x}_3 \wedge \boldsymbol{x}_4 \\ &= \boldsymbol{x}_2 \wedge \boldsymbol{x}_3 \wedge \boldsymbol{x}_1 \wedge \boldsymbol{x}_4 \\ &= -\boldsymbol{x}_2 \wedge \boldsymbol{x}_3 \wedge \boldsymbol{x}_4 \wedge \boldsymbol{x}_1 \end{aligned}$$

のようなことが成り立つ. 要するに, $E(\boldsymbol{V})$ の中の乗法規則は, 2つ隣り合った $\boldsymbol{V}$ の元を入れかえると符号が変わるといい表わされる.

しかし, 実際はもう少し強く, 次のことがいえる.

> $$\begin{aligned} &\boldsymbol{x}_1 \wedge \cdots \wedge \boldsymbol{x}_i \wedge \boldsymbol{x}_{i+1} \wedge \cdots \wedge \boldsymbol{x}_{j-1} \wedge \boldsymbol{x}_j \wedge \cdots \wedge \boldsymbol{x}_k \\ &\quad = -\boldsymbol{x}_1 \wedge \cdots \wedge \boldsymbol{x}_j \wedge \boldsymbol{x}_{i+1} \wedge \cdots \wedge \boldsymbol{x}_{j-1} \wedge \boldsymbol{x}_i \wedge \cdots \wedge \boldsymbol{x}_k \end{aligned}$$

すなわち，必ずしも隣り合っていなくとも，どこか2つの $\boldsymbol{x}_i$ と $\boldsymbol{x}_j$ を入れかえると，必ず符号が変わるのである．

【証明】

$$
\begin{aligned}
&\boldsymbol{x}_1 \wedge \cdots \wedge \boldsymbol{x}_i \wedge \cdots \wedge \boldsymbol{x}_{j-1} \wedge \boldsymbol{x}_j \wedge \cdots \wedge \boldsymbol{x}_k \\
&\quad = -\boldsymbol{x}_1 \wedge \cdots \wedge \boldsymbol{x}_i \wedge \cdots \wedge \boldsymbol{x}_{j-2} \wedge \boldsymbol{x}_j \wedge \boldsymbol{x}_{j-1} \wedge \cdots \wedge \boldsymbol{x}_k \\
&\qquad \cdots\cdots\cdots \\
&\quad = (-1)^{i-j}\boldsymbol{x}_1 \wedge \cdots \wedge \boldsymbol{x}_j \wedge \boldsymbol{x}_i \wedge \boldsymbol{x}_{i+1} \wedge \cdots \wedge \boldsymbol{x}_{j-1} \wedge \boldsymbol{x}_{j+1} \wedge \cdots \wedge \boldsymbol{x}_k \\
&\quad = (-1)^{i-j+1}\boldsymbol{x}_1 \wedge \cdots \wedge \boldsymbol{x}_j \wedge \boldsymbol{x}_{i+1} \wedge \boldsymbol{x}_i \wedge \boldsymbol{x}_{i+2} \wedge \cdots \wedge \boldsymbol{x}_k \\
&\qquad \cdots\cdots\cdots \\
&\quad = (-1)^{i-j+i-j-1}\boldsymbol{x}_1 \wedge \cdots \wedge \boldsymbol{x}_j \wedge \boldsymbol{x}_{i+1} \wedge \cdots \wedge \boldsymbol{x}_{j-1} \wedge \boldsymbol{x}_i \wedge \cdots \wedge \boldsymbol{x}_k \\
&\quad = -\boldsymbol{x}_1 \wedge \cdots \wedge \boldsymbol{x}_j \wedge \boldsymbol{x}_{i+1} \wedge \cdots \wedge \boldsymbol{x}_{j-1} \wedge \boldsymbol{x}_i \wedge \cdots \wedge \boldsymbol{x}_k
\end{aligned}
$$

■

なお，大切な注意であるが，積の順序をとりかえると符号が変わるというのは，$\boldsymbol{V}$ の元の積の場合であって，一般にはこのことは成り立たない．たとえば $\omega = \boldsymbol{x}_1 \wedge \boldsymbol{x}_2$，$\omega' = \boldsymbol{x}_3 \wedge \boldsymbol{x}_4$ とすると，

$$\omega \wedge \omega' = \omega' \wedge \omega$$

であって，この場合符号は変わらない．

一般には，次のことが成り立つ．

> $\omega \in \wedge^k(\boldsymbol{V})$，$\omega' \in \wedge^l(\boldsymbol{V})$ とすると
>
> $$\omega \wedge \omega' = (-1)^{kl}\omega' \wedge \omega$$

【証明】　このことを示すには

$$\omega = \boldsymbol{x}_1 \wedge \cdots \wedge \boldsymbol{x}_k, \quad \omega' = \boldsymbol{y}_1 \wedge \cdots \wedge \boldsymbol{y}_l$$

の場合を考えれば十分である．$\omega \wedge \omega'$ において，1つずつおきかえながら，$\boldsymbol{y}_1, \ldots, \boldsymbol{y}_l$ をこの順で，$\boldsymbol{x}_1, \ldots, \boldsymbol{x}_k$ の前にもってきて，$\omega' \wedge \omega$ に到達するためには，全体として kl 回の手数がかかる．1つおきかえるたびに，符号が変わるから，最終的な符号の変化は $(-1)^{kl}$ となる．■

なお $\omega = \boldsymbol{x}_1 \wedge \boldsymbol{x}_2 + \boldsymbol{x}_3 \wedge \boldsymbol{x}_4$ に対しては，$\omega \wedge \omega = 2\boldsymbol{x}_1 \wedge \boldsymbol{x}_2 \wedge \boldsymbol{x}_3 \wedge \boldsymbol{x}_4$ であって，これは一般には0ではない．$\boldsymbol{x} \wedge \boldsymbol{x} = 0$ という乗法規則は，$\boldsymbol{x} \in \boldsymbol{V}$ に対して成り立つものであることを注意しておこう．

誰が外積代数などを考え出したのか

外積代数の中に現われるかけ算の規則など，本当に妙なものである．たとえ話だが，小学校で九九を習ったとき，まさか将来 $2 \times 3 = 6$ であるが $3 \times 2 = -6$ となるようなかけ算にめぐり会うことがあるなど，思いもしなかったことである．

外積代数を最初に考えたのは，ドイツのグラスマンという人である．だからいまも，外積代数のことをグラスマン代数ともいう．グラスマンは，1844 年に著した難解きわまりないといわれている本『線形拡大論，数学の新しい分野』の中で，その考えをはじめて明らかにした．この本の難しさは，独特な用語を用いた点にもあったが，グラスマンの仕事を評価していたガウスさえも，彼があまりにも普遍的な考えを哲学的抽象的にかきすぎた，と考えていたようである．しかし，グラスマン自身によって，1862 年にこの本がかき改められてから，ハンケルや，物理学者ギブスなどの努力によって，しだいに外積代数の重要性——特にベクトル解析への重要性——が認識されるようになってきた．

H. G. グラスマン

グラスマンは，一生を中学，高校の教師として過ごした．なお，ファン・デル・ヴェルデンの『代数の歴史』という本によると，n 次元ベクトル空間の概念を最初に明確にとり出して述べてあるのは，1844 年の上述のグラスマンの著書の中においてであるという．

その後の数学の流れを見ると，グラスマンの思想は着実に数学の大地に根を広げている．グラスマンは，時代の流れより，少し早く生まれすぎたのかもしれない．

第 10 講

外積代数の構造

テーマ
- ◆ $\boldsymbol{V}$ の基底による $\wedge^2\boldsymbol{V}$ の元の表現
- ◆ $\boldsymbol{V}$ の基底による $\wedge^k\boldsymbol{V}$ $(k \geqq 3)$ の元の表現
- ◆ $k > \dim \boldsymbol{V}$ ならば $\wedge^k\boldsymbol{V} = \{0\}$
- ◆ $E(\boldsymbol{V})$ の基底

$\boldsymbol{V}$ の基底をとる

ベクトル空間 $\boldsymbol{V}$ 上の外積代数 $E(\boldsymbol{V})$ の構造を知るために，$\dim \boldsymbol{V} = n$ とし，$\boldsymbol{V}$ の基底 $\{\boldsymbol{e}_1, \boldsymbol{e}_2, \ldots, \boldsymbol{e}_n\}$ を 1 つとる．

このとき，まず $\boldsymbol{V}$ の 2 次のテンソル積 $\otimes^2\boldsymbol{V}$ の基底は n^2 個の元 $\boldsymbol{e}_i \otimes \boldsymbol{e}_j$ $(i, j = 1, 2, \ldots, n)$ で与えられ，したがって，$\otimes^2\boldsymbol{V}$ の元はただ 1 通りに

$$\sum_{i,j=1}^{n} a^{ij}\boldsymbol{e}_i \otimes \boldsymbol{e}_j \tag{1}$$

と表わされていたことを思い出しておこう．$T(\boldsymbol{V})$ から $E(\boldsymbol{V})$ の上への標準射影 π によって

$$\pi\colon \otimes^2 \boldsymbol{V} \longrightarrow \wedge^2\boldsymbol{V}$$

へと移る．このとき (1) は

$$\sum_{i,j=1}^{n} a^{ij}\boldsymbol{e}_i \wedge \boldsymbol{e}_j$$

へと移るが，前講の (6) により，ここで

$$\boldsymbol{e}_i \wedge \boldsymbol{e}_i = 0 \quad (i = 1, 2, \ldots, n) \tag{2}$$

である．また前講の (7) によって，$i \neq j$ に対しては

$$\boldsymbol{e}_i \wedge \boldsymbol{e}_j = -\boldsymbol{e}_j \wedge \boldsymbol{e}_i$$

が成り立つから，たとえば (1) で $\boldsymbol{e}_1 \otimes \boldsymbol{e}_2$ の項と $\boldsymbol{e}_2 \otimes \boldsymbol{e}_1$ の項は，π で移すと 1 つにまとめられて

$$\pi(a^{12}\boldsymbol{e}_1 \otimes \boldsymbol{e}_2 + a^{21}\boldsymbol{e}_2 \otimes \boldsymbol{e}_1) = a^{12}\boldsymbol{e}_1 \wedge \boldsymbol{e}_2 + a^{21}\boldsymbol{e}_2 \wedge \boldsymbol{e}_1$$
$$= (a^{12} - a^{21})\boldsymbol{e}_1 \wedge \boldsymbol{e}_2$$

となる．

このことは，任意の i, j $(i \neq j)$ に対して成り立つことであって，$i < j$ に対して

$$\tilde{a}^{ij} = a^{ij} - a^{ji}$$

とおくと

$$\pi(a^{ij}\boldsymbol{e}_i \otimes \boldsymbol{e}_j + a^{ji}\boldsymbol{e}_j \otimes \boldsymbol{e}_i) = \tilde{a}^{ij}\boldsymbol{e}_i \wedge \boldsymbol{e}_j \tag{3}$$

となる．

(2) と (3) から，結局，(1) の π による像は

$$\pi\left(\sum_{i,j=1}^{n} a^{ij}\boldsymbol{e}_i \otimes \boldsymbol{e}_j\right) = \sum_{i<j} \tilde{a}^{ij}\boldsymbol{e}_i \wedge \boldsymbol{e}_j$$

と表わされることがわかった．

すなわち，$\wedge^2\boldsymbol{V}$ の元は

$$\sum_{i<j} \tilde{a}^{ij}\boldsymbol{e}_i \wedge \boldsymbol{e}_j$$

と表わされる．ここに現われた項の数は，(i, j) $(i, j = 1, 2, \ldots, n;\ i < j)$ となる数の組の個数に等しく，それは

$${}_n\mathrm{C}_2 = \frac{n(n-1)}{2}$$

で与えられる．

$\wedge^k \boldsymbol{V}$ $(k \geqq 3)$ の場合

同じように考えると，$\wedge^3\boldsymbol{V}$ の元は

$$\sum_{i<j<k} \tilde{a}^{ijk}\boldsymbol{e}_i \wedge \boldsymbol{e}_j \wedge \boldsymbol{e}_k \tag{4}$$

と表わされることがわかる．実際，テンソル積 $\sum a^{ijk}\boldsymbol{e}_i \otimes \boldsymbol{e}_j \otimes \boldsymbol{e}_k$ の中で，たとえば $\boldsymbol{e}_1 \otimes \boldsymbol{e}_2 \otimes \boldsymbol{e}_1$ のように，同じ $\boldsymbol{e}_i$ が 2 つ以上現われる項は，外積代数の方へ移ると

$$\boldsymbol{e}_1 \wedge \overset{\frown}{\boldsymbol{e}_2 \wedge \boldsymbol{e}_1} = -\boldsymbol{e}_1 \wedge \boldsymbol{e}_1 \wedge \boldsymbol{e}_2 = 0$$

によって 0 となるし，また

$$\boldsymbol{e}_2 \otimes \boldsymbol{e}_1 \otimes \boldsymbol{e}_3, \quad \boldsymbol{e}_3 \otimes \boldsymbol{e}_2 \otimes \boldsymbol{e}_1, \quad \boldsymbol{e}_3 \otimes \boldsymbol{e}_1 \otimes \boldsymbol{e}_2$$

など，相異なる $\boldsymbol{e}_1, \boldsymbol{e}_2, \boldsymbol{e}_3$ を適当な順序でテンソル積をとったものは，外積代数の方へ移すと，すべて

$$\pm \boldsymbol{e}_1 \wedge \boldsymbol{e}_2 \wedge \boldsymbol{e}_3$$

の形にまとめられてしまう．これらのことから (4) が成り立つことがわかる．

一般に

> $k \leqq n$ のとき，$\wedge^k \boldsymbol{V}$ の元は
>
> $$\sum_{i_1<i_2<\cdots<i_k} \tilde{a}^{i_1 i_2 \cdots i_k} \boldsymbol{e}_{i_1} \wedge \boldsymbol{e}_{i_2} \wedge \cdots \wedge \boldsymbol{e}_{i_k} \tag{5}$$
>
> と表わされる．

この項の数，すなわち

$$\boldsymbol{e}_{i_1} \wedge \boldsymbol{e}_{i_2} \wedge \cdots \wedge \boldsymbol{e}_{i_k} \quad (i_1 < i_2 < \cdots < i_k)$$

の個数は

$${}_n\mathrm{C}_k = \frac{n(n-1)\cdots(n-k+1)}{k!}$$

である．

この結果が成り立つことは，上と同様の推論で導かれるから，もう証明は繰り返さないが，注意深い読者は，なぜ $k \leqq n$ という制限をつけたのだろうかと不審に思われるかもしれない．しかし，$k \leqq n$ という制限をつけないと，$i_1 < i_2 < \cdots < i_k$ というとり方が不可能になるのである．なぜなら $i_1, \ldots, i_k$ は，$1, 2, \ldots, n$ の値しかとらないからである．$k > n$ ならば，$i_1, i_2, \ldots, i_k$ の中でどこかに等しいものが現われてくるだろう．それでは $k > n$ のとき，実際どのような状況が生ずるのだろうか．それについて次の結果が成り立つ．

> $$k > n \text{ ならば } \wedge^k \boldsymbol{V} = \{0\} \tag{6}$$

【証明】　$k > n$ とする．$\otimes^k \boldsymbol{V}$ の元は

$$\sum a^{i_1 i_2 \cdots i_k} \boldsymbol{e}_{i_1} \otimes \boldsymbol{e}_{i_2} \otimes \cdots \otimes \boldsymbol{e}_{i_k}$$

で表わされるから，標準射影 π によって $\wedge^k \boldsymbol{V}$ へ移すと，$\wedge^k \boldsymbol{V}$ の元は

$$\sum a^{i_1 i_2 \cdots i_k} \boldsymbol{e}_{i_1} \wedge \boldsymbol{e}_{i_2} \wedge \cdots \wedge \boldsymbol{e}_{i_k} \tag{7}$$

と表わされる．いまこの中の任意の1つの項 $a^{i_1 i_2 \cdots i_k} \boldsymbol{e}_{i_1} \wedge \boldsymbol{e}_{i_2} \wedge \cdots \wedge \boldsymbol{e}_{i_k}$ に注目する．すぐ上に述べたように，$i_1, i_2, \ldots, i_k$ の中には必ず等しいものがある．たとえば $i_s = i_t$ とすると，

$$\begin{aligned}&\boldsymbol{e}_{i_1}\wedge\boldsymbol{e}_{i_2}\wedge\cdots\wedge\boldsymbol{e}_{i_s}\wedge\cdots\wedge\boldsymbol{e}_{i_t}\wedge\cdots\wedge\boldsymbol{e}_{i_k}\\&=\pm\boldsymbol{e}_{i_1}\wedge\boldsymbol{e}_{i_2}\wedge\cdots\wedge(\boldsymbol{e}_{i_s}\wedge\boldsymbol{e}_{i_t})\wedge\cdots\wedge\boldsymbol{e}_{i_k}\\&=0\qquad(\boldsymbol{e}_{i_s}=\boldsymbol{e}_{i_t}!)\end{aligned}$$

したがって，(7) の各項は 0 となり，結局 $\wedge^k\boldsymbol{V}$ は 0 だけからなることがわかる． ■

1つの注意

$E(\boldsymbol{V})$ の元が 0 になるということは，対応するテンソル代数の元がイデアル $\boldsymbol{I}$ に含まれているということであった．したがって (6) は，

$$T(\boldsymbol{V})=\boldsymbol{R}\oplus\boldsymbol{V}\oplus\cdots\oplus(\otimes^n\boldsymbol{V})\oplus(\otimes^{n+1}\boldsymbol{V})\oplus\cdots\oplus(\otimes^k\boldsymbol{V})\oplus\cdots$$

の灰色の部分がすべて，イデアル $\boldsymbol{I}$ に含まれていることを意味している．イデアル $\boldsymbol{I}$ は，$\otimes^2\boldsymbol{V}$ の一部分である $\boldsymbol{x}\otimes\boldsymbol{x}$ $(\boldsymbol{x}\in\boldsymbol{V})$ の形の元に注目して，そこから生成されたイデアルとして定義したのであった．この $\boldsymbol{I}$ はいまみたように，n から先にある $\otimes^k\boldsymbol{V}(k>n)$ を全部 ‘呑みこんで’ しまうほど実は十分大きいイデアルであった．

$E(\boldsymbol{V})$ の基底

(5) は

$\wedge^k\boldsymbol{V}$ は $\boldsymbol{e}_{i_1}\wedge\boldsymbol{e}_{i_2}\wedge\cdots\wedge\boldsymbol{e}_{i_k}$ $(i_1<i_2<\cdots<i_k)$ から (ベクトル空間として) 生成される

ことを示しており，

(6) は

$$E(\boldsymbol{V})=\boldsymbol{R}\oplus\boldsymbol{V}+\wedge^2\boldsymbol{V}+\wedge^3\boldsymbol{V}+\cdots+\wedge^n\boldsymbol{V}$$

であることを示している．

実は次の定理が成り立つ．

【定理】

(i)　$k=1,2,\ldots,n$ に対して

$$\{e_{i_1} \wedge e_{i_2} \wedge \cdots \wedge e_{i_k} \mid i_1 < i_2 < \cdots < i_k\}$$

は，$\wedge^k \boldsymbol{V}$ の基底をつくる．

(ii)　これら $\wedge^k \boldsymbol{V}$ の基底は，k を動かしたとき，全体として 1 次独立であって，これらは，$\boldsymbol{R}$ の基底 1 とともに，$E(\boldsymbol{V})$ の基底をつくる．

(i) でいっていることは，$\wedge^k \boldsymbol{V}$ の元はただ 1 通りに

$$\sum_{i_1<i_2<\cdots<i_k} a^{i_1 i_2 \cdots i_k} \boldsymbol{e}_{i_1} \wedge \boldsymbol{e}_{i_2} \wedge \cdots \wedge \boldsymbol{e}_{i_k}$$

と表わされるということであり，したがってまた

$$\dim \wedge^k \boldsymbol{V} = {}_n\mathrm{C}_k$$

である．

(ii) でいっていることは，$E(\boldsymbol{V})$ が直和

$$E(\boldsymbol{V}) = \boldsymbol{R} \oplus \boldsymbol{V} \oplus \wedge^2 \boldsymbol{V} \oplus \cdots \oplus \wedge^k \boldsymbol{V} \oplus \cdots \oplus \wedge^n \boldsymbol{V}$$

と表わされるということである．したがってまた

$$\begin{aligned}\dim E(\boldsymbol{V}) &= \dim \boldsymbol{R} + \dim \boldsymbol{V} + \dim \wedge^2 \boldsymbol{V} + \cdots + \dim \wedge^n \boldsymbol{V} \\ &= 1 + n + {}_n\mathrm{C}_2 + \cdots + {}_n\mathrm{C}_n \\ &= 2^n\end{aligned}$$

である．

注意　二項定理により $2^n = (1+1)^n = 1 + {}_n\mathrm{C}_1 + {}_n\mathrm{C}_2 + \cdots + {}_n\mathrm{C}_n$ である (${}_n\mathrm{C}_1 = n$ に注意).

定理の証明 (概略)

定理を示すのに，ここでは行列式を用いる証明を行なう．記号の繁雑さを避けるため，一般の場合の証明は見送って，(i) は $k = 3$ の場合にだけ示すことにする，(ii) は $\wedge^3 \boldsymbol{V}$ の元が，$\boldsymbol{R}, \boldsymbol{V}, \wedge^2 \boldsymbol{V}, \wedge^4 \boldsymbol{V}, \ldots$ に属する元と 1 次独立のことを示す．

$\boldsymbol{V}$ の双対空間を $\boldsymbol{V}^*$ とし，$\boldsymbol{V}^*$ から 3 つの元 $\boldsymbol{x}^*, \boldsymbol{y}^*, \boldsymbol{z}^*$ を任意にとる (正確には，$\boldsymbol{x}^*, \boldsymbol{y}^*, \boldsymbol{z}^*$ の順序も問題となるので，$\boldsymbol{V}^* \times \boldsymbol{V}^* \times \boldsymbol{V}^*$ から元 $(\boldsymbol{x}^*, \boldsymbol{y}^*, \boldsymbol{z}^*)$ を任意にとる，といった方がよい)．

この $(\boldsymbol{x}^*, \boldsymbol{y}^*, \boldsymbol{z}^*)$ に対して，$T(\boldsymbol{V})$ 上の線形関数 $\Phi_{(\boldsymbol{x}^*, \boldsymbol{y}^*, \boldsymbol{z}^*)}$ を，行列式を用いて次のように定義する．

$\boldsymbol{x} \otimes \boldsymbol{y} \otimes \boldsymbol{z} \in \otimes^3 \boldsymbol{V}$ に対しては

$$\Phi_{(\boldsymbol{x}^*,\boldsymbol{y}^*,\boldsymbol{z}^*)}(\boldsymbol{x} \otimes \boldsymbol{y} \otimes \boldsymbol{z}) = \begin{vmatrix} \boldsymbol{x}^*(\boldsymbol{x}) & \boldsymbol{x}^*(\boldsymbol{y}) & \boldsymbol{x}^*(\boldsymbol{z}) \\ \boldsymbol{y}^*(\boldsymbol{x}) & \boldsymbol{y}^*(\boldsymbol{y}) & \boldsymbol{y}^*(\boldsymbol{z}) \\ \boldsymbol{z}^*(\boldsymbol{x}) & \boldsymbol{z}^*(\boldsymbol{y}) & \boldsymbol{z}^*(\boldsymbol{z}) \end{vmatrix} \tag{8}$$

とおく．

$\xi \notin \otimes^3 \boldsymbol{V}$ に対しては

$$\Phi_{(\boldsymbol{x}^*,\boldsymbol{y}^*,\boldsymbol{z}^*)}(\xi) = 0$$

とおく．

これですべての $\xi \in T(\boldsymbol{V})$ に対して $\Phi_{(\boldsymbol{x}^*,\boldsymbol{y}^*,\boldsymbol{z}^*)}(\xi)$ を定義したが，読者の中には，$\otimes^3\ \boldsymbol{V}$ の元は一般には $\sum \boldsymbol{x}_i \otimes \boldsymbol{y}_i \otimes \boldsymbol{z}_i$ のようになっているのに，この形の元に対しては値を定義していない，と思われる方もいるかもしれない．実際は

$$\Phi_{(\boldsymbol{x}^*,\boldsymbol{y}^*,\boldsymbol{z}^*)}\left(\sum \boldsymbol{x}_i \otimes \boldsymbol{y}_i \otimes \boldsymbol{z}_i\right) = \sum \Phi_{(\boldsymbol{x}^*,\boldsymbol{y}^*,\boldsymbol{z}^*)}\left(\boldsymbol{x}_i \otimes \boldsymbol{y}_i \otimes \boldsymbol{z}_i\right)$$

とおくのである (このようにおいてもよいことは，テンソル積と行列式の多重線形性によるが，いまはそこまで立ち入らない)．

また $\xi \in T\,(\boldsymbol{V})$ を

$$\xi = \xi^0 + \xi^1 + \xi^2 + \cdots + \xi^k + \cdots \qquad (\text{有限個以外は } 0\ )$$

と，$T(\boldsymbol{V}) = \bigoplus_{k=0}^{\infty} (\otimes^k \boldsymbol{V})$ にしたがって各成分 $\xi^k \in \otimes^k \boldsymbol{V}$ に分解したとき

$$\Phi_{(\boldsymbol{x}^*,\boldsymbol{y}^*,\boldsymbol{z}^*)}(\xi) = \Phi_{(\boldsymbol{x}^*,\boldsymbol{y}^*,\boldsymbol{z}^*)}\left(\xi^3\right)$$

となっていることを注意しよう．

このとき次のことが成り立つ．

$$\xi, \eta \in T(\boldsymbol{V}), \quad \xi - \eta \in \boldsymbol{I}$$
$$\Longrightarrow\ \Phi_{(\boldsymbol{x}^*,\boldsymbol{y}^*\boldsymbol{z}^*)}(\xi) = \Phi_{(\boldsymbol{x}^*,\boldsymbol{y}^*,\boldsymbol{z}^*)}(\eta)$$

【証明】

$$\xi = \xi^0 + \xi^1 + \xi^2 + \xi^3 + \cdots$$
$$\eta = \eta^0 + \eta^1 + \eta^2 + \eta^3 + \cdots$$

と，直和分解しておく．このとき

$$\Phi_{(\boldsymbol{x}^*,\boldsymbol{y}^*,\boldsymbol{z}^*)}\left(\xi^3\right) = \Phi_{(\boldsymbol{x}^*,\boldsymbol{y}^*,\boldsymbol{z}^*)}\left(\eta^3\right)$$

を示すとよい．$\xi - \eta \in \boldsymbol{I}$ により

$$\xi^3 - \eta^3 = \sum \boldsymbol{x}_i \otimes \boldsymbol{x}_i \otimes \boldsymbol{y}_i + \sum \boldsymbol{z}_i \otimes \boldsymbol{x}'_i \otimes \boldsymbol{x}'_i$$

の形となる．

$\Phi_{(\boldsymbol{x}^*,\boldsymbol{y}^*,\boldsymbol{z}^*)}$ がこの右辺でとる値に注目してみると，

$$\Phi_{(\boldsymbol{x}^*\boldsymbol{y}^*,\boldsymbol{z}^*)}(\boldsymbol{x}_i \otimes \boldsymbol{x}_i \otimes \boldsymbol{y}_i) = 0$$
$$\Phi_{(\boldsymbol{x}^*,\boldsymbol{y}^*,\boldsymbol{z}^*)}(\boldsymbol{z}_i \otimes \boldsymbol{x}'_i \otimes \boldsymbol{x}'_i) = 0$$

である．なぜなら，(8) にあてはめてみると，行列式の 2 列が一致して 0 となるからである．これによって

$$\Phi_{(\boldsymbol{x}^*,\boldsymbol{y}^*,\boldsymbol{z}^*)}(\xi^3 - \eta^3) = \Phi_{(\boldsymbol{x}^*,\boldsymbol{y}^*,\boldsymbol{z}^*)}(\xi^3) - \Phi_{(\boldsymbol{x}^*,\boldsymbol{y}^*,\boldsymbol{z}^*)}(\eta^3) = 0$$

が示された．　■

このことは，$\Phi_{(\boldsymbol{x}^*,\boldsymbol{y}^*,\boldsymbol{z}^*)}$ は，$\boldsymbol{I}$ による同値類の上で同じ値をとることを示している．したがって $\Phi_{(\boldsymbol{x}^*,\boldsymbol{y}^*,\boldsymbol{z}^*)}$ は，同値類上の線形関数，すなわち

$$\tilde{\Phi}_{(\boldsymbol{x}^*,\boldsymbol{y}^*,\boldsymbol{z}^*)} : E(\boldsymbol{V}) \longrightarrow \boldsymbol{R}$$

への線形関数を与えている．

このようにして定義された $E(\boldsymbol{V})$ 上の線形関数 $\tilde{\Phi}_{(\boldsymbol{x}^*,\boldsymbol{y}^*,\boldsymbol{z}^*)}$ を用いると，定理はすぐに証明される．

(i) の証明 ($k = 3$ のとき)

証明することは

$$\alpha \boldsymbol{e}_1 \wedge \boldsymbol{e}_2 \wedge \boldsymbol{e}_3 + \beta \boldsymbol{e}_1 \wedge \boldsymbol{e}_3 \wedge \boldsymbol{e}_4 + \cdots + \gamma \boldsymbol{e}_i \wedge \boldsymbol{e}_j \wedge \boldsymbol{e}_k + \cdots = 0 \quad (i < j < k) \tag{9}$$

という関係があったとき，必ず

$$\alpha = \beta = \cdots = \gamma = \cdots = 0$$

が成り立つということである．

$\{\boldsymbol{e}^1, \boldsymbol{e}^2, \ldots, \boldsymbol{e}^n\}$ を $\{\boldsymbol{e}_1, \boldsymbol{e}_2, \ldots, \boldsymbol{e}_n\}$ の双対基底とする．このとき $E(\boldsymbol{V})$ 上の線形関数

$$\tilde{\Phi}_{(\boldsymbol{e}^1,\boldsymbol{e}^2,\boldsymbol{e}^3)}$$

を考えると，

$$\tilde{\Phi}_{(\boldsymbol{e}^1,\boldsymbol{e}^2,\boldsymbol{e}^3)}(\boldsymbol{e}_i \wedge \boldsymbol{e}_j \wedge \boldsymbol{e}_k) = \begin{cases} 1, & (i,j,k) = (1,2,3) \\ 0, & \text{それ以外のとき} \end{cases}$$

となることが容易にわかる ((8) と第 3 講 (5) 参照)．

したがって $\tilde{\Phi}_{(\boldsymbol{e}^1,\boldsymbol{e}^2,\boldsymbol{e}^3)}$ を (9) に適用してみると，

$$0 = \tilde{\Phi}_{(\boldsymbol{e}^1,\boldsymbol{e}^2,\boldsymbol{e}^3)}(\alpha \boldsymbol{e}_1 \wedge \boldsymbol{e}_2 \wedge \boldsymbol{e}_3 + \beta \boldsymbol{e}_1 \wedge \boldsymbol{e}_3 \wedge \boldsymbol{e}_4 + \cdots) = \alpha$$

となり，$\alpha=0$ が得られた．同様にして $\beta=0,\dots,\gamma=0,\dots$ が示される． ∎

(ii) の証明

$\wedge^3\boldsymbol{V}$ に属する元が $\boldsymbol{R},\boldsymbol{V},\wedge^2\boldsymbol{V},\wedge^4\boldsymbol{V},\cdots$ に属する元と 1 次独立のことを示そう．

そのため，いま $\xi\in\wedge^3\boldsymbol{V}$ が，ある $\eta^0\in\boldsymbol{R}$，$\eta^1\in\boldsymbol{V}$，$\eta^2\in\wedge^2\boldsymbol{V}$，$\eta^4\in\wedge^4\boldsymbol{V}$，$\dots$ によって

$$\xi=\eta^0+\eta^1+\eta^2+\eta^4+\cdots \quad (\text{右辺は有限和で，}\wedge^3\boldsymbol{V}\text{ の元は含まない}) \tag{10}$$

と表わされるならば，必然的に $\xi=0$ となることを示そう．ξ を基底を用いて

$$\xi=\sum_{i<j<k}a_{ijk}\boldsymbol{e}_i\wedge\boldsymbol{e}_j\wedge\boldsymbol{e}_k$$

と表わしたとき，$a_{ijk}\neq 0$ と仮定してみる．このとき

$$\tilde{\Phi}_{(\mathbf{e}^i,\mathbf{e}^j,\mathbf{e}^k)}(\xi)=a_{ijk}\neq 0$$

一方，

$$\tilde{\Phi}_{(\mathbf{e}^i,\mathbf{e}^j,\mathbf{e}^k)}\left(\eta^0+\eta^1+\eta^2+\eta^4+\cdots\right)=0$$

これは (10) に反する．したがって $a_{ijk}=0$ である．

$i,j,k\ (i<j<k)$ は任意でよかったから $\xi=0$ が結論された．これは証明すべきことであった． ∎

Tea Time

質問　ここまできて，外積代数の組み立てがおぼろげながらわかってきました．外積代数は，$\boldsymbol{V}$ 上のテンソル代数 $T(\boldsymbol{V})$ の中で $\boldsymbol{x}\otimes\boldsymbol{x}\quad(\boldsymbol{x}\in\boldsymbol{V})$ の形の元から生成されたイデアル $\boldsymbol{I}$ に注目して得られたのですが，同じように考えて，今度は $\boldsymbol{x}\otimes\boldsymbol{x}\otimes\boldsymbol{x}\ (\boldsymbol{x}\in\boldsymbol{V})$ の形の元から生成されたイデアル $\boldsymbol{I}_?$ から出発して，代数 $T(\boldsymbol{V})/\boldsymbol{I}_?$ をつくると，$\boldsymbol{V}$ の元を 3 乗すると 0 になる代数，つまり $\boldsymbol{x}\wedge_?\boldsymbol{x}\wedge_?\boldsymbol{x}=0$ となる代数ができるわけですね．

答　確かに $T(\boldsymbol{V})/\boldsymbol{I}_?$ は，そのような代数になるが，$\dim\boldsymbol{V}\geqq 2$ のときは，この代数はもう有限次元ではなくなって，その構造は大変複雑で捉えにくくなってしまう．外積代数 $E(\boldsymbol{V})$ の重要性は，単にその代数的な構造が簡単であるというだけではなくて，有限次元のベクトル空間をつくっているという点にある．なお dim

$\boldsymbol{V} = 1$ のときは例外であって，このときには，$T(\boldsymbol{V})/\boldsymbol{I}_? = \boldsymbol{R} \oplus \boldsymbol{V} \oplus \left(\otimes^2 \boldsymbol{V}\right)$ となるが，$\boldsymbol{V}$ も $\otimes^2 \boldsymbol{V}$ も $\boldsymbol{R}$ と同型で，このときは $T(\boldsymbol{V})/\boldsymbol{I}_?$ は，多項式代数 $\tilde{\boldsymbol{P}}$ を，x^3 から生成されたイデアルで割ったものと同型になっている．

第 11 講

計量をもつベクトル空間

テーマ
- ◆ 内積の導入，計量をもつベクトル空間
- ◆ 内積の性質，シュワルツの不等式
- ◆ 角の定義
- ◆ 直交性
- ◆ $\boldsymbol{R}^3$ の場合

内積の導入

抽象的なベクトル空間に与えられている属性は，加法とスカラー積だけである．したがって，たとえば，3次元空間の中に3つのベクトルの組 $\{\boldsymbol{e}_1, \boldsymbol{e}_2, \boldsymbol{e}_3\}$ と $\{\boldsymbol{f}_1, \boldsymbol{f}_2, \boldsymbol{f}_3\}$ が与えられたとき，これらがともに1次独立ならば，この2つの組を，ベクトル空間の言葉ではもうこれ以上区別できないのである．実際 $\{\boldsymbol{e}_1, \boldsymbol{e}_2, \boldsymbol{e}_3\}$，$\{\boldsymbol{f}_1, \boldsymbol{f}_2, \boldsymbol{f}_3\}$ はともに基底となり，同型対応

$$\varphi : \alpha^1\boldsymbol{e}_1 + \alpha^2\boldsymbol{e}_2 + \alpha^3\boldsymbol{e}_3 \longrightarrow \alpha^1\boldsymbol{f}_1 + \alpha^2\boldsymbol{f}_2 + \alpha^3\boldsymbol{f}_3$$

は，各 $\boldsymbol{e}_i$ を $\boldsymbol{f}_i$ に移している．

このことは，図7で示したような空間の3つのベクトルの組は，ベクトル空間の立場からだけでは，本質的に区別することができないことを意味している．

私たちがベクトルというものを考えるとき，単に加法とスカラー積というよう

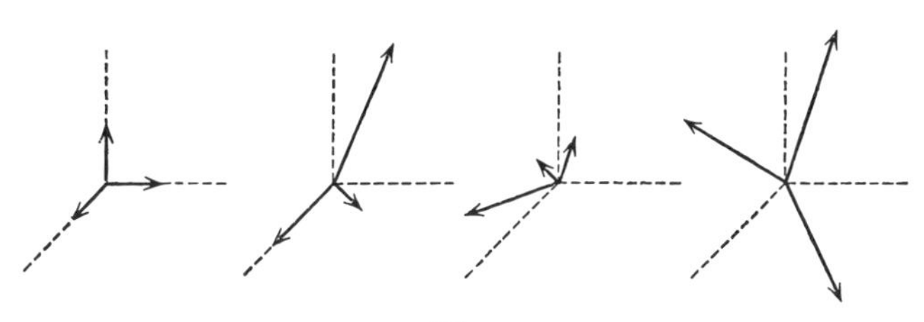

図 7

な代数的な骨組みだけではなくて，ベクトルの長さとか，2つのベクトルのなす角などにも注意を向けることは，ごく自然なことである．ベクトルの長さとか，2つのベクトルのなす角などを考察の対象とすることは，ベクトルの幾何学的側面を考えるといってよいだろう．それでは，抽象的なベクトル空間で，このような幾何学的側面も調べられるようにするには，どうしたらよいのだろうか．

現代数学の立場では，ベクトル空間の基礎構造は，いままで述べてきたように，加法とスカラー積という代数的演算によってまず与えられていると考える．次に，このような観点で構成された抽象的なベクトル空間の枠組に，幾何学的な考察が可能となるような，ある構造を新たに加えていく．ふつうこの構造は，内積を与えることによって付与される．

【定義】 $\boldsymbol{V}$ をベクトル空間とする．$\boldsymbol{V} \times \boldsymbol{V}$ から $\boldsymbol{R}$ への写像 $(\boldsymbol{x}, \boldsymbol{y})$ が与えられて，これが次の性質をみたすとき，この写像を $\boldsymbol{V}$ の内積という．

(i)　$(\boldsymbol{x}, \boldsymbol{x}) \geqq 0$；等号が成り立つのは $\boldsymbol{x} = \boldsymbol{0}$ のときに限る．

(ii)　$(\alpha\boldsymbol{x} + \beta\boldsymbol{x}', \boldsymbol{y}) = \alpha(\boldsymbol{x}, \boldsymbol{y}) + \beta(\boldsymbol{x}', \boldsymbol{y})$

(iii)　$(\boldsymbol{x}, \boldsymbol{y}) = (\boldsymbol{y}, \boldsymbol{x})$

内積が1つ与えられたベクトル空間を，計量をもつベクトル空間という．

内積の性質

まず (ii) と (iii) から

(iv)　$(\boldsymbol{x}, \alpha\boldsymbol{y} + \beta\boldsymbol{y}') = \alpha(\boldsymbol{x}, \boldsymbol{y}) + \beta(\boldsymbol{x}, \boldsymbol{y}')$

が成り立つことがわかる．したがって (ii) と (iv) から，内積 $(\boldsymbol{x}, \boldsymbol{y})$ は，それぞれの変数 $\boldsymbol{x}, \boldsymbol{y}$ について線形な関数である．あるいは第5講での用語を用いれば，内積は $\boldsymbol{V}$ 上の双線形関数であるといってもよい．

【定義】 $\|\boldsymbol{x}\| = \sqrt{(\boldsymbol{x}, \boldsymbol{x})}$ とおき，$\|\boldsymbol{x}\|$ を $\boldsymbol{x}$ の長さ，または $\boldsymbol{x}$ のノルムという．

このとき，有名なシュワルツの不等式が成り立つ．

$$|(\boldsymbol{x}, \boldsymbol{y})| \leqq \|\boldsymbol{x}\|\|\boldsymbol{y}\| \tag{1}$$

【証明】 $\boldsymbol{x} = \boldsymbol{0}$ ならば，この不等式の両辺はともに0となって，明らかに成り立つ．

したがって $\boldsymbol{x} \neq \boldsymbol{0}$ のときを考える．$\boldsymbol{x}$ ($\neq \boldsymbol{0}$)，$\boldsymbol{y}$ を任意にとって，実数 t を変数とする式

$$\varphi(t) = (t\boldsymbol{x} + \boldsymbol{y}, t\boldsymbol{x} + \boldsymbol{y})$$

を考える．(i) からすべての t に対して，$\varphi(t) \geqq 0$．また (ii),(iii),(iv) から

$$\varphi(t) = t^2(\boldsymbol{x}, \boldsymbol{x}) + 2t(\boldsymbol{x}, \boldsymbol{y}) + (\boldsymbol{y}, \boldsymbol{y})$$

したがって，$\varphi(t)$ は t の 2 次式であって，負の値をとらない．したがってこの 2 次式の判別式は負または 0 である：

$$(\boldsymbol{x}, \boldsymbol{y})^2 - (\boldsymbol{x}, \boldsymbol{x})(\boldsymbol{y}, \boldsymbol{y}) \leqq 0$$

これをかき直すと，(1) が得られる． ■

(1) から

$$\|\boldsymbol{x} + \boldsymbol{y}\| \leqq \|\boldsymbol{x}\| + \|\boldsymbol{y}\| \tag{2}$$

が成り立つことがわかる．実際，この不等式が成り立つことをみるには，両辺が負となることはないのだから，辺々 2 乗した不等式

$$\|\boldsymbol{x} + \boldsymbol{y}\|^2 \leqq (\|\boldsymbol{x}\| + \|\boldsymbol{y}\|)^2$$

を示すとよい．あるいはかき直して

$$(\boldsymbol{x} + \boldsymbol{y}, \boldsymbol{x} + \boldsymbol{y}) \leqq (\boldsymbol{x}, \boldsymbol{x}) + 2\|\boldsymbol{x}\|\|\boldsymbol{y}\| + (\boldsymbol{y}, \boldsymbol{y})$$

を示すとよい．ところが左辺を‘展開’してみると，この不等式は (1) にほかならないことがわかる．これで (2) が示された． ■

またノルムについての基本的な性質として

$$\|\alpha\boldsymbol{x}\| = |\alpha|\|\boldsymbol{x}\|$$

が成り立つことも注意しておこう．実際，

$$\|\alpha\boldsymbol{x}\| = \sqrt{(\alpha\boldsymbol{x}, \alpha\boldsymbol{x})} = \sqrt{\alpha^2(\boldsymbol{x}, \boldsymbol{x})} = |\alpha|\|\boldsymbol{x}\|$$

ベクトルのなす角

シュワルツの不等式 (1) を用いて，$\boldsymbol{0}$ と異なる 2 つのベクトル $\boldsymbol{x}, \boldsymbol{y}$ のなす角 θ を定義することができる．

【定義】 $\boldsymbol{x} \neq \boldsymbol{0}$, $\boldsymbol{y} \neq \boldsymbol{0}$ に対して，$\boldsymbol{x}, \boldsymbol{y}$ のなす角 θ を，

$$\cos\theta = \frac{(\boldsymbol{x}, \boldsymbol{y})}{\|\boldsymbol{x}\|\|\boldsymbol{y}\|} \tag{3}$$

をみたす $0 \leqq \theta \leqq \pi$ であると定義する．

ここで2つの注意をしておく必要がある．まず $-1 \leqq \cos\theta \leqq 1$ だから，この定義が可能なためには，定義式の右辺が，-1 と 1 の間の値しかとらないことを確かめておかなくてはならない．しかし，このことを保証するものが，ちょうど (1) になっている．

$y = \cos\theta$ は，θ が 0 から π まで動くとき，1 から単調に減少して -1 となる．したがって (3) をみたす θ は，0 と π の間にただ1つ決まる．その値を，$\boldsymbol{x}$ と $\boldsymbol{y}$ のなす角と定義しようというのである．

直　交　性

θ が $\frac{\pi}{2}$ (直角！) のとき，$\cos\theta = 0$ である．上の定義をみると，このことが成り立つのは，$(\boldsymbol{x}, \boldsymbol{y}) = 0$ のときに限る．したがって次の定義が自然に導かれる．

【定義】 $(\boldsymbol{x}, \boldsymbol{y}) = 0$ のとき，2つのベクトル $\boldsymbol{x}$ と $\boldsymbol{y}$ は直交するという．

この直交の定義のときには，$\boldsymbol{x} = \boldsymbol{0}$, $\boldsymbol{y} = \boldsymbol{0}$ の場合も含めていうのが慣例のようである．$\boldsymbol{x} \neq \boldsymbol{0}$, $\boldsymbol{y} \neq \boldsymbol{0}$ のときには，$\boldsymbol{x}$ と $\boldsymbol{y}$ が直交するということは，もちろん $\boldsymbol{x}$ と $\boldsymbol{y}$ のなす角が直角であるということである．

$\boldsymbol{R}^3$ の場合

このような抽象的な話だけでは，私たちのよく知っている平面や空間のベクトルのとき，ベクトルの長さや角度が，この定義によって本当にいい表わされているのかどうか，気になるところである．もちろん実際は，上の定義は，平面や空間における長さや角度の概念の拡張になっている．ここでは，3次元空間 $\boldsymbol{R}^3$ の場合に，このことを説明してみよう．

$\boldsymbol{R}^3$ のベクトルは，座標を用いて

$$\boldsymbol{x} = \begin{pmatrix} x^1 \\ x^2 \\ x^3 \end{pmatrix}, \quad \boldsymbol{y} = \begin{pmatrix} y^1 \\ y^2 \\ y^3 \end{pmatrix}$$

のように表わされる.

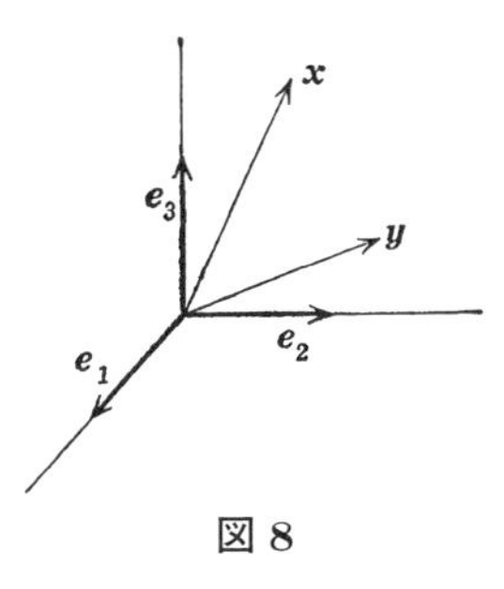

図 8

$$\boldsymbol{e}_1 = \begin{pmatrix} 1 \\ 0 \\ 0 \end{pmatrix}, \quad \boldsymbol{e}_2 = \begin{pmatrix} 0 \\ 1 \\ 0 \end{pmatrix}, \quad \boldsymbol{e}_3 = \begin{pmatrix} 0 \\ 0 \\ 1 \end{pmatrix}$$

は, 各座標軸を与える標準基底ベクトルであって, 長さは 1, おのおのは直交している (図 8).

このことを, '内積' という言葉を用いて表わそうとすると

$$(\boldsymbol{e}_1, \boldsymbol{e}_1) = (\boldsymbol{e}_2, \boldsymbol{e}_2) = (\boldsymbol{e}_3, \boldsymbol{e}_3) = 1 \quad \text{(長さが 1)}$$
$$(\boldsymbol{e}_i, \boldsymbol{e}_j) = 0 \quad (i \neq j) \quad \text{(互いに直交)}$$

となるだろう.

ところがこのことだけから, $\boldsymbol{R}^3$ の内積としてどのようなものをとるべきかということが, 自然に決まってくるのである. 実際, ベクトル $\boldsymbol{x}, \boldsymbol{y}$ を, 標準基底 $\{\boldsymbol{e}_1, \boldsymbol{e}_2, \boldsymbol{e}_3\}$ を用いて

$$\boldsymbol{x} = x^1\boldsymbol{e}_1 + x^2\boldsymbol{e}_2 + x^3\boldsymbol{e}_3$$
$$\boldsymbol{y} = y^1\boldsymbol{e}_1 + y^2\boldsymbol{e}_2 + y^3\boldsymbol{e}_3$$

と表わしておくと, 内積が性質 (ii) と (iv) をみたすという要請から必然的に

$$\begin{aligned}(\boldsymbol{x}, \boldsymbol{y}) &= x^1y^1(\boldsymbol{e}_1, \boldsymbol{e}_1) + x^2y^2(\boldsymbol{e}_2, \boldsymbol{e}_2) + x^3y^3(\boldsymbol{e}_3, \boldsymbol{e}_3) \\ &\quad + \sum_{i \neq j} x^iy^j(\boldsymbol{e}_i, \boldsymbol{e}_j) \\ &= x^1y^1(\boldsymbol{e}_1, \boldsymbol{e}_1) + x^2y^2(\boldsymbol{e}_2, \boldsymbol{e}_2) + x^3y^3(\boldsymbol{e}_3, \boldsymbol{e}_3) \\ &= x^1y^1 + x^2y^2 + x^3y^3\end{aligned}$$

となる.

このようにして導かれた $(\boldsymbol{x}, \boldsymbol{y})$ が内積の性質 (i), (ii), (iii) をみたしていることはすぐにわかるが, この内積から導かれた長さと角が, 私たちがふだん使っている長さと角に一致していることを確かめておこう.

$$(\boldsymbol{x}, \boldsymbol{x}) = (x^1)^2 + (x^2)^2 + (x^3)^2$$

から, $(\boldsymbol{x}, \boldsymbol{x}) \geqq 0$ であり, 等号が成り立つのは, $x^1 = x^2 = x^3 = 0$ のときに限ることがわかる. また

$$\|\boldsymbol{x}\| = \sqrt{(x^1)^2 + (x^2)^2 + (x^3)^2}$$

となって，これはベクトル $\boldsymbol{x}$ の長さとなっている．

次に2つの0でないベクトル $\boldsymbol{x}, \boldsymbol{y}$ に対して，$\boldsymbol{x}, \boldsymbol{y}$ のなす角が，(3) の右辺で表わされていることを確かめておこう．

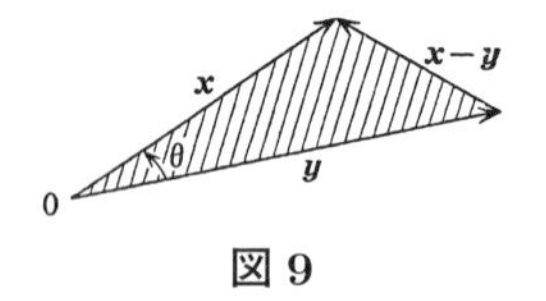

図 9

そのため，図9で示したような，$\boldsymbol{x}, \boldsymbol{y}, \boldsymbol{x}-\boldsymbol{y}$ でつくられる三角形に余弦法則を適用する．そうすると

$$\|\boldsymbol{x}-\boldsymbol{y}\|^2 = \|\boldsymbol{x}\|^2 + \|\boldsymbol{y}\|^2 - 2\|\boldsymbol{x}\|\|\boldsymbol{y}\|\cos\theta \tag{4}$$

一方

$$\begin{aligned}\|\boldsymbol{x}\|^2 + \|\boldsymbol{y}\|^2 - \|\boldsymbol{x}-\boldsymbol{y}\|^2 &= (\boldsymbol{x}, \boldsymbol{x}) + (\boldsymbol{y}, \boldsymbol{y}) - (\boldsymbol{x}-\boldsymbol{y}, \boldsymbol{x}-\boldsymbol{y}) \\ &= 2(\boldsymbol{x}, \boldsymbol{y})\end{aligned}$$

だから，(4) を移項して整理すると

$$\cos\theta = \frac{(\boldsymbol{x}, \boldsymbol{y})}{\|\boldsymbol{x}\|\|\boldsymbol{y}\|}$$

となり，(3) の形と一致する．

Tea Time

質問　$\boldsymbol{R}^3$ の2つのベクトル $\boldsymbol{x}, \boldsymbol{y}$ のつくる角 θ と，内積との関係を示されたところで思ったのですが，三角形は3辺の長ささえ決めれば，すべて合同な三角形となり，角が決まってしまいます．このことは簡単にいえば長さによって，角が決まるといってよいと思います．角が決まるということは，内積が決まるということです．では，直接，内積を長さで表わすことができるのでしょうか．

答　確かにその通りであって

$$(\boldsymbol{x}, \boldsymbol{y}) = \frac{1}{4}(\|\boldsymbol{x}+\boldsymbol{y}\|^2 - \|\boldsymbol{x}-\boldsymbol{y}\|^2) \tag{$*$}$$

のように，内積は，ベクトル $\boldsymbol{x}+\boldsymbol{y}$ と $\boldsymbol{x}-\boldsymbol{y}$ の長さの2乗の差を用いて表わすことができる．このことに注意すると，次のようなことも考えられてくる．抽象的なベクトル空間に，幾何学的な計量を与えるのに，内積は多少間接的でわかり

にくい．むしろ，ベクトルの長さ $\|\boldsymbol{x}\|$ を与えるところを出発点として，内積を上の式で与えるといった道をとる方が自然ではなかろうか．

この考えは一理あるのだが，ベクトルの長さ $\|\boldsymbol{x}\|$ を与えるところから出発すると，$(*)$ の式で，内積を定義できるかどうか，たとえ定義してみても内積の条件 (i)，(ii)，(iii) をみたすかどうか，よくわからないのである．よくわからないとかいたが，それに対する数学者の答はあるのであって，長さ (ノルム)$\|\boldsymbol{x}\|$ が，$\|\alpha\boldsymbol{x}\| = |\alpha|\|\boldsymbol{x}\|$ 以外に，条件

$$\frac{1}{2}(\|\boldsymbol{x}+\boldsymbol{y}\|^2 + \|\boldsymbol{x}-\boldsymbol{y}\|^2) = \|\boldsymbol{x}\|^2 + \|\boldsymbol{y}\|^2$$

をみたすならば，$(*)$ で内積を定義できるという．今度は，この条件の意味が一見しただけではわかり難い．そして結局，ベクトルの長さ $\|\boldsymbol{x}\|$ から，内積を経由して，角度まで定義する道は，遠い曲がりくねった道となってしまうのである．

第 12 講

正規直交基底

テーマ
- ◆ 正規直交基底
- ◆ 正規直交基底の存在——ヒルベルト・シュミットの直交法
- ◆ ヒルベルト・シュミットの直交法の幾何学的説明
- ◆ 正規直交基底と内積

正規直交基底

$\boldsymbol{V}$ を，計量をもつ n 次元のベクトル空間とする．

【定義】 $\boldsymbol{V}$ の基底 $\{\boldsymbol{e}_1, \boldsymbol{e}_2, \ldots, \boldsymbol{e}_n\}$ が次の性質をみたすとき，正規直交基底であるという．

(i) $\|\boldsymbol{e}_i\| = 1 \quad (i = 1, 2, \ldots, n)$

(ii) $(\boldsymbol{e}_i, \boldsymbol{e}_j) = 0 \quad (i \neq j)$

(i) の条件，すなわち基底ベクトルの長さが 1 に等しいという条件が‘正規’とよばれているものであり，(ii) の条件，すなわち各基底が直交しているという条件が，直交基底の‘直交’を示している．

計量をもつベクトル空間に，正規直交基底が存在するかどうかということは，あまり明らかとはいえないだろう．これについては，次の定理がある．

【定理】 計量をもつベクトル空間 $\boldsymbol{V}$ には，正規直交基底が存在する．

【証明】 $\{\boldsymbol{f}_1, \boldsymbol{f}_2, \ldots, \boldsymbol{f}_n\}$ を $\boldsymbol{V}$ の 1 つの基底とする．この $\{\boldsymbol{f}_1, \boldsymbol{f}_2, \ldots, \boldsymbol{f}_n\}$ から出発して，正規直交基底 $\{\boldsymbol{e}_1, \boldsymbol{e}_2, \ldots, \boldsymbol{e}_n\}$ を構成していこう．

第 1 段階：まず

$$\boldsymbol{e}_1 = \frac{1}{\|\boldsymbol{f}_1\|}\boldsymbol{f}_1$$

とおく．明らかに $\|\boldsymbol{e}_1\| = 1$ である．

第 2 段階：

$$\boldsymbol{e}_2{}' = \boldsymbol{f}_2 - (\boldsymbol{f}_2, \boldsymbol{e}_1)\,\boldsymbol{e}_1$$

とおく．まず $\boldsymbol{e}_2{}' \neq \boldsymbol{0}$ のことに注意しよう．このことは $\boldsymbol{f}_2$ と $\boldsymbol{f}_1$ が 1 次独立，したがってまた $\boldsymbol{f}_2$ と $\boldsymbol{e}_1(= \boldsymbol{f}_1$ のスカラー倍！) が 1 次独立のことからわかる．

$$\begin{aligned}(\boldsymbol{e}_2{}', \boldsymbol{e}_1) &= (\boldsymbol{f}_2, \boldsymbol{e}_1) - (\boldsymbol{f}_2, \boldsymbol{e}_1)\,(\boldsymbol{e}_1, \boldsymbol{e}_1)\\ &= (\boldsymbol{f}_2, \boldsymbol{e}_1) - (\boldsymbol{f}_2, \boldsymbol{e}_1) = 0\end{aligned}$$

により，$\boldsymbol{e}_1$ と $\boldsymbol{e}_2{}'$ は直交する．

そこで

$$\boldsymbol{e}_2 = \frac{1}{\|\boldsymbol{e}_2{}'\|}\boldsymbol{e}_2{}'$$

とおくことにより，$\boldsymbol{e}_2{}'$ を正規化する (すなわち，長さを 1 とする)．これで第 2 段階は終った．

第 3 段階：

$$\boldsymbol{e}_3{}' = \boldsymbol{f}_3 - (\boldsymbol{f}_3, \boldsymbol{e}_1)\,\boldsymbol{e}_1 - (\boldsymbol{f}_3, \boldsymbol{e}_2)\,\boldsymbol{e}_2$$

とおく．$\boldsymbol{f}_1, \boldsymbol{f}_2, \boldsymbol{f}_3$ の 1 次独立性から，$\boldsymbol{e}_3{}' \neq \boldsymbol{0}$ であることがわかる．また容易な計算から

$$(\boldsymbol{e}_3{}', \boldsymbol{e}_1) = (\boldsymbol{e}_3{}', \boldsymbol{e}_2) = 0$$

となる．そこで

$$\boldsymbol{e}_3 = \frac{1}{\|\boldsymbol{e}_3{}'\|}\boldsymbol{e}_3{}'$$

とおくことにより，第 3 段階は終る．

第 3 段階が終った時点で，長さが 1 で，互いに直交するベクトル $\{\boldsymbol{e}_1, \boldsymbol{e}_2, \boldsymbol{e}_3\}$ を得たことになる．

同じ操作を順次繰り返していくと，n 回目に

$$\{\boldsymbol{e}_1, \boldsymbol{e}_2, \ldots, \boldsymbol{e}_n\}$$

が得られる．これらは，長さが 1 で，互いに直交している．これらが正規直交基底をつくっていることをいうには，あとは，基底であることさえ確かめておくと

よい.

それをみるには，1 次独立であることさえ示せばよい ($\dim \boldsymbol{V} = n$ だから！).
いま

$$\alpha_1 \boldsymbol{e}_1 + \alpha_2 \boldsymbol{e}_2 + \cdots + \alpha_n \boldsymbol{e}_n = \boldsymbol{0}$$

という関係が成り立っているとする．この式の両辺と $\boldsymbol{e}_1$ の内積をとると

$$\alpha_1 (\boldsymbol{e}_1, \boldsymbol{e}_1) + \alpha_2 (\boldsymbol{e}_2, \boldsymbol{e}_1) + \cdots + \alpha_n (\boldsymbol{e}_n, \boldsymbol{e}_1) = 0$$

となり，ここで正規直交性を用いると

$$\alpha_1 = 0$$

が得られる．同様にして $\alpha_2 = \alpha_3 = \cdots = \alpha_n = 0$ が示されて，$\{\boldsymbol{e}_1, \boldsymbol{e}_2, \ldots, \boldsymbol{e}_n\}$ が 1 次独立であることがわかる．

これで，$\{\boldsymbol{e}_1, \boldsymbol{e}_2, \ldots, \boldsymbol{e}_n\}$ が $\boldsymbol{V}$ の正規直交基底となることが示された． ∎

与えられた基底 $\{\boldsymbol{f}_1, \boldsymbol{f}_2, \ldots, \boldsymbol{f}_n\}$ から，いま述べたような操作で正規直交基底 $\{\boldsymbol{e}_1, \boldsymbol{e}_2, \ldots, \boldsymbol{e}_n\}$ をつくる手続きを，ヒルベルト・シュミットの直交法という．

幾何学的な説明

ヒルベルト・シュミットの直交法は，特に難しいことはなく，読者は，内積の性質がうまく用いられていると感じられたのではなかろうか．ところが，具体的な空間のベクトルの場合，直交法とはどのような操作であったかを知ろうとすると，上の証明は，必ずしもすぐにそのことを教えてくれないようである．

そこで空間のベクトルの場合に，ヒルベルト・シュミットの直交法とは，幾何学的にどのようなことを行なったことになっているのか，図を使って説明してみよう．

図 10 で示したような，空間のベクトル $\boldsymbol{f}_1, \boldsymbol{f}_2, \boldsymbol{f}_3$ が与えられているとする．$\boldsymbol{f}_1, \boldsymbol{f}_2, \boldsymbol{f}_3$ は互いに 1 次独立だから，3 次元のベクトル空間の中で 1 つの基底を与えている．

$\boldsymbol{f}_1, \boldsymbol{f}_2$ のはる平面にまず注目する．この平面は図 10 では灰色で示してあるが，その平面をとり出して図 11 のように表わす．直交化の第 1 段階は，ベクトル $\boldsymbol{f}_1$ を長さ 1 のベクトル $\boldsymbol{e}_1$ となるように，長さを延ばす (あるいは縮小する) 操作である．図 11 で $\overrightarrow{\mathrm{OQ}}$ の長さは $\|\boldsymbol{f}_2\| \cos\theta$ である．したがって $\overrightarrow{\mathrm{OQ}}$ は，この方向の

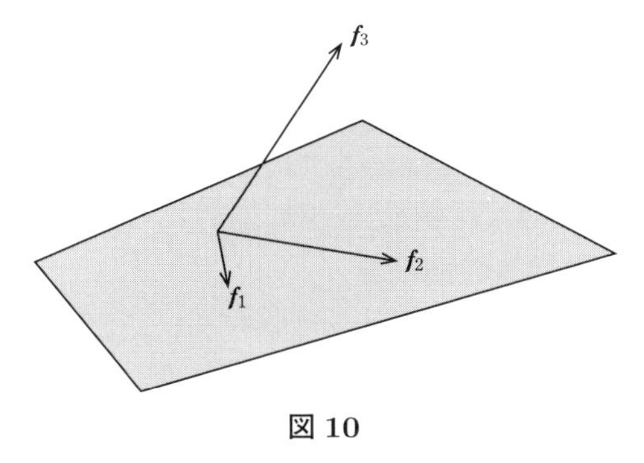

図 10

$\overrightarrow{\mathrm{OQ}} = \|\boldsymbol{f}_2\| \cos\theta \cdot \boldsymbol{e}_1$
$\overrightarrow{\mathrm{QP}} = \boldsymbol{f}_2 - \overrightarrow{\mathrm{OQ}}$

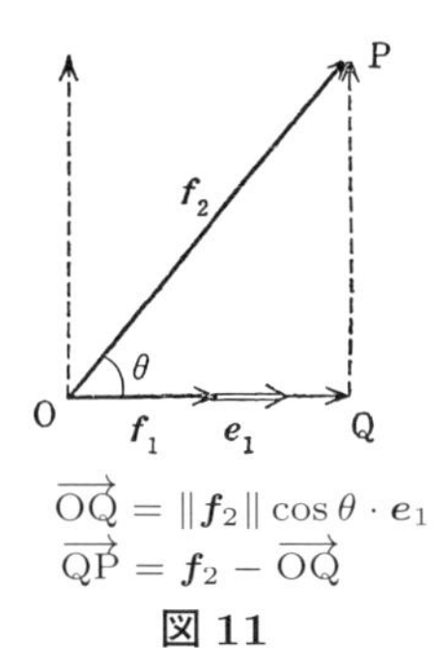

図 11

単位ベクトル $\boldsymbol{e}_1$ にこの長さをかけて

$$\overrightarrow{\mathrm{OQ}} = \|\boldsymbol{f}_2\| \cos\theta \cdot \boldsymbol{e}_1$$

で与えられる．この $\cos\theta$ を，前講 (3) を用いて内積で表わすと

$$\overrightarrow{\mathrm{OQ}} = \|\boldsymbol{f}_2\| \frac{(\boldsymbol{f}_2, \boldsymbol{e}_1)}{\|\boldsymbol{f}_2\| \, \|\boldsymbol{e}_1\|} \boldsymbol{e}_1 = (\boldsymbol{f}_2, \boldsymbol{e}_1) \, \boldsymbol{e}_1$$

となる．ここで $\|\boldsymbol{e}_1\| = 1$ を用いた．したがって

$$\begin{aligned} \overrightarrow{\mathrm{QP}} &= \boldsymbol{f}_2 - \overrightarrow{\mathrm{OQ}} \\ &= \boldsymbol{f}_2 - (\boldsymbol{f}_2, \boldsymbol{e}_1) \, \boldsymbol{e}_1 \end{aligned}$$

となる．$\overrightarrow{\mathrm{QP}}$ は，$\boldsymbol{f}_1$ に直交する $\boldsymbol{f}_2$ の成分となっている．$\overrightarrow{\mathrm{QP}}$ は，上の証明では $\boldsymbol{e}_2{}'$ とかいたものである．この $\boldsymbol{e}_2{}'$ を正規化して，$\boldsymbol{e}_2$ が得られる．これが第 2 段階である．

第 3 段階は，図 12 を参照してみるとよい．灰色の三角形を図 11 に対応するものと考えると，$\boldsymbol{f}_3$ の $\boldsymbol{e}_1$ 方向への正射影が

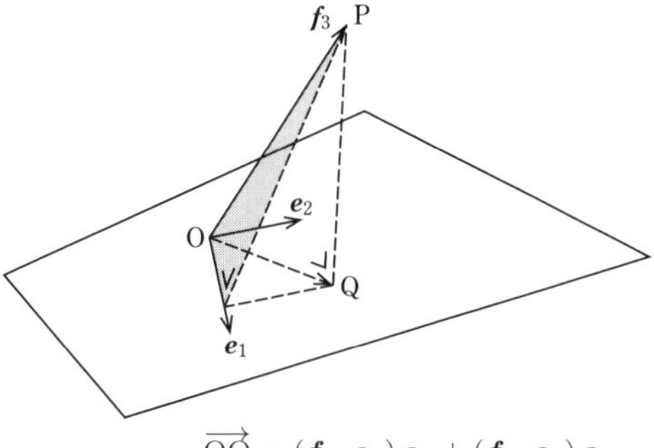

$\overrightarrow{\mathrm{OQ}} = (\boldsymbol{f}_3, \boldsymbol{e}_1) \, \boldsymbol{e}_1 + (\boldsymbol{f}_3, \boldsymbol{e}_2) \, \boldsymbol{e}_2$

図 12

$$(\boldsymbol{f}_3, \boldsymbol{e}_1) \, \boldsymbol{e}_1$$

で与えられることがわかる．同様に $\boldsymbol{f}_3$ の $\boldsymbol{e}_2$ 方向への正射影が

$$(\boldsymbol{f}_3, \boldsymbol{e}_2) \, \boldsymbol{e}_2$$

で与えられている．

したがって，$\boldsymbol{f}_3$ の，$\boldsymbol{e}_1, \boldsymbol{e}_2$ ではられる平面への正射影 $\overrightarrow{\mathrm{OQ}}$ は

$$(\boldsymbol{f}_3, \boldsymbol{e}_1)\,\boldsymbol{e}_1 + (\boldsymbol{f}_3, \boldsymbol{e}_2)\,\boldsymbol{e}_2$$

で与えられる．$\boldsymbol{f}_3$ からこのベクトルを引くと，$\boldsymbol{e}_1, \boldsymbol{e}_2$ ではられる平面に直交する方向にある，$\boldsymbol{f}_3$ の‘直交成分’ $\overrightarrow{\mathrm{QP}}$ が得られる．これが第3段階で $\boldsymbol{e}_3{}'$ とかいたものである．これを正規化して $\boldsymbol{e}_3$ が得られる．

このように，ヒルベルト・シュミットの直交法は，空間のベクトルに対しては，ごく自然な幾何学的操作になっている．

正規直交基底と内積

$\boldsymbol{V}$ の正規直交基底を $\{\boldsymbol{e}_1, \boldsymbol{e}_2, \ldots, \boldsymbol{e}_n\}$ とし，$\boldsymbol{V}$ の元 $\boldsymbol{x}, \boldsymbol{y}$ をこの基底を用いて

$$\boldsymbol{x} = x^1\boldsymbol{e}_1 + x^2\boldsymbol{e}_2 + \cdots + x^n\boldsymbol{e}_n$$
$$\boldsymbol{y} = y^1\boldsymbol{e}_1 + y^2\boldsymbol{e}_2 + \cdots + y^n\boldsymbol{e}_n$$

と表わす．このとき，$\boldsymbol{x}, \boldsymbol{y}$ の内積は

$$\begin{aligned}(\boldsymbol{x}, \boldsymbol{y}) &= \sum_{i,j=1}^{n} (x^i\boldsymbol{e}_i, y^j\boldsymbol{e}_j) \\ &= \sum_{i,j=1}^{n} x^i y^j\,(\boldsymbol{e}_i, \boldsymbol{e}_j) = \sum_{i=1}^{n} x^i y^i\,(\boldsymbol{e}_i, \boldsymbol{e}_i)\end{aligned}$$

すなわち

$$\boxed{(\boldsymbol{x}, \boldsymbol{y}) = x^1y^1 + x^2y^2 + \cdots + x^ny^n}$$

と表わされる．したがってまた

$$\boxed{\|\boldsymbol{x}\| = \sqrt{(x^1)^2 + (x^2)^2 + \cdots + (x^n)^2}}$$

と表わされる．

この表示を用いると，シュワルツの不等式 $|(\boldsymbol{x}, \boldsymbol{y})| \leqq \|\boldsymbol{x}\|\|\boldsymbol{y}\|$ は

$$\left|x^1y^1 + x^2y^2 + \cdots + x^ny^n\right| \leqq \sqrt{(x^1)^2 + \cdots + (x^n)^2}\sqrt{(y^1)^2 + \cdots + (y^n)^2}$$

となる．

【定義】　$\boldsymbol{R}^n$ のベクトル $\boldsymbol{x} = \begin{pmatrix} x^1 \\ \vdots \\ x^n \end{pmatrix}$，$\boldsymbol{y} = \begin{pmatrix} y^1 \\ \vdots \\ y^n \end{pmatrix}$ に対して内積を

$$(\boldsymbol{x}, \boldsymbol{y}) = x^1y^1 + x^2y^2 + \cdots + x^ny^n$$

で与えたものを，n 次元ユークリッド空間という．

n 次元ユークリッド空間では，標準基底 $\boldsymbol{e}_1 = \begin{pmatrix} 1 \\ 0 \\ \vdots \\ 0 \end{pmatrix}, \ \ldots, \ \boldsymbol{e}_n = \begin{pmatrix} 0 \\ \vdots \\ 0 \\ 1 \end{pmatrix}$ は正規直交基底をつくっている．もちろん，正規直交基底は，この標準基底以外にもたくさんあって，たとえば，$\boldsymbol{R}^3$ の場合，$\{\boldsymbol{e}_1, \boldsymbol{e}_2, \boldsymbol{e}_3\}$ を原点のまわりに回転したものは，すべて正規直交基底となっている．

Tea Time

任意のベクトル空間に内積は導入できる

計量をもつベクトル空間という概念は，抽象的なベクトル空間の概念をどれだけ特殊化したものか，ということは，誰しも気になることである．実際，抽象的なベクトル空間 $\boldsymbol{V}$ を任意にとったとき，$\boldsymbol{V}$ に内積を導入することはできるのだろうか？

この答は肯定的である．それを示すには，$\boldsymbol{V}$ に 1 つ基底 $\{\boldsymbol{e}_1, \boldsymbol{e}_2, \ldots, \boldsymbol{e}_n\}$ をとって，ベクトル $\boldsymbol{x}, \boldsymbol{y}$ を

$$\boldsymbol{x} = x^1\boldsymbol{e}_1 + \cdots + x^n\boldsymbol{e}_n, \quad \boldsymbol{y} = y^1\boldsymbol{e}_1 + \cdots + y^n\boldsymbol{e}_n$$

と表わしたとき，$\boldsymbol{x}$ と $\boldsymbol{y}$ の内積を

$$(\boldsymbol{x}, \boldsymbol{y}) = x^1y^1 + \cdots + x^ny^n$$

と定義するとよい．このとき，$\{\boldsymbol{e}_1, \boldsymbol{e}_2, \ldots, \boldsymbol{e}_n\}$ はこの内積に関して正規直交基底となっている．

これは何かおかしいと思われる読者もおられるかもしれない．もしこのことが正しいとすると，$\boldsymbol{R}^2$ の中に勝手にとった 1 次独立な 2 つのベクトルが，直角で交わっていると考えられるような内積が，$\boldsymbol{R}^2$ に導入されることになる．これについての説明は次のようになる．標準基底 $\{\boldsymbol{e}_1, \boldsymbol{e}_2\}$ を正規直交基底とする $\boldsymbol{R}^2$ の内積は，最も自然であって，私たちが $\boldsymbol{R}^2$ を図示するのは，この計量によっている．しかし，$\boldsymbol{R}^2$ を抽象的なベクトル空間と考えれば，別の基底 $\{\boldsymbol{f}_1, \boldsymbol{f}_2\}$ をとったとき，$\{\boldsymbol{f}_1, \boldsymbol{f}_2\}$ を，標準基底 $\{\boldsymbol{e}_1, \boldsymbol{e}_2\}$ と区別するような性質は何もないのである．

$\{\boldsymbol{e}_1, \boldsymbol{e}_2\}$ を正規直交系とする内積をとると，1つの幾何学的な‘世界像’ができる．$\{\boldsymbol{f}_1, \boldsymbol{f}_2\}$ を正規直交系にとると，また別の‘世界像’ができる．この後者の世界像を図示しようとすると，$\boldsymbol{f}_1, \boldsymbol{f}_2$ をそれぞれ x 軸上の長さ1のベクトル，y 軸上の長さ1のベクトルとして表わすことになる．ここでは今度は，$\{\boldsymbol{e}_1, \boldsymbol{e}_2\}$ が斜めに交わって表わされるだろう．

抽象的なベクトル空間を図示することなど，あまり意味がない．そこには代数的な構造しかないからである．内積を与えるということは，いわば抽象的なベクトルに形——長さ，角度——を与え，それによって，ベクトル空間を具象的な姿で図示できる道を与えている．さまざまな内積の与え方は，ベクトル空間を具象的な姿に投影する，投影の仕方の多様さを物語っている．

第 13 講

内積と基底

テーマ

- ◆ 基底と内積：$g_{ij} = (\boldsymbol{e}_i, \boldsymbol{e}_j)$
- ◆ 内積を与えると，$\boldsymbol{V}$ と $\boldsymbol{V}^*$ の間の標準的な同型対応が決まる．
- ◆ 標準的な同型対応を詳しく調べる．
- ◆ テンソル記号，アインシュタインの規約
- ◆ 指標の上げ下げ

基底と内積

$\boldsymbol{V}$ を計量をもつベクトル空間とする．$\boldsymbol{V}$ には，いろいろな基底をとることができる．$\boldsymbol{V}$ の基底と計量とが，いわば整合しているという状況は，基底がちょうど正規直交基底となるときに達せられる．

しかし，任意の $\boldsymbol{V}$ の基底 $\{\boldsymbol{e}_1, \boldsymbol{e}_2, \ldots, \boldsymbol{e}_n\}$ をとると，一般には，$\boldsymbol{e}_i$ の長さは 1 ではないし，また $i \neq j$ のとき，$\boldsymbol{e}_i$ と $\boldsymbol{e}_j$ が直交しているとも限らない．いわば，$\{\boldsymbol{e}_1, \boldsymbol{e}_2, \ldots, \boldsymbol{e}_n\}$ は斜交座標系をつくっている．このようなとき，基底と計量との関係を少し調べておこう．

いま $\{\boldsymbol{e}_1, \boldsymbol{e}_2, \ldots, \boldsymbol{e}_n\}$ を $\boldsymbol{V}$ の任意の基底とし

$$(\boldsymbol{e}_i, \boldsymbol{e}_j) = g_{ij}$$

とおく．このとき次のことが成り立つ．

(i) $g_{ij} = g_{ji}$

(ii) 任意の n 個の実数 $x^1, x^2, \ldots, x^n$ に対して

$$\sum_{i,j=1}^{n} g_{ij} x^i x^j \geqq 0$$

ここで等号が成り立つのは $x^1 = x^2 = \cdots = x^n = 0$ のときに限る．

【証明】 (i)　$g_{ij} = (\boldsymbol{e}_i, \boldsymbol{e}_j)$
$= (\boldsymbol{e}_j, \boldsymbol{e}_i) = g_{ji}$　(内積の性質 (iii) による)

(ii)　与えられた実数 $x^1, x^2, \ldots, x^n$ に対して

$$\boldsymbol{x} = \sum_{i=1}^{n} x^i \boldsymbol{e}_i$$

とおくと，内積の性質 (i) から $(\boldsymbol{x}, \boldsymbol{x}) \geqq 0$，等号が成り立つのは $\boldsymbol{x} = \boldsymbol{0}$ のときに限る．実際計算すると

$$\begin{aligned}(\boldsymbol{x}, \boldsymbol{x}) &= \left(\sum_{i=1}^{n} x^i \boldsymbol{e}_i, \sum_{i=1}^{n} x^i \boldsymbol{e}_i\right) \\ &= \sum_{i,j=1}^{n} x^i x^j (\boldsymbol{e}_i, \boldsymbol{e}_j) \\ &= \sum_{i,j=1}^{n} g_{ij} x^i x^j\end{aligned}$$

したがって $\sum_{i,j=1}^{n} g_{ij} x^i x^j \geqq 0$ であって，等号が成り立つのは，$x^1 = x^2 = \cdots = x^n = 0$ のときに限る．∎

逆に (i) と (ii) の性質をみたす n^2 個の実数 $\{g_{ij}\}$ $(i, j = 1, 2, \ldots, n)$ が与えられるとする．$\boldsymbol{V}$ の基底 $\{\boldsymbol{e}_1, \boldsymbol{e}_2, \ldots, \boldsymbol{e}_n\}$ を 1 つとって

$$\boldsymbol{x} = \sum_{i=1}^{n} x^i \boldsymbol{e}_i, \quad \boldsymbol{y} = \sum_{i=1}^{n} y^i \boldsymbol{e}_i$$

に対して

$$(\boldsymbol{x}, \boldsymbol{y}) = \sum_{i,j=1}^{n} g_{ij} x^i y^j$$

と定義することにより，$\boldsymbol{V}$ に 1 つの内積が導入される．

この点をもう少し詳しく述べると次のようになる．$\boldsymbol{V}$ の基底 $\{\boldsymbol{e}_1, \boldsymbol{e}_2, \ldots, \boldsymbol{e}_n\}$ を 1 つとっておこう．$\boldsymbol{V}$ に計量を導入するということは，各 $\boldsymbol{e}_i$ にどのような長さを与え，また $i \neq j$ のとき，$\boldsymbol{e}_i$ と $\boldsymbol{e}_j$ の角度をどのように与えるかということで決まってくる．読者は，ベクトル空間 $\boldsymbol{V}$ を伸縮可能な物質からなっているとして，それを伸ばしたり縮めたりして，$\boldsymbol{V}$ の計量をどのように導入するか考えている様子を想像してほしい．上に述べたことは，このような考えで $\boldsymbol{V}$ に内積をいれるということは，(i)，(ii) をみたす $\{g_{ij}\}$ をどのように選ぶかということに対応している，ということである．

新装改版にあたっての推薦文

刊行にあたり、数学 30 講シリーズへの推薦文をお寄せいただきました！

これぞ微分積分講義の決定版

本書は、著者の長年の経験に裏打ちされた教育的配慮と、定評のある平易な文章表現を伴って、ともすれば無味乾燥になりがちな微分積分のより深い理解に読者を誘う。（第 1 巻『微分積分 30 講』について）

砂田利一（明治大学名誉教授、東北大学名誉教授）

この教科書は“生きている”と感じました

数学の教科書には良くも悪くも事実が淡々と並べられた無機質なものも多いと思うのですが、このシリーズには著者の姿が強く感じられ、“生きている”教科書だと思いました。生きている教科書には自然と学習意欲が掻き立てられ、自分自身も学生時代に何度も鼓舞され続けてきました。より多くの人にこのシリーズが届きますように！

ヨビノリたくみ（YouTuber）

ビギナーに優しく格調高い、優れた入門書

さすが志賀浩二先生。数学ビギナーはもちろん、数学のプロ研究者までが、感嘆のあまり溜息をつくような見事な入門書である。中高の先生方、数理科学の研究者から理系に限らず文系の学生さんまで、読んでみてごらんなさい。現代を支える数学の魅力がゆっくりと伝わってくる、魔法の書である。柔らかな発想に基づいた Tea Time の質問と答は、志賀浩二先生ならではの語り口であり、まるでライブの授業を受けているようだ。女子学生にも男子学生にも、未来を担う若者には是非ご一読いただきたいと、強く思う。

平田典子（日本大学特任教授、数学オリンピック財団理事）

バランスが絶妙な本物の数学入門書

刊行以来 30 年以上、「数学 30 講シリーズ」が愛され続けてきた理由は、その内奥にある何重ものバランスの素晴らしさにあるのではないか。明快さと厳密さ、入門性と奥深さ、そして何よりも数学の楽しさと厳しさといった対立項が、ここでは絶妙に溶け合っているからだ。そういう本こそ、本物の数学書であり本物の入門書なのだろう。だからこそ昔も今もこれからも、誰もが愛読するシリーズであり続けることだろう。

加藤文元（東京工業大学名誉教授）

歴史を含めた深い複素数の理解へ向けて

複素数を学んで認めると数が“増える”。ただ、定義の理解や計算法の習得をしても、複素数を扱うことへの抵抗や驚きを克服することは難しくて然るべきであろう。複素数の理論構築の背景には、数への素朴な直感、論理や数学体系の美の間で揺れ動いた数学者たちの長い歴史がある。本書はその物語まで踏み込んだ画期的な入門で読者を魅了し、さらに後半では複素数導入の醍醐味と金字塔である関数論・複素解析にまで誘う。（第 6 巻『複素数 30 講』について）

尾高悠志（京都大学准教授）

ティータイムから読もう

数学の本はおよそ、定理定義証明が列をなしており、世界の全貌や、分かっていないこと、応用できないことを知るのが困難だ。各講末のティータイムには、著者が数学を探検した感想、できそうでできないこと、なぜその定義にするか、などが赤裸々に綴られる。まずはそれを全部眺めると、数学の地図を見通しやすい。オススメの読み方である。

橋本幸士（京都大学教授）

物語のように読めて詩のように味わえる数学

ややこしい問題がきれいなアイデアではらりと解けてしまうのって、爽快ですよね。ところがきれいなアイデアの裏には「群が働いて」いる。群とその表現論こそ、隠れた対称性をほぐし出し、複雑を単純にバラし、乱麻を断つ現代数学の魔術。志賀氏の筆致は、すみずみまで納得できる厳密さと、梢を風が渡るような軽やかさとのバランス絶妙に、抜群な独習能率を実現し、群の働きが広がってゆく彼方を夢見させてくれる —世界一のてびきです。（第 8 巻『群論への 30 講』について） 時枝正（スタンフォード大学教授）

つくられていく測度論の姿

測度論は、何かの形で「無限」を扱う確率論や統計学では避けて通れないものです。しかし、完成された測度論の定義に近づきにくさを覚える人も多いのではないでしょうか。本書は 30 講シリーズの伝統にのっとる講義形式で、ルベーグ測度の生まれる様子をその歴史に沿って、生き生きと伝えてくれます。測度論は無味乾燥と思っている方に、ぜひお薦めしたい副読本です。（第 9 巻『ルベーグ積分 30 講』について）

持橋大地（統計数理研究所准教授）

【著者プロフィール】 志賀浩二　東京工業大学名誉教授. 理学博士。1930 年（昭和 5 年）新潟県新潟市に生まれる。1955 年（昭和 30 年）東京大学大学院数物系数学科修士課程を修了。東京工業大学にて長く研究・教育にあたる. 同大学理学部数学科教授を退官後, 桐蔭横浜大学工学部教授を経て, 桐蔭学園中等教育学校に着任。中高一貫の数学教育に携わる。2024 年（令和 6 年）逝去。

「数多くの数学啓発書の執筆および編集により数学の研究・教育・普及に大きく貢献」したことにより第 1 回日本数学会出版賞を受賞。主な著書に『数学 30 講シリーズ』（全 10 巻, 朝倉書店）, 『数学が生まれる物語』（全 6 巻, 岩波書店）, 『数学が育っていく物語』（全 6 巻, 岩波書店）, 『中高一貫数学コース』（全 11 巻, 岩波書店）, 『数学の流れ 30 講』（全 3 巻, 朝倉書店）, 『大人のための数学』（全 7 巻, 紀伊國屋書店）などがある。

1 微分・積分 30 講

208 頁　NDC413.3　予価 3,300 円
（本体 3,000 円）（11881-0）

第 1 巻は数（すう）の話から出発し, 2 次関数, 3 次関数, 三角関数, 指数関数・対数関数などを経て, 微分, 積分, 極限, テイラー展開へと至る。

試し読み
はこちら

2 線形代数 30 講

216 頁　NDC411.3　予価 3,300 円
（本体 3,000 円）（11882-7）

名著の内容はそのままに版面を刷新。ベクトル・行列の数理に明快なイメージを与える, データサイエンス時代の今こそ読みたい入門書。

試し読み
はこちら

3 集合への 30 講

196 頁　NDC410.9　予価 3,520 円
（本体 3,200 円）（11883-4）

親しみやすい文体で「無限」の世界へ誘う。集合論の初歩から始め, 選択公理, 連続体仮説まで着実なステップで理解。

試し読み
はこちら

4 位相への 30 講

228 頁　NDC415.2　予価 3,520 円
（本体 3,200 円）（11884-1）

「私たちの中にある近さに対する感性を拠り所としながら, 一歩一歩手探りするような慎重さで」位相空間を理解する。

試し読み
はこちら

5　解析入門 30 講

260 頁　NDC413　予価 3,740 円（本体 3,400 円）（11885-8）

数直線と高速道路のアナロジーから解き起こし，実数の連続性や関数の極限など微積分の礎を丁寧に確認，発展的議論へ進む。

◀ 試し読みはこちら

6　複素数 30 講

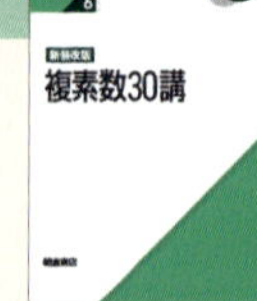

232 頁　NDC413.52　予価 3,740 円（本体 3,400 円）（11886-5）

「複素数の中から，どのようにしたら‘虚’なる感じを取り除けるか」をテーマに，‘平面の数’としての複素数を鮮明に示す。

◀ 試し読みはこちら

7　ベクトル解析 30 講

244 頁　NDC414.7　予価 3,740 円（本体 3,400 円）（11887-2）

「微分形式の初等的な入門」を主題に置き，ベクトル解析の数学的理解に確かな足場を築く。

◀ 試し読みはこちら

8　群論への 30 講

244 頁　NDC411.6　予価 3,740 円（本体 3,400 円）（11888-9）

身近な事象の対称性の話題から始まり，「群の動的な働きの中から，静的な形が抽出されてくる」過程を活写。初学者に格好の入門書。

◀ 試し読みはこちら

9　ルベーグ積分 30 講

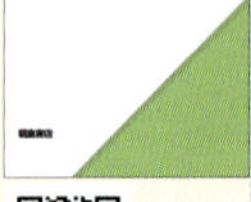

256 頁　NDC413.4　予価 3,740 円（本体 3,400 円）（11889-6）

現代解析学を理解する上で必須となるルベーグ積分の理論を「どこか謎めいた姿」を解きほぐす。

◀ 試し読みはこちら

10　固有値問題 30 講

260 頁　NDC413.67　予価 3,740 円（本体 3,400 円）（11890-2）

代数的な世界と解析的な世界をつなぐ固有値問題を「2 次の行列の場合からはじめて，ヒルベルト空間上の作用素のスペクトル分解に至るまで」一気に描き出す。

◀ 試し読みはこちら

対象読者　理工系大学学部生，数学に関心のある一般読者，高校・大学・公共図書館

切り取り線

【お申込み書】こちらにご記入のうえ、最寄りの書店にご注文下さい。

	取扱書店
各 A5 判　　　　冊	
●お名前　　□公費／□私費	
●ご住所（〒　　　　）TEL	

朝倉書店　〒162-8707 東京都新宿区新小川町 6-29 ／振替 00160-9-8673 ／価格表示は 2024 年 7 月現在
電話 03-3260-7631 ／ FAX03-3260-0180 ／ https://www.asakura.co.jp/ ／ eigyo@asakura.co.jp

内積と双対空間

ベクトル空間 $\boldsymbol{V}$ に1つ内積を導入しておく．このとき，任意の $\boldsymbol{x} \in \boldsymbol{V}$ に対して

$$\varphi_{\boldsymbol{x}}(\boldsymbol{y}) = (\boldsymbol{x}, \boldsymbol{y})$$

とおき，内積が後の変数 $\boldsymbol{y}$ について線形であるという性質を用いてみると，$\varphi_{\boldsymbol{x}}$ は，($\boldsymbol{y} \in \boldsymbol{V}$ を変数として) $\boldsymbol{V}$ 上の線形関数となることがわかる：

$$\varphi_{\boldsymbol{x}}(\alpha \boldsymbol{y}_1 + \beta \boldsymbol{y}_2) = \alpha \varphi_{\boldsymbol{x}}(\boldsymbol{y}_1) + \beta \varphi_{\boldsymbol{x}}(\boldsymbol{y}_2)$$

したがって，$\varphi_{\boldsymbol{x}}$ は $\boldsymbol{V}$ の双対空間 $\boldsymbol{V}^*$ の1つの元を与えている．

このようにして，対応

$$\boldsymbol{V} \ni \boldsymbol{x} \longrightarrow \varphi_{\boldsymbol{x}} \in \boldsymbol{V}^*$$

が得られた．この対応を Φ で表わそう：

$$\Phi \colon \boldsymbol{V} \longrightarrow \boldsymbol{V}^*, \quad \Phi(\boldsymbol{x}) = \varphi_{\boldsymbol{x}} = (\boldsymbol{x}, \ \cdot\ )$$

今度は，内積 $(\boldsymbol{x}, \boldsymbol{y})$ が前の変数 $\boldsymbol{x}$ について線形，すなわち $(\alpha \boldsymbol{x}_1 + \beta \boldsymbol{x}_2, \boldsymbol{y}) = \alpha(\boldsymbol{x}_1, \boldsymbol{y}) + \beta(\boldsymbol{x}_2, \boldsymbol{y})$ が成り立つことを用いると，写像 Φ は線形性

$$\Phi(\alpha \boldsymbol{x}_1 + \beta \boldsymbol{x}_2) = \alpha \Phi(\boldsymbol{x}_1) + \beta \Phi(\boldsymbol{x}_2)$$

をもつことがわかる．

実は次の命題が成り立つ．

Φ は $\boldsymbol{V}$ から $\boldsymbol{V}^*$の上への同型対応を与える．

【証明】 $\dim \boldsymbol{V} = \dim \boldsymbol{V}^*$ だから，Φ が1対1であることさえ示せばよい．それには $\Phi(\boldsymbol{x}) = \Phi(\boldsymbol{x}_1)$ ならば $\boldsymbol{x} = \boldsymbol{x}_1$ を示すとよい．$\Phi(\boldsymbol{x}) = \Phi(\boldsymbol{x}_1)$ という条件は，すべての $\boldsymbol{y}$ に対して $(\boldsymbol{x}, \boldsymbol{y}) = (\boldsymbol{x}_1, \boldsymbol{y})$ が成り立つということである．あるいはかき直して，すべての $\boldsymbol{y}$ に対して

$$(\boldsymbol{x} - \boldsymbol{x}_1, \boldsymbol{y}) = 0$$

が成り立つといってもよい．この式で特に $\boldsymbol{y} = \boldsymbol{x} - \boldsymbol{x}_1$ にとると $(\boldsymbol{x} - \boldsymbol{x}_1, \boldsymbol{x} - \boldsymbol{x}_1) = 0$ から $\boldsymbol{x} = \boldsymbol{x}_1$ が得られる．したがって Φ は1対1となり，同型写像となる． ∎

【定義】 同型写像 Φ による同型 $\boldsymbol{V} \cong \boldsymbol{V}^*$ を，内積から導かれた標準的な同型対応という．

標準的な同型対応による対応

いまみたように，ベクトル空間 $\boldsymbol{V}$ に内積が与えられると，$\boldsymbol{V}$ と双対ベクトル空間 $\boldsymbol{V}^*$ との間に標準的な同型対応 Φ が存在する．すなわち，内積が与えられると，抽象的な 2 つのベクトル空間 $\boldsymbol{V}$ と $\boldsymbol{V}^*$ を，Φ を通して，重ね合わせて見ることができるようになるのである．

この同型対応がどのようになっているか，もう少し詳しく調べてみよう．

そのため $\boldsymbol{V}$ の基底 $\{\boldsymbol{e}_1, \boldsymbol{e}_2, \ldots, \boldsymbol{e}_n\}$ を 1 つとって，この基底に関する $\boldsymbol{V}^*$ の双対基底を $\{\boldsymbol{e}^1, \boldsymbol{e}^2, \ldots, \boldsymbol{e}^n\}$ とする．また

$$(\boldsymbol{e}_i, \boldsymbol{e}_j) = g_{ij} \tag{1}$$

とおく．

$\boldsymbol{V}$ の任意の元 $\boldsymbol{y}$ を

$$\boldsymbol{y} = \beta^1 \boldsymbol{e}_1 + \beta^2 \boldsymbol{e}_2 + \cdots + \beta^n \boldsymbol{e}_n \tag{2}$$

と表わすと，双対基底は

$$\boldsymbol{e}^j(\boldsymbol{y}) = \beta^j \quad (j = 1, 2, \ldots, n) \tag{3}$$

として定義された $\boldsymbol{V}$ 上の線形関数であったことを思い出しておこう．

さて，$\boldsymbol{V}$ の基底 $\boldsymbol{e}_i (i = 1, 2, \ldots, n)$ は，標準的な同型対応によって，$\boldsymbol{V}^*$ のどのような元へ移されているのだろうか．

(1) と (2) から

$$\begin{aligned}
\varphi_{\boldsymbol{e}_i}(\boldsymbol{y}) &= (\boldsymbol{e}_i, \beta^1 \boldsymbol{e}_1 + \beta^2 \boldsymbol{e}_2 + \cdots + \beta^n \boldsymbol{e}_n) \\
&= \beta^1 (\boldsymbol{e}_i, \boldsymbol{e}_1) + \beta^2 (\boldsymbol{e}_i, \boldsymbol{e}_2) + \cdots + \beta^n (\boldsymbol{e}_i, \boldsymbol{e}_n) \\
&= \sum_{j=1}^{n} g_{ij} \beta^j
\end{aligned}$$

となる．ここで (3) を用いると

$$\varphi_{\boldsymbol{e}_i}(\boldsymbol{y}) = \sum_{j=1}^{n} g_{ij} \boldsymbol{e}^j(\boldsymbol{y})$$

となる．この式がすべての $\boldsymbol{y} \in \boldsymbol{V}$ で成り立つのだから，Φ の定義に戻ってみると結局

$$\begin{array}{cccc} \Phi: & \boldsymbol{V} & \longrightarrow & \boldsymbol{V}^* \\ & \cup\!\!\!\!\!\!\!\;\; & & \cup \\ & \boldsymbol{e}_i & \longrightarrow & \displaystyle\sum_{j=1}^{n} g_{ij}\boldsymbol{e}^j \end{array}$$

が成り立つことがわかった．Φ は線形写像だったから，一般に，Φ によって

$$\sum_{i=1}^{n} x^i \boldsymbol{e}_i \longrightarrow \sum_{i=1}^{n}\sum_{j=1}^{n} g_{ij} x^i \boldsymbol{e}^j \tag{4}$$

と対応することがわかる．

記号の簡約化 (挿記)

皆の了承が得られるならば，数学の記号はできるだけ簡単の方がよいだろう．ベクトル解析，特にテンソル解析とよばれる分野では，いわば数学者の間に公認された記号の簡約化が行なわれている．

ベクトル空間 $\boldsymbol{V}$ の基底 $\{\boldsymbol{e}_1, \boldsymbol{e}_2, \ldots, \boldsymbol{e}_n\}$ は，あらかじめ 1 つとっておいて，これを固定して考えることにする．このとき $\boldsymbol{V}^*$の基底は双対基底 $\{\boldsymbol{e}^1, \boldsymbol{e}^2, \ldots, \boldsymbol{e}^n\}$ をとるものとして，これも固定しておく．このとき次のようにベクトルの記法をまず簡単にしてしまうのである．

$$\boldsymbol{V} \text{ の元 } \boldsymbol{x} = \sum_{i=1}^{n} x^i \boldsymbol{e_i} \overset{\text{簡約化}}{\dashrightarrow} \boldsymbol{V} \text{ の元 } x^i$$

$$\boldsymbol{V}^* \text{の元 } \tilde{\boldsymbol{x}} = \sum_{i=1}^{n} x_i \boldsymbol{e^i} \overset{\text{簡約化}}{\dashrightarrow} \boldsymbol{V}^* \text{の元 } x_i$$

この簡約化では，$\boldsymbol{V}$ の元と $\boldsymbol{V}^*$の元は指標が上についているか，下についているかで区別されることになる．なお x^i の代りに，たとえば x^s とかいても，同じことである．

このとき，この記法では内積を通しての $\boldsymbol{V}$ と $\boldsymbol{V}^*$の同型対応 (4) は簡単に

$$x^i \longrightarrow \sum_{j=1}^{n} g_{ij} x^j \tag{5}$$

と表わされる．

ここでさらに，アインシュタインの規約とよばれる大胆な規約を導入する．

[**規約**]　同じ指標が 1 つの式に 2 つ以上現われたときは，この指標に関して，1

から n までの和をとるものとする.

そうすると, (5) の右辺は単に

$$g_{ij}x^j$$

と表わしてもよいことになる. すなわち同じ指標 j が g_{ij} のところと, x^j のところに二度現われているから, アインシュタインの規約にしたがえば, この式は頭に $\sum_{j=1}^{n}$ をおいた式と同じになっているのである.

そうすると, $\boldsymbol{V}$ と $\boldsymbol{V}^*$ の標準的な同型対応は, 単に

$$x^i \longrightarrow g_{ij}x^j \tag{6}$$

と表わされることになる.

この逆写像は

$$g^{ij}x_j \longleftarrow x_i \tag{7}$$

で与えられる. ここで g^{ij} は

$$g^{ij}g_{jk} = \begin{cases} 1, & i = k \\ 0, & i \neq k \end{cases}$$

をみたす実数を表わす. この式でも実はアインシュタインの規約を使っているわけで, ふつうのかき方では

$$\sum_{j=1}^{n} g^{ij}g_{jk} = \begin{cases} 1, & i = k \\ 0, & i \neq k \end{cases} \tag{8}$$

となる.

(7) の成り立つことは, $\boldsymbol{V}$ の元 $g^{kj}x_j$ の対応する先の $\boldsymbol{V}^*$ の元が (6) から $g_{ik}g^{kj}x_j = x_i$ で与えられていることからわかる (ここでアインシュタインの規約と (8) を用いた).

要するに, 内積を通しての $\boldsymbol{V}$ と $\boldsymbol{V}^*$ の標準的な同型対応は, この記法では

$$\begin{array}{ccc} \boldsymbol{V} & \cong & \boldsymbol{V}^* \\ \Cup & & \Cup \\ x^i & \longrightarrow & g_{ij}x^j \\ g^{ij}x_j & \longleftarrow & x_i \end{array}$$

と表わされることになった.

この表記の仕方から，この同型対応を‘指標の上げ下げ’といい表わすことが多い．

なお，$g_{ij} = (\boldsymbol{e}_i, \boldsymbol{e}_j)$ であったが，この同型対応によって $\boldsymbol{V}$ の内積をそのまま $\boldsymbol{V}^*$ の内積へと移すと，実は $g^{ij} = (\boldsymbol{e}^i, \boldsymbol{e}^j)$ となっていることを注意しよう．このことは，(7) と (8) から容易にわかるので，ここでは証明は省略する．

Tea Time

テンソルの記号について

微分幾何学の本，特にリーマン幾何を論じた本や，一般相対性理論の教科書などを開いてみると，テンソルといって

$$a^{i_1 i_2 \cdots i_s} \text{ や } a^{i_1 i_2 \cdots i_s}{}_{j_1 j_2 \cdots j_t}$$

のような，たくさんの指標のついた量がいたるところ現われていて，それだけでもいかにも深遠そうで，近づきにくい感を与えることがある．これはテンソル記号とよばれるものである．

リーマン幾何や一般相対性理論では，空間の各点に与えられた接空間とよばれるベクトル空間 (第 29 講参照) と，その基底のとり方によらない性質が論ぜられるのであるが，ここでは，そこまで立ち入らないで，上の記法についての説明だけをしておこう．

ベクトル空間 $\boldsymbol{V}$ に基底 $\{\boldsymbol{e}_1, \boldsymbol{e}_2, \ldots, \boldsymbol{e}_n\}$ を 1 つとって固定しておく．そうするとテンソル積

$$\otimes^s \boldsymbol{V} = \overbrace{\boldsymbol{V} \otimes \boldsymbol{V} \otimes \cdots \otimes \boldsymbol{V}}^{s \text{ 個}}$$

にも基底

$$\boldsymbol{e}_{i_1} \otimes \boldsymbol{e}_{i_2} \otimes \cdots \otimes \boldsymbol{e}_{i_s} \quad (i_1, i_2, \ldots, i_s = 1, 2, \ldots, n)$$

が固定されてくる．このとき $\otimes^s \boldsymbol{V}$ の元は，一意的に

$$\sum a^{i_1 i_2 \cdots i_s} \boldsymbol{e}_{i_1} \otimes \boldsymbol{e}_{i_2} \otimes \cdots \otimes \boldsymbol{e}_{i_s}$$

と表わされるが，これを‘座標成分’だけとり出して

$$a^{i_1 i_2 \cdots i_s}$$

で表わそうというのが，テンソル記号である．

この記号で，たとえば $\boldsymbol{V} \otimes \boldsymbol{V}$ の元 $2\boldsymbol{e}_1 \otimes \boldsymbol{e}_3 - 5\boldsymbol{e}_2 \otimes \boldsymbol{e}_2$ はどのように表わすのだろうかと不審に思われる読者もおられるかもしれないが，それは

$$a^{i_1 i_2} = \begin{cases} 2, & i_1 = 1, \quad i_2 = 3 \\ -5, & i_1 = 2, \quad i_2 = 2 \\ 0, & \text{それ以外のとき} \end{cases}$$

と表わせばよいのである．

また $a^{i_1 i_2 \cdots i_s}{}_{j_1 j_2 \cdots j_t}$ は，$\overbrace{\boldsymbol{V} \otimes \cdots \otimes \boldsymbol{V}}^{s\ 個} \otimes \overbrace{\boldsymbol{V}^* \otimes \cdots \otimes \boldsymbol{V}^*}^{t\ 個}$
の元

$$\sum a^{i_1 \cdots i_s}{}_{j_1 \cdots j_t} \boldsymbol{e}_{i_1} \otimes \cdots \otimes \boldsymbol{e}_{i_s} \otimes \boldsymbol{e}^{j_1} \otimes \cdots \otimes \boldsymbol{e}^{j_t}$$

を表わしている (なお，第6講では，1つのベクトル空間 $\boldsymbol{V}$ のテンソル積しか扱わなかったが，$(\otimes^s \boldsymbol{V}) \otimes (\otimes^t \boldsymbol{V}^*)$ のようなテンソル積も同様に定義することができることを，注意しておこう)．

質問　アインシュタインの規約に登場したアインシュタインは，相対性理論を創ったあの人なのですか．

答　そうである．アインシュタインは一般相対性理論を創るとき，その数学的な基盤としてリーマン幾何学を採用し，そこに多くのテンソル式を用いて，一般相対性理論の考えや，重力場の考えを表現したのである．

ベクトル解析というテーマの中に，このようなテンソルの取扱いも含めるのかどうかは，はっきりとしていないのだが，ふつうは，リーマン幾何学の教科書の中に，テンソルのことはかいてあるようである．

第 14 講

基 底 の 変 換

テーマ

- ◆ 基底変換，基底変換の行列
- ◆ 成分の変換
- ◆ 互いに反変的な変換
- ◆ 双対基底の基底変換
- ◆ テンソル積の基底変換
- ◆ 外積の基底変換
- ◆ 変換則の行列式

基底変換とそれによって不変な性質

ベクトル空間 $\boldsymbol{V}$ には，いろいろな基底をとることができる．ベクトル空間 $\boldsymbol{V}$ に固有な性質は，もちろん基底のとり方によらないで表わされるようなものである．たとえていえば，抽象的なベクトル空間は，抽象性の世界に姿を隠しているが，それが基底のとり方に応じて，具体的な形をとって，いろいろな鏡に映される．鏡に映ずる像は多様としても，ベクトル空間のもつ本来の性質は，これらすべての像に共有している性質——すべての像に不変な性質——として捉えられるものだろう．

このような立場で，ベクトル空間では，基底変換がベクトルの成分にどのような変換を引き起こすか，またこの変換に際して，不変な性質は何かを調べることが重要なことになってくる．

この講では，基底変換に関する基本的な事柄をまとめて述べておこう．

基 底 変 換

ベクトル空間 $\boldsymbol{V}$ に 2 つの基底

$$\{\boldsymbol{e}_1, \boldsymbol{e}_2, \ldots, \boldsymbol{e}_n\}, \quad \{\bar{\boldsymbol{e}}_1, \bar{\boldsymbol{e}}_2, \ldots, \bar{\boldsymbol{e}}_n\}$$

が与えられたとし，それによって，$\boldsymbol{V}$ のベクトル $\boldsymbol{x}$ が

$$\boldsymbol{x} = \sum_{i=1}^{n} x^i \boldsymbol{e}_i = \sum_{i=1}^{n} \bar{x}^i \bar{\boldsymbol{e}}_i \tag{1}$$

と 2 通りに表わされたとする．アインシュタインの規約にしたがえば，これは，$\boldsymbol{x} = x^i \boldsymbol{e}_i = \bar{x}^i \bar{\boldsymbol{e}}_i$ と表わしてもよいわけである．

各 $\bar{\boldsymbol{e}}_i (i = 1, 2, \ldots, n)$ は $\{\boldsymbol{e}_1, \boldsymbol{e}_2, \ldots, \boldsymbol{e}_n\}$ を用いて一意的に表わすことができる．それを

$$\boxed{\bar{\boldsymbol{e}}_i = \sum_{j=1}^{n} A^j{}_i \boldsymbol{e}_j} \tag{2}$$

と表わそう．$A^j{}_i$ を基底 $\{\boldsymbol{e}_i\}$ から $\{\bar{\boldsymbol{e}}_i\}$ への基底変換の係数という．もっとも，ふつうは $A^j{}_i$ を行列

$$(*) \qquad A = \begin{pmatrix} A^1{}_1 & A^1{}_2 & \cdots & A^1{}_n \\ A^2{}_1 & A^2{}_2 & \cdots & A^2{}_n \\ & & \cdots\cdots & \\ A^n{}_1 & A^n{}_2 & \cdots & A^n{}_n \end{pmatrix}$$

の形にかいて，A を基底変換の行列という．

逆に各 $\boldsymbol{e}_i$ $(i = 1, 2, \ldots, n)$ を $\{\bar{\boldsymbol{e}}_1, \bar{\boldsymbol{e}}_2, \ldots, \bar{\boldsymbol{e}}_n\}$ によって表わして，

$$\boxed{\boldsymbol{e}_i = \sum_{j=1}^{n} \bar{A}^j{}_i \bar{\boldsymbol{e}}_j} \tag{3}$$

とおくと，$\bar{A}^j{}_i$ は，基底 $\{\bar{\boldsymbol{e}}_i\}$ から $\{\boldsymbol{e}_i\}$ への基底変換の係数となる．

(2) を (3) に代入して

$$\boldsymbol{e}_i = \sum_{j=1}^{n} \sum_{k=1}^{n} \bar{A}^j{}_i A^k{}_j \boldsymbol{e}_k$$

が得られるが，基底による表現は一意的だから，これから

$$\sum_{j=1}^{n} A^k{}_j \bar{A}^j{}_i = \begin{cases} 1, & k = i \\ 0, & k \neq i \end{cases} \tag{4}$$

同様にして (3) を (2) に代入することにより

$$\sum_{j=1}^{n} \bar{A}^k{}_j A^j{}_i = \begin{cases} 1, & k = i \\ 0, & k \neq i \end{cases}$$

が成り立つことがわかる.

このことは行列でいえば，基底変換の行列

$$A = (A^j{}_i) \text{ と } \bar{A} = (\bar{A}^j{}_i)$$

とが，互いに逆行列の関係にあることを示している．実際，たとえば (4) は，行列の乗法を用いると

$$A\bar{A} = E_n \quad \bigl(E_n \text{ は単位行列}\bigr)$$

と表わされる．したがって

$$\boxed{\bar{A} = A^{-1}}$$

である.

成分の変換

$\{\boldsymbol{e}_i\}$ から $\{\bar{\boldsymbol{e}}_i\}$ への基底変換が (2) で与えられるとき，(1) に戻って，ベクトル $\boldsymbol{x}$ の成分がどのように変換されるかを調べてみよう.

(1) に (2) を代入すると

$$\sum_{i=1}^{n} x^i \boldsymbol{e}_i = \sum_{i=1}^{n} \sum_{j=1}^{n} \bar{x}^i A^j{}_i \boldsymbol{e}_j$$

という関係が得られる．右辺で指標を $i \to j$，$j \to i$ に変えて移項すると

$$\sum_{i=1}^{n} \left(x^i - \sum_{j=1}^{n} A^i{}_j \bar{x}^j \right) \boldsymbol{e}_i = 0$$

となる．$\{\boldsymbol{e}_1, \boldsymbol{e}_2, \ldots, \boldsymbol{e}_n\}$ は基底で，したがって 1 次独立なことに注意すると，これから成分に関する変換則

$$\boxed{x^i = \sum_j A^i{}_j \bar{x}^j \qquad (5)}$$

が成り立つことがわかる.

同様にして変換則

$$\bar{x}^i = \sum_{j=1}^{n} \bar{A}^i{}_j x^j \tag{6}$$

が成り立つことがわかる.

ここで (2) を再記すると

$$\bar{e}_i = \sum_{j=1}^{n} A^j{}_i \boldsymbol{e}_j \tag{2}$$

さて, (2) と (5) を見比べると, 成分と基底の変換では $A^i{}_j$ の働きがちょうど入れかわったような形となっている. このとき変換則 (2) と (5) は互いに反変的であるという.

同様に (3) と (6) は互いに反変的な変換をうけている (図 13).

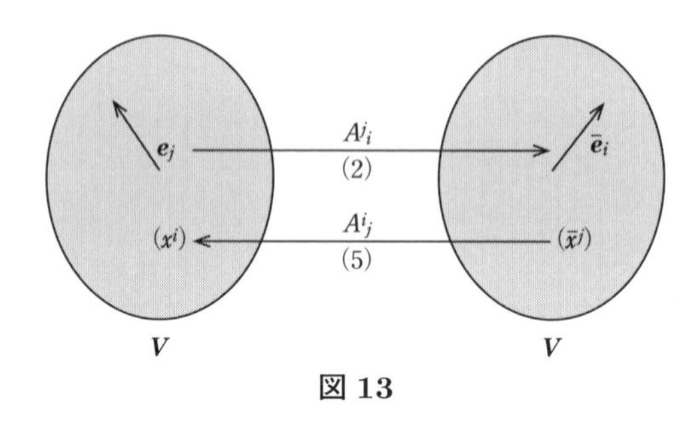

図 13

双対基底の基底変換

$\boldsymbol{V}$ の基底を

$$\{\boldsymbol{e}_1, \boldsymbol{e}_2, \ldots, \boldsymbol{e}_n\} \longrightarrow \{\bar{\boldsymbol{e}}_1, \bar{\boldsymbol{e}}_2, \ldots, \bar{\boldsymbol{e}}_n\}$$

と変えると, 対応して $\boldsymbol{V}^*$ の双対基底は

$$\{\boldsymbol{e}^1, \boldsymbol{e}^2, \ldots, \boldsymbol{e}^n\} \longrightarrow \{\bar{\boldsymbol{e}}^1, \bar{\boldsymbol{e}}^2, \ldots, \bar{\boldsymbol{e}}^n\} \tag{7}$$

と変わる.

$\boldsymbol{V}$ の基底の変換則が (2) :

$$\bar{\boldsymbol{e}}_i = \sum_{j=1}^{n} A^j{}_i \boldsymbol{e}_j$$

で与えられるとき, この双対基底の変換則はどのように表わされるだろうか.

前のように $\bar{A} = (\bar{A}^i{}_j)$ は, 行列 $A = (A^i{}_j)$ の逆行列を表わすことにする. このとき, 双対基底の変換 (7) の変換則は簡単にいえば, 行列 ${}^t\bar{A} = {}^tA^{-1}$ で与えられるのである. 詳しくかくと

$$\text{双対基底の変換則：}\ \bar{\boldsymbol{e}}^i = \sum_{j=1}^{n} \bar{A}^i{}_j \boldsymbol{e}^j \tag{8}$$

が成り立つ.

【証明】 $\{\bar{\boldsymbol{e}}^1, \ldots, \bar{\boldsymbol{e}}^n\}$ は関係

$$\bar{\boldsymbol{e}}^i(\bar{\boldsymbol{e}}_k) = \begin{cases} 1, & i = k \\ 0, & i \neq k \end{cases} \tag{9}$$

によって決まる．一方

$$\begin{aligned} \sum_{j=1}^{n} \bar{A}^i{}_j \boldsymbol{e}^j(\bar{\boldsymbol{e}}_k) &= \sum_{j=1}^{n} \bar{A}^i{}_j \boldsymbol{e}^j \left(\sum_{l=1}^{n} A^l{}_k \boldsymbol{e}_l \right) \\ &= \sum_{j=1}^{n} \sum_{l=1}^{n} \bar{A}^i{}_j A^l{}_k \boldsymbol{e}^j(\boldsymbol{e}_l) \\ &= \sum_{j=1}^{n} \bar{A}^i{}_j A^j{}_k \\ &= \begin{cases} 1, & i = k \\ 0, & i \neq k \end{cases} \end{aligned}$$

この結果は (9) と見比べて (8) が成り立つことを示している．なお右辺の第 2 式から第 3 式へ移るとき，$\boldsymbol{e}^j(\boldsymbol{e}_l)$ は $j = l$ のとき以外，0 となることを用いている． ∎

テンソル積の基底変換

$\boldsymbol{V}$ の基底 $\{\boldsymbol{e}_1, \boldsymbol{e}_2, \ldots, \boldsymbol{e}_n\}$ が与えられると，テンソル積 $\otimes^k \boldsymbol{V}$ の基底

$$\{\boldsymbol{e}_{i_1} \otimes \boldsymbol{e}_{i_2} \otimes \cdots \otimes \boldsymbol{e}_{i_k} \mid i_1, i_2, \ldots, i_k = 1, 2, \ldots, n\}$$

が決まる．したがって $\boldsymbol{V}$ の基底変換 $\{\boldsymbol{e}_i\} \to \{\bar{\boldsymbol{e}}_i\}$ は $\otimes^k \boldsymbol{V}$ の基底変換

$$\{\boldsymbol{e}_{i_1} \otimes \boldsymbol{e}_{i_2} \otimes \cdots \otimes \boldsymbol{e}_{i_k}\} \longrightarrow \{\bar{\boldsymbol{e}}_{i_1} \otimes \bar{\boldsymbol{e}}_{i_2} \otimes \cdots \otimes \bar{\boldsymbol{e}}_{i_k}\}$$

を引き起こす.

$\boldsymbol{V}$ の基底変換の変換則が (2) で与えられているとき，この $\otimes^k \boldsymbol{V}$ における基底の変換則は

$$\bar{\boldsymbol{e}}_{i_1} \otimes \bar{\boldsymbol{e}}_{i_2} \otimes \cdots \otimes \bar{\boldsymbol{e}}_{i_k} = \sum_{j_1=1}^{n} \sum_{j_2=1}^{n} \cdots \sum_{j_k=1}^{n} A^{j_1}{}_{i_1} A^{j_2}{}_{i_2} \cdots A^{j_k}{}_{i_k} \boldsymbol{e}_{j_1} \otimes \boldsymbol{e}_{j_2} \otimes \cdots \otimes \boldsymbol{e}_{j_k}$$

で与えられる．

外積の基底変換

$\boldsymbol{V}$ における基底変換 $\{\boldsymbol{e}_i\} \to \{\bar{\boldsymbol{e}}_i\}$ は，外積空間 $\wedge^k \boldsymbol{V}$ の基底変換

$$\{\boldsymbol{e}_{i_1}\wedge\boldsymbol{e}_{i_2}\wedge\cdots\wedge\boldsymbol{e}_{i_k} \mid i_1<i_2<\cdots<i_k\} \longrightarrow \{\bar{\boldsymbol{e}}_{i_1}\wedge\bar{\boldsymbol{e}}_{i_2}\wedge\cdots\wedge\bar{\boldsymbol{e}}_{i_k} \mid i_1<i_2<\cdots<i_k\}$$

を引き起こす．この変換則を一般的にかくことは，多少繁雑なので $\boldsymbol{V}$ が 3 次元のとき，$\wedge^2 \boldsymbol{V}$ における変換則がどのようになるかだけを述べておこう．

$\dim \boldsymbol{V} = 3$ のときには，(2) は

$$\begin{aligned}
\bar{\boldsymbol{e}}_1 &= A^1{}_1\boldsymbol{e}_1 + A^2{}_1\boldsymbol{e}_2 + A^3{}_1\boldsymbol{e}_3 \\
\bar{\boldsymbol{e}}_2 &= A^1{}_2\boldsymbol{e}_1 + A^2{}_2\boldsymbol{e}_2 + A^3{}_2\boldsymbol{e}_3 \\
\bar{\boldsymbol{e}}_3 &= A^1{}_3\boldsymbol{e}_1 + A^2{}_3\boldsymbol{e}_2 + A^3{}_3\boldsymbol{e}_3
\end{aligned}$$

と表わされる．このとき，たとえば $\bar{\boldsymbol{e}}_1 \wedge \bar{\boldsymbol{e}}_2$ を計算してみると

$$\begin{aligned}
\bar{\boldsymbol{e}}_1 \wedge \bar{\boldsymbol{e}}_2 = &(A^1{}_1A^2{}_2 - A^2{}_1A^1{}_2)\,\boldsymbol{e}_1 \wedge \boldsymbol{e}_2 + (A^1{}_1A^3{}_2 - A^3{}_1A^1{}_2)\,\boldsymbol{e}_1 \wedge \boldsymbol{e}_3 \\
&+ (A^2{}_1A^3{}_2 - A^3{}_1A^2{}_2)\,\boldsymbol{e}_2 \wedge \boldsymbol{e}_3
\end{aligned}$$

となる．一般にこのような形の式が，外積空間における変換則を与える式となっている．

変換則の行列式

基底変換の行列 $(*)$ の行列式

$$(**) \qquad \det(A) = \begin{vmatrix} A^1{}_1 & A^1{}_2 & \cdots & A^1{}_n \\ A^2{}_1 & A^2{}_2 & \cdots & A^2{}_n \\ & \cdots\cdots & & \\ A^n{}_1 & A^n{}_2 & \cdots & A^n{}_n \end{vmatrix}$$

を調べることが必要となることもある．

この行列式は，外積空間 $\wedge^n \boldsymbol{V}$ に引き起こされた基底変換の公式に，ごく自然に現われるのである．$\wedge^n \boldsymbol{V}$ は 1 次元であって，その基底は $\boldsymbol{e}_1 \wedge \boldsymbol{e}_2 \wedge \cdots \wedge \boldsymbol{e}_n$ で与えられていたことを思い出しておこう．したがって $\boldsymbol{V}$ の基底変換 $\{\boldsymbol{e}_i\} \to \{\bar{\boldsymbol{e}}_i\}$ が，$\wedge^n \boldsymbol{V}$ に引き起こす基底変換は，単に

$$\boldsymbol{e}_1 \wedge \boldsymbol{e}_2 \wedge \cdots \wedge \boldsymbol{e}_n \longrightarrow \bar{\boldsymbol{e}}_1 \wedge \bar{\boldsymbol{e}}_2 \wedge \cdots \wedge \bar{\boldsymbol{e}}_n$$

だけとなる．このとき，次の命題が成り立つ．

$$\bar{\boldsymbol{e}}_1 \wedge \bar{\boldsymbol{e}}_2 \wedge \cdots \wedge \bar{\boldsymbol{e}}_n = \det(A)\boldsymbol{e}_1 \wedge \boldsymbol{e}_2 \wedge \cdots \wedge \boldsymbol{e}_n$$

【証明】
$$\begin{aligned}\bar{\boldsymbol{e}}_1 \wedge \bar{\boldsymbol{e}}_2 \wedge \cdots \wedge \bar{\boldsymbol{e}}_n &= \sum A^{j_1}{}_1 \boldsymbol{e}_{j_1} \wedge \sum A^{j_2}{}_2 \boldsymbol{e}_{j_2} \wedge \cdots \wedge \sum A^{j_n}{}_n \boldsymbol{e}_{j_n} \\ &= \sum_{j_1, j_2, \ldots, j_n} A^{j_1}{}_1 A^{j_2}{}_2 \cdots A^{j_n}{}_n \boldsymbol{e}_{j_1} \wedge \boldsymbol{e}_{j_2} \wedge \cdots \wedge \boldsymbol{e}_{j_n}\end{aligned}$$

ここで，$j_1, j_2, \ldots, j_n$ の中に 1 から n まで同じ数が二度現われるときは，$\boldsymbol{e}_{j_1} \wedge \boldsymbol{e}_{j_2} \wedge \cdots \wedge \boldsymbol{e}_{j_n} = 0$ となる．したがって $j_1, j_2, \ldots, j_n$ は $\{1, 2, \ldots, n\}$ の順列を動くだけである．そこで順列 (置換) を一般に

$$\sigma = \begin{pmatrix} 1 & 2 & \cdots & n \\ j_1 & j_2 & \cdots & j_n \end{pmatrix}, \quad j_k = \sigma(k)$$

と表わすと

$$\bar{\boldsymbol{e}}_1 \wedge \bar{\boldsymbol{e}}_2 \wedge \cdots \wedge \bar{\boldsymbol{e}}_n = \sum_{\sigma} A^{\sigma(1)}{}_1 A^{\sigma(2)}{}_2 \cdots A^{\sigma(n)}{}_n \boldsymbol{e}_{\sigma(1)} \wedge \cdots \wedge \boldsymbol{e}_{\sigma(n)}$$

ここで $\boldsymbol{e}_{\sigma(1)} \wedge \cdots \wedge \boldsymbol{e}_{\sigma(n)}$ を適当に順番をとりかえて $\boldsymbol{e}_1 \wedge \boldsymbol{e}_2 \wedge \cdots \wedge \boldsymbol{e}_n$ の形に直すと，上式は

$$\left(\sum_{\sigma} \operatorname{sgn} \sigma A^{\sigma(1)}{}_1 A^{\sigma(2)}{}_2 \cdots A^{\sigma(n)}{}_n \right) \boldsymbol{e}_1 \wedge \boldsymbol{e}_2 \wedge \cdots \wedge \boldsymbol{e}_n$$

となる．$\operatorname{sgn} \sigma$ は，σ が偶置換ならば $+1$，奇置換ならば -1 とした，置換 σ の符号である．このカッコの中は，$\det(A)$ の定義式そのものになっている．したがって

$$\bar{\boldsymbol{e}}_1 \wedge \bar{\boldsymbol{e}}_2 \wedge \cdots \wedge \bar{\boldsymbol{e}}_n = \det(A)\boldsymbol{e}_1 \wedge \boldsymbol{e}_2 \wedge \cdots \wedge \boldsymbol{e}_n$$

が成り立つ． ∎

Tea Time

質問 ベクトルの基底と成分の変換則が反変的であるということの，もう少し見通しのよい説明はないでしょうか．

答 結果的には同じことを述べているにしても，記号を上手に利用すると，ずっと見やすくなるということがある．変換則が，基底と成分について反変的である

ことは，次のような記法を採用すると，わかりやすくなるかもしれない．

基底の変換 (2) を

$$(\bar{\boldsymbol{e}}_1\bar{\boldsymbol{e}}_2\cdots\bar{\boldsymbol{e}}_n)=(\boldsymbol{e}_1\boldsymbol{e}_2\cdots\boldsymbol{e}_n)\begin{pmatrix} A^1{}_1 & \cdots & A^1{}_n \\ A^2{}_1 & \cdots & A^2{}_n \\ & \cdots\cdots & \\ A^n{}_1 & \cdots & A^n{}_n \end{pmatrix}$$

とかくことにする．あるいは (∗) のように，変換の行列を A とすると，この記法は

$$(\bar{\boldsymbol{e}}_1\bar{\boldsymbol{e}}_2\cdots\bar{\boldsymbol{e}}_n)=(\boldsymbol{e}_1\boldsymbol{e}_2\cdots\boldsymbol{e}_n)\,A \tag{$\sharp$}$$

と表わされる．また

$$\begin{aligned}\boldsymbol{x}&=x^1\boldsymbol{e}_1+x^2\boldsymbol{e}_2+\cdots+x^n\boldsymbol{e}_n\\ &=(\boldsymbol{e}_1\boldsymbol{e}_2\cdots\boldsymbol{e}_n)\begin{pmatrix} x^1 \\ x^2 \\ \vdots \\ x^n \end{pmatrix}\end{aligned}$$

と表わすことにしよう．このとき，ベクトル $\boldsymbol{x}$ を，基底 $\{\bar{\boldsymbol{e}}_1,\bar{\boldsymbol{e}}_2,\ldots,\bar{\boldsymbol{e}}_n\}$ と $\{\boldsymbol{e}_1,\boldsymbol{e}_2,\ldots,\boldsymbol{e}_n\}$ を用いて表わすと

$$\boldsymbol{x}=(\bar{\boldsymbol{e}}_1\bar{\boldsymbol{e}}_2\ldots\bar{\boldsymbol{e}}_n)\begin{pmatrix} \bar{x}^1 \\ \bar{x}^2 \\ \vdots \\ \bar{x}^n \end{pmatrix}=(\boldsymbol{e}_1\boldsymbol{e}_2\cdots\boldsymbol{e}_n)\begin{pmatrix} x^1 \\ x^2 \\ \vdots \\ x^n \end{pmatrix}$$

となる．

ここに (♯) を代入すると

$$(\boldsymbol{e}_1\boldsymbol{e}_2\cdots\boldsymbol{e}_n)\,A\begin{pmatrix} \bar{x}^1 \\ \bar{x}^2 \\ \vdots \\ \bar{x}^n \end{pmatrix}=(\boldsymbol{e}_1\boldsymbol{e}_2\cdots\boldsymbol{e}_n)\begin{pmatrix} x^1 \\ x^2 \\ \vdots \\ x^n \end{pmatrix}$$

となって，これから

$$A\begin{pmatrix} \bar{x}^1 \\ \bar{x}^2 \\ \vdots \\ \bar{x}^n \end{pmatrix}=\begin{pmatrix} x^1 \\ x^2 \\ \vdots \\ x^n \end{pmatrix} \tag{$\sharp\sharp$}$$

が導かれる．(♯) と (♯♯) を見比べると，ごく自然に A の働き方が‘反変的’に入れかわったことがわかるだろう．実際 (♯♯) は，(5) にほかならない．

第 15 講

$\boldsymbol{R}^3$ のベクトルの外積

テーマ
- ◆ $\boldsymbol{x}\times\boldsymbol{y}$ の定義と基本性質
- ◆ $\boldsymbol{x}$ と $\boldsymbol{y}$ が 1 次独立のことと $\boldsymbol{x}\times\boldsymbol{y}\neq\boldsymbol{0}$ は同値
- ◆ 基底ベクトル相互の外積
- ◆ $\boldsymbol{x}\times\boldsymbol{y}$ の幾何学的性質
- ◆ 一般に結合則は成り立たない.

幕あい——空間 $\boldsymbol{R}^3$

前講までで，代数的な事柄についての説明はひとまず終ったことにして，これからは本書の主題であるベクトル解析を述べることにする．この講は，その間に挟まれた幕あいのようなものである.

3 次元ユークリッド空間 $\boldsymbol{R}^3$ には，ほかの次元のユークリッド空間にはない，1 つの特徴的な性質がある．それは，$\boldsymbol{R}^3$ の 2 つのベクトル $\boldsymbol{x}$，$\boldsymbol{y}$ に対して，$\boldsymbol{R}^3$ のベクトル $\boldsymbol{x}\times\boldsymbol{y}$ を対応させる規則があって

$$\boldsymbol{x}\times\boldsymbol{y}=-\boldsymbol{y}\times\boldsymbol{x}$$

をみたす．この $\boldsymbol{x}\times\boldsymbol{y}$ をやはり，$\boldsymbol{x}$ と $\boldsymbol{y}$ の外積というが，同じ用語を用いても，外積代数のときの $\boldsymbol{x}\wedge\boldsymbol{y}$ とは異なる．実際 $\boldsymbol{x}\wedge\boldsymbol{y}$ は $\wedge^2(\boldsymbol{R}^3)$ の元であって，$\boldsymbol{R}^3$ のベクトルではなかったのである.

$\boldsymbol{x}\times\boldsymbol{y}$ の定義と基本性質

$\boldsymbol{R}^3$ のベクトル $\boldsymbol{x}$ を成分を用いて表わすのに，ここでは横ベクトルを用いて $\boldsymbol{x}=(x_1,x_2,x_3)$ のように表わすことにしよう.

【定義】 ベクトル $\boldsymbol{x}=(x_1,x_2,x_3)$，$\boldsymbol{y}=(y_1,y_2,y_3)$ に対して

$$\boldsymbol{x}\times\boldsymbol{y}=(x_2y_3-x_3y_2,\ x_3y_1-x_1y_3,\ x_1y_2-x_2y_1)$$

とおき，$\boldsymbol{x}\times\boldsymbol{y}$ を $\boldsymbol{x}$ と $\boldsymbol{y}$ の外積という．

この右辺の成分は，行列式

$$\begin{vmatrix} 1 & 1 & 1 \\ x_1 & x_2 & x_3 \\ y_1 & y_2 & y_3 \end{vmatrix} \tag{1}$$

の第 1 行に関する展開の余因子と覚えておくとよい．このことから，まず次のことがわかる．

(i)　$\alpha\boldsymbol{x}\times\boldsymbol{y}=\boldsymbol{x}\times\alpha\boldsymbol{y}=\alpha(\boldsymbol{x}\times\boldsymbol{y})$

(ii)　$\boldsymbol{x}\times(\boldsymbol{y}+\boldsymbol{z})=\boldsymbol{x}\times\boldsymbol{y}+\boldsymbol{x}\times\boldsymbol{z}$

(iii)　$\boldsymbol{x}\times\boldsymbol{y}=-\boldsymbol{y}\times\boldsymbol{x}$

(iv)　$\boldsymbol{x}\times\boldsymbol{x}=\boldsymbol{0}$

【証明】　(i)，(ii)　$\boldsymbol{x}\times\boldsymbol{y}$ の成分が，$\boldsymbol{x}$ の成分と $\boldsymbol{y}$ の成分について，それぞれ 1 次式として表わされていること，すなわち，双 1 次となっていることから，(i) と (ii) が成り立つことは明らかである．

(iii)　$\boldsymbol{y}\times\boldsymbol{x}$ の成分は，行列式 (1) の 2 行目と 3 行目を入れかえてから，1 行目について展開した余因子である．行列式の性質から，このとき各余因子の符号が変わる．したがって $\boldsymbol{x}\times\boldsymbol{y}=-\boldsymbol{y}\times\boldsymbol{x}$ (もちろん，このことは定義の式からも直接確かめられることである)．

(iv)　(iii) より，$\boldsymbol{x}\times\boldsymbol{x}=-\boldsymbol{x}\times\boldsymbol{x}$．したがって $\boldsymbol{x}\times\boldsymbol{x}=\boldsymbol{0}$ となる．　∎

2 つのベクトルの 1 次独立性

次の命題が成り立つ．

$\boldsymbol{x}$ と $\boldsymbol{y}$ が 1 次独立 $\Longleftrightarrow \boldsymbol{x}\times\boldsymbol{y}\neq\boldsymbol{0}$

【証明】　$\Longleftarrow$：$\boldsymbol{x}$ と $\boldsymbol{y}$ が 1 次独立でないとする．このとき $\boldsymbol{y}=\alpha\boldsymbol{x}$ (あるいは，$\boldsymbol{x}=\beta\boldsymbol{y}$) と表わされる．したがって $\boldsymbol{x}\times\boldsymbol{y}=\boldsymbol{x}\times\alpha\boldsymbol{x}=\alpha(\boldsymbol{x}\times\boldsymbol{x})=\boldsymbol{0}$ (あるいは $\boldsymbol{x}\times\boldsymbol{y}=\beta(\boldsymbol{y}\times\boldsymbol{y})=\boldsymbol{0}$) となる．ゆえに，$\boldsymbol{x}\times\boldsymbol{y}\neq\boldsymbol{0}$ ならば $\boldsymbol{x}$ と $\boldsymbol{y}$ は 1 次独立である．

$\Longrightarrow$：$\boldsymbol{x}$ と $\boldsymbol{y}$ は 1 次独立とする．このとき $\boldsymbol{x}\neq\boldsymbol{0}$，$\boldsymbol{y}\neq\boldsymbol{0}$ であることをまず

注意する．いま $x_1 \neq 0$ とする．さて，もし $\boldsymbol{x} \times \boldsymbol{y} = \boldsymbol{0}$ ならば $x_2y_3 = x_3y_2$，$x_3y_1 = x_1y_3$，$x_1y_2 = x_2y_1$ が成り立ち，これから

$$\begin{aligned} y_1\boldsymbol{x} - x_1\boldsymbol{y} &= (y_1x_1 - x_1y_1,\ y_1x_2 - x_1y_2,\ y_1x_3 - x_1y_3) \\ &= \boldsymbol{0} \end{aligned}$$

が導かれる．$x_1 \neq 0$ だから，これは $\boldsymbol{x}$ と $\boldsymbol{y}$ が 1 次独立であったことに矛盾する． ∎

基底ベクトルと外積

$\boldsymbol{e}_1 = (1,0,0)$，$\boldsymbol{e}_2 = (0,1,0)$，$\boldsymbol{e}_3 = (0,0,1)$ とする．$\{\boldsymbol{e}_1, \boldsymbol{e}_2, \boldsymbol{e}_3\}$ は標準基底ベクトルである．このとき

(v) $\boldsymbol{e}_1 \times \boldsymbol{e}_2 = \boldsymbol{e}_3$，　$\boldsymbol{e}_2 \times \boldsymbol{e}_3 = \boldsymbol{e}_1$，　$\boldsymbol{e}_3 \times \boldsymbol{e}_1 = \boldsymbol{e}_2$

が成り立つ．

このことは，定義に代入してすぐに確かめられる．なお，この (v) と (i)，(ii)，(iii) の性質があると，必然的に

$$\begin{aligned} \boldsymbol{x} \times \boldsymbol{y} &= (x_1\boldsymbol{e}_1 + x_2\boldsymbol{e}_2 + x_3\boldsymbol{e}_3) \times (y_1\boldsymbol{e}_1 + y_2\boldsymbol{e}_2 + y_3\boldsymbol{e}_3) \\ &= (x_2y_3 - x_3y_2)\,\boldsymbol{e}_2 \times \boldsymbol{e}_3 + (x_3y_1 - x_1y_3)\,\boldsymbol{e}_3 \times \boldsymbol{e}_1 \\ &\qquad + (x_1y_2 - x_2y_1)\,\boldsymbol{e}_1 \times \boldsymbol{e}_2 \\ &= (x_2y_3 - x_3y_2)\,\boldsymbol{e}_1 + (x_3y_1 - x_1y_3)\,\boldsymbol{e}_2 + (x_1y_2 - x_2y_1)\,\boldsymbol{e}_3 \end{aligned}$$

となって，定義で与えた式が導かれる．

$\boldsymbol{x} \times \boldsymbol{y}$ の幾何学的性質

$\boldsymbol{x}$ と $\boldsymbol{y}$ は 1 次独立とする．

(vi) $\boldsymbol{x} \times \boldsymbol{y}$ は，$\boldsymbol{x}$ と $\boldsymbol{y}$ に直交している．
(vii) $\\|\boldsymbol{x} \times \boldsymbol{y}\\| =$ ($\boldsymbol{x}$ と $\boldsymbol{y}$ を 2 辺とする平行四辺形の面積)
(viii) $\{\boldsymbol{x}, \boldsymbol{y}, \boldsymbol{x} \times \boldsymbol{y}\}$ は右手系の 1 次独立なベクトルである．

【証明】 (vi) $\boldsymbol{x}$ と $\boldsymbol{x} \times \boldsymbol{y}$ の内積 $(\boldsymbol{x}, \boldsymbol{x} \times \boldsymbol{y})$ は，$\boldsymbol{x} \times \boldsymbol{y}$ の各成分が行列式 (1) の第 1 行目に関する余因子であることを考慮すると，ちょうど行列式

$$\begin{vmatrix} x_1 & x_2 & x_3 \\ x_1 & x_2 & x_3 \\ y_1 & y_2 & y_3 \end{vmatrix}$$

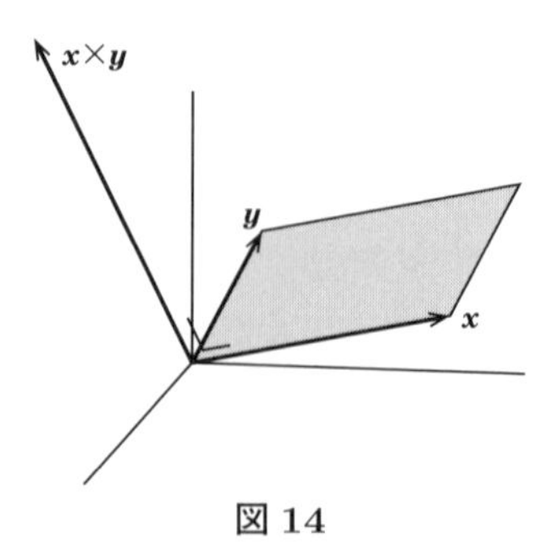

図 14

で与えられることがわかる (この行列式を 1 行目に関して展開した式が，内積を表わす式となっている)．この行列式は 1 行目と 2 行目が一致しているから 0 である．したがって $(\boldsymbol{x}, \boldsymbol{x} \times \boldsymbol{y}) = 0$ であって，$\boldsymbol{x}$ と $\boldsymbol{x} \times \boldsymbol{y}$ が直交していることがわかる．同様に $\boldsymbol{y}$ と $\boldsymbol{x} \times \boldsymbol{y}$ が直交していることが示される (図 14).

(vii)　$\boldsymbol{x} \times \boldsymbol{y} = (z_1, z_2, z_3)$ とすると

$$\|\boldsymbol{x} \times \boldsymbol{y}\|^2 = {z_1}^2 + {z_2}^2 + {z_3}^2$$

である．一方，z_1, z_2, z_3 は，行列式 (1) の 1 行目に関する余因子で与えられていることに注意すると

$$\begin{vmatrix} z_1 & z_2 & z_3 \\ x_1 & x_2 & x_3 \\ y_1 & y_2 & y_3 \end{vmatrix} = {z_1}^2 + {z_2}^2 + {z_3}^2$$

したがって

$$\|\boldsymbol{x} \times \boldsymbol{y}\|^2 = \begin{vmatrix} z_1 & z_2 & z_3 \\ x_1 & x_2 & x_3 \\ y_1 & y_2 & y_3 \end{vmatrix} \tag{2}$$

である．特に右辺の行列式は (各行が 1 次独立であって，したがって 0 ではないことに注意すると) 正である．

このときこの行列式は，$\boldsymbol{x} \times \boldsymbol{y}, \boldsymbol{x}, \boldsymbol{y}$ ではられる平行六面体の体積 V を示している．このことの証明は省略する．読者は，$\boldsymbol{x}, \boldsymbol{y}$ が $\boldsymbol{e}_1, \boldsymbol{e}_2$ のはる平面上にあり (このとき $x_3 = y_3 = 0$)，$\boldsymbol{x} \times \boldsymbol{y}$ がしたがって $\boldsymbol{e}_3$ 軸の上にあるとき (このとき $z_1 = z_2 = 0$)，行列式の簡単な計算から，これが平行六面体の体積を表わしていることを確かめてみられるとよい．

いまここで $\boldsymbol{x}$ と $\boldsymbol{y}$ ではられる平行四辺形を底面と考えると，この平行六面体

の体積 V は

$$V = 底面積 \times 高さ$$

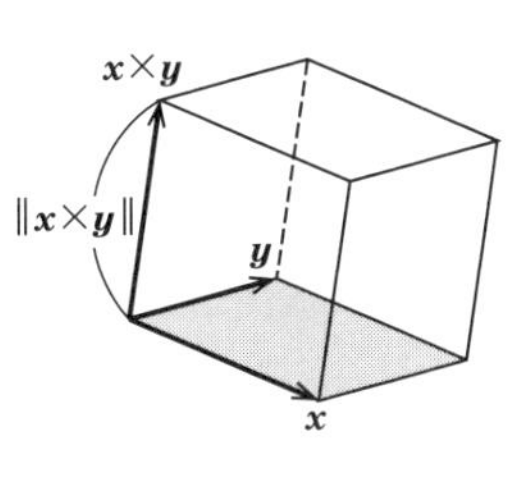

図 15

で与えられる．(vi) により $\boldsymbol{x} \times \boldsymbol{y}$ は $\boldsymbol{x}$ と $\boldsymbol{y}$ に直交しているのだから

$$高さ = \|\boldsymbol{x} \times \boldsymbol{y}\|$$

である (図 15)．一方，底面積は，$\boldsymbol{x}$ と $\boldsymbol{y}$ を 2 辺とする平行四辺形の面積だから，結局 (2) から

$$\|\boldsymbol{x} \times \boldsymbol{y}\|^2 = (\boldsymbol{x} \text{ と } \boldsymbol{y} \text{ を 2 辺とする平行四辺形の面積}) \times \|\boldsymbol{x} \times \boldsymbol{y}\|$$

が得られる．この両辺を $\|\boldsymbol{x} \times \boldsymbol{y}\|$ で割ると ($\boldsymbol{x}$ と $\boldsymbol{y}$ が 1 次独立と仮定していたから $\|\boldsymbol{x} \times \boldsymbol{y}\| \neq 0$!)，(vii) が成り立つことがわかる．

(viii)　$\{\boldsymbol{x}, \boldsymbol{y}, \boldsymbol{x} \times \boldsymbol{y}\}$ が右手系であるというのは，図 16 で示してあるように $\boldsymbol{x}, \boldsymbol{y}, \boldsymbol{x} \times \boldsymbol{y}$ を右手の親指，人差指，中指の方向にみることができるということである．あるいは，$\boldsymbol{x}, \boldsymbol{y}, \boldsymbol{x} \times \boldsymbol{y}$ の方向を連続的に，しかし互いのベクトルは重ならないように変化していったとき，$\boldsymbol{x}$ を $\boldsymbol{e}_1$ 軸の正の方向に，$\boldsymbol{y}$ を $\boldsymbol{e}_2$ 軸の正の方向に，$\boldsymbol{x} \times \boldsymbol{y}$ を $\boldsymbol{e}_3$ 軸の正の方向に乗せることができるということである．

さて，(viii) の証明は次のようにして行なわれる．$\{\boldsymbol{x}, \boldsymbol{y}, \boldsymbol{x} \times \boldsymbol{y}\}$ は右手系か左手系のいずれかである．もし仮に左手系とするならば，1 次独立性を保ちながら連続的に動かして

$$\boldsymbol{x} \longrightarrow \boldsymbol{e}_1, \quad \boldsymbol{y} \longrightarrow \boldsymbol{e}_2, \quad \boldsymbol{x} \times \boldsymbol{y} \longrightarrow -\boldsymbol{e}_3$$

とできる．対応して成分のつくる行列式は

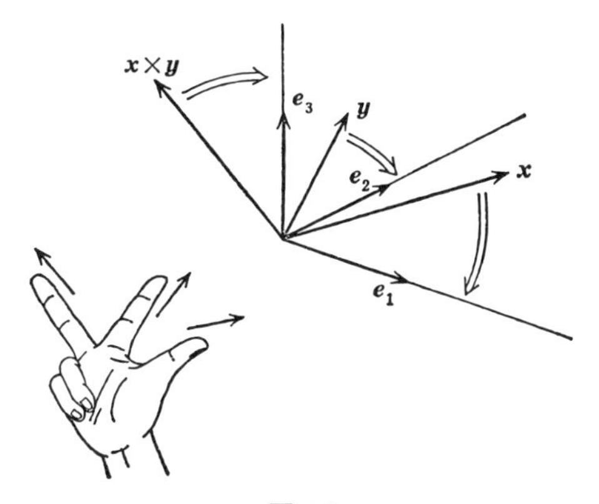

図 16

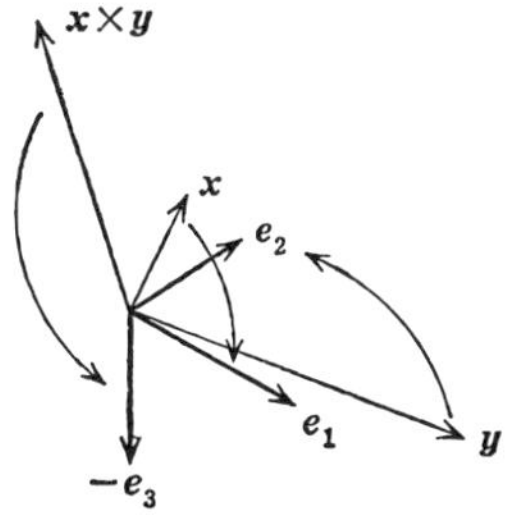

$\{x, y, z\}$，$\{e_1, e_2, -e_3\}$ は左手系

図 17

$$\begin{vmatrix} x_1 & x_2 & x_3 \\ y_1 & y_2 & y_3 \\ z_1 & z_2 & z_3 \end{vmatrix} \longrightarrow \begin{vmatrix} 1 & 0 & 0 \\ 0 & 1 & 0 \\ 0 & 0 & -1 \end{vmatrix} = -1$$

へと変化する．この過程で行列式は0とならないのだから

$$\begin{vmatrix} x_1 & x_2 & x_3 \\ y_1 & y_2 & y_3 \\ z_1 & z_2 & z_3 \end{vmatrix}$$

の符号は負でなくてはならない．一方，この行列式の値は，(2) と一致しているから ((2) の1行目を二度入れかえても符号は変わらない！) 正である．これは矛盾である．したがって $\{\boldsymbol{x}, \boldsymbol{y}, \boldsymbol{x} \times \boldsymbol{y}\}$ は右手系である．∎

図17では左手系の場合を示しておいた．読者は，$\{\boldsymbol{x}, \boldsymbol{y}, \boldsymbol{z}\}$ が $\{\boldsymbol{e}_1, \boldsymbol{e}_2, -\boldsymbol{e}_3\}$ へどのように連続的に変化していくか確かめてみられるとよい．

コメント

$\boldsymbol{x}$ と $\boldsymbol{y}$ が1次独立のとき，$\boldsymbol{x} \times \boldsymbol{y}$ は，$\boldsymbol{x}$ と $\boldsymbol{y}$ に直交する右手系をつくる方向にあって，長さは $\boldsymbol{x}$ と $\boldsymbol{y}$ のつくる平行四辺形の面積である――そのことがわかっているならば，はじめから外積をそのように定義した方がわかりやすかったのではないか，と考えるのはごく自然なことである．

実際，多くの教科書ではそうしているが，この方法で外積を定義すると今度は

$$\boldsymbol{x} \times (\boldsymbol{y} + \boldsymbol{z}) = \boldsymbol{x} \times \boldsymbol{y} + \boldsymbol{x} \times \boldsymbol{z}$$

の証明が，一読してすぐにわかるというようにはかけないのである．この式を証明しておかないと，外積 $\boldsymbol{x} \times \boldsymbol{y}$ が成分でどのように表わされるかが示せない．実際，成分表示の式を導くためには

$$(x_1\boldsymbol{e}_1 + x_2\boldsymbol{e}_2 + x_3\boldsymbol{e}_3) \times (y_1\boldsymbol{e}_1 + y_2\boldsymbol{e}_2 + y_3\boldsymbol{e}_3)$$

を計算しなくてはならず，ここで分配則が本質的に用いられるからである．

一般に結合則は成り立たない

外積を表わすのに，よく見慣れたかけ算の記号 × を用いたので，私たちは，外積に対してふつうの演算規則は大体成り立つのだろうと錯覚しがちである．しか

し実際は，外積に対しては，結合則は成り立たない！

すなわち，一般には

$$\boldsymbol{x} \times (\boldsymbol{y} \times \boldsymbol{z}) \neq (\boldsymbol{x} \times \boldsymbol{y}) \times \boldsymbol{z}$$

である．たとえば $\boldsymbol{x} = \boldsymbol{e}_1$，$\boldsymbol{y} = \boldsymbol{e}_1 + \boldsymbol{e}_2$，$\boldsymbol{z} = \boldsymbol{e}_3$ とおくと

$$\boldsymbol{x} \times (\boldsymbol{y} \times \boldsymbol{z}) = -\boldsymbol{e}_3$$

$$(\boldsymbol{x} \times \boldsymbol{y}) \times \boldsymbol{z} = \boldsymbol{0}$$

となる．したがって純粋に代数的な立場でみれば，$\boldsymbol{R}^3$ の外積というのは，何か中間的な感じを免れえないのである．

Tea Time

質問　$\boldsymbol{R}^3$ のベクトルの外積は $\boldsymbol{x} \times \boldsymbol{y} = -\boldsymbol{y} \times \boldsymbol{x}$ という性質がありますが，この関係を見る限り，外積代数 $\wedge \boldsymbol{R}^3$ における積 $\boldsymbol{x} \wedge \boldsymbol{y}$ へと関係があるような気がしてなりません．講義の中では，ひとまず無関係であるというようなお話でしたが，本当に何の関係もないのですか．

答　'外積' という用語で，$\boldsymbol{x} \times \boldsymbol{y}$ と $\boldsymbol{x} \wedge \boldsymbol{y}$ を混同されては困るので，講義ではその点の違いを述べたのであって，全然無関係というわけではない．外積代数 $E(\boldsymbol{R}^3)$ の立場で，$\boldsymbol{R}^3$ のベクトルの外積を導入することは可能であって，それには

$$\boldsymbol{x} \times \boldsymbol{y} = *(\boldsymbol{x} \wedge \boldsymbol{y})$$

とおくのである．ここで $*$ は，$*$-作用素とよばれるものであって，いまの場合

$$*(\boldsymbol{e}_1 \wedge \boldsymbol{e}_2) = \boldsymbol{e}_3, \quad *(\boldsymbol{e}_2 \wedge \boldsymbol{e}_3) = \boldsymbol{e}_1, \quad *(\boldsymbol{e}_3 \wedge \boldsymbol{e}_1) = \boldsymbol{e}_2$$

で定義される $\wedge^2 \left(\boldsymbol{R}^3\right)$ から $\boldsymbol{R}^3$ への線形写像である．

この定義では

$$\boldsymbol{x} \times \boldsymbol{y} = *(\boldsymbol{x} \wedge \boldsymbol{y}) = - * (\boldsymbol{y} \wedge \boldsymbol{x}) = -\boldsymbol{y} \times \boldsymbol{x}$$

となって，積の順序を変えると符号が変わるという性質が，$\boldsymbol{x} \times \boldsymbol{y}$ と $\boldsymbol{x} \wedge \boldsymbol{y}$ でよく整合している．なおこの定義では分配則が成り立つことはすぐわかるから，$*(\boldsymbol{x} \wedge \boldsymbol{y})$ を $\boldsymbol{x}$ と $\boldsymbol{y}$ の成分で表わすことができて，それがこの講義の出発点にとった $\boldsymbol{x} \times \boldsymbol{y}$ の定義となっている．

第 16 講

グリーンの公式

テーマ
- ◆ 微分・積分の基本公式
- ◆ グリーンの公式
- ◆ グリーンの公式の左辺——面積分
- ◆ グリーンの公式の右辺——線積分，周の向き
- ◆ グリーンの公式の証明

微分・積分の基本公式

1 変数関数のとき，微分・積分の基本的な関係は，連続関数 $f(x)$ に対して

$$\frac{d}{dx}\left(\int_a^x f(x)\,dx\right) = f(x)$$

が成り立つということである (カッコの中は $\int_a^x f(t)\,dt$ とかいた方が変数 x の表わし方に，誤解が少ないかもしれない)．一般に $f(x)$ の不定積分を $F(x)$ とすると

$$\frac{d}{dx}F(x) = f(x)$$

であり，したがって $F(x)$ と $\int_a^x f(x)\,dx$ は定数の差しか違わない．

$$F(x) = \int_a^x f(x)\,dx + C$$

とおくと，$F(a) = C$.

したがって

$$F(x) - F(a) = \int_a^x f(x)\,dx$$

あるいは，$x = b$ とおいてかき直して

$$\int_a^b \frac{dF}{dx}\,dx = F(b) - F(a) \tag{1}$$

となる．これは微分・積分の基本公式とよばれるものである．

この式の 1 つの見方

数学では点は 0 次元と思っている．線分や円周のような曲線は 1 次元である．平面や円の内部は 2 次元である．空間や立方体の内部，球の内部などは 3 次元である．

このように次元という観点から見ると，(1) は 1 次元の線分 $[a,\ b]$ 上で $\dfrac{dF}{dx}$ を積分した結果は，0 次元の量，すなわち線分の端点 a, b における F の値 $F(a)$ と $F(b)$ で表わされるということである．

微分と積分の基本的な関係は，このように，線分と線分の端点における $\dfrac{dF}{dx}$ と F との関係を示している．

視点を平面上の領域に移す

このような見方に立つと，線分を平面上の有界な領域におきかえ，線分の端点をこの領域の境界におきかえることによって，(1) の拡張——いわば (1) の 2 次元版——を考えることができる．

それを説明するために，あまり一般的な設定はせずに平面の有界領域としては，図 18 で示してあるような，円を少し変形したような領域 D を考えることにする．また D の境界 C は滑らかとする．

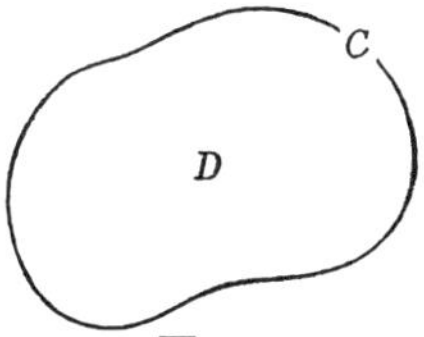

図 18

注意　一般的な設定では‘D は有界な領域で，D の境界は，区分的な C^1-曲線からなる’というように述べられる．

C が滑らかであるとは，C の各点で接線が引けて接線が連続的に変わることである．

グリーンの公式

閉領域 $\bar{D}$ を含むある領域で定義された，2 変数の 2 つの関数

$$P(x, y), \quad Q(x, y)$$

が与えられたとする．$P(x, y)$，$Q(x, y)$ は C^1-級と仮定しよう．すなわち

$$\frac{\partial P}{\partial x},\quad \frac{\partial P}{\partial y};\quad \frac{\partial Q}{\partial x},\quad \frac{\partial Q}{\partial y}$$

が存在して，すべて連続とする．

このとき，グリーンの公式 (または平面上のガウスの公式) とよばれる次の定理が成り立つ．

【定理】　この仮定の下で

$$\iint_D \left(\frac{\partial Q}{\partial x} - \frac{\partial P}{\partial y}\right) dxdy = \int_C P\,dx + Q\,dy \tag{2}$$

が成り立つ．

この左辺と右辺の説明はあとまわしにして，ひとまずこの式を眺めてみると，左辺は，D 全体にわたって，P と Q を偏微分してつくった式を積分しており，右辺は，境界 C 上での P と Q の値を積分している．D の内部と，境界 C 上での P と Q の変動の模様が，このように対応している状況を，私たちは，微分・積分の基本公式 (1) の 2 次元版とみるのである．

左辺の説明

(2) の左辺に現われた積分の意味は次のようである．

x 軸上にとった分点

$$x_1 < x_2 < \cdots < x_N$$

y 軸上にとった分点

$$y_1 < y_2 < \cdots < y_M$$

により，D を長方形

$$\Delta_{ij} = \{(x, y) \mid x_i \leqq x < x_{i+1},\ y_j \leqq y < y_{j+1}\}$$

によって分割する．$\Delta_{ij} \cap D \neq \phi$ となる Δ_{ij} だけとり出すのである (図 19)．

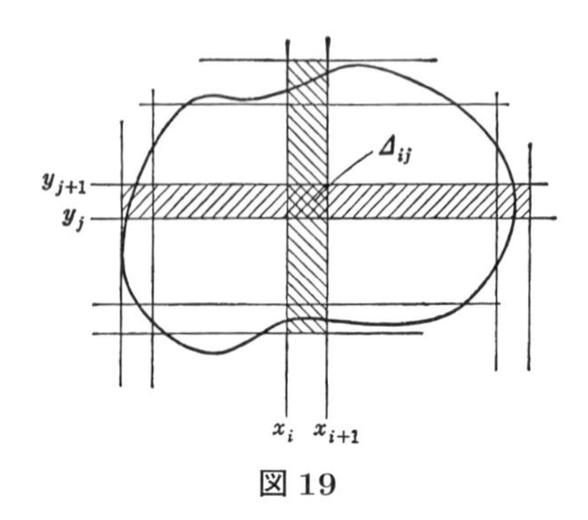

図 19

次に，$\Delta_{ij} \cap D$ に含まれている 1 点 (ξ_{ij}, η_{ij}) をとり，和

$$\sum\left(\frac{\partial Q}{\partial x}(\xi_{ij},\eta_{ij})-\frac{\partial P}{\partial y}(\xi_{ij},\eta_{ij})\right)|\Delta_{ij}| \tag{3}$$

をつくる．ここで $\sum$ は，$\Delta_{ij}\cap D\neq\phi$ となる Δ_{ij} すべてについての和をとっていることを示す．また

$$|\Delta_{ij}|=(x_{i+1}-x_i)(y_{j+1}-y_j)$$

は，長方形 Δ_{ij} の面積である．

分点 $x_1,x_2,\ldots,x_N\,;y_1,y_2,\ldots,y_M$ の最大幅 $\mathrm{Max}(x_{i+1}-x_i)$，$\mathrm{Max}(y_{j+1}-y_j)$ を 0 に近づけるとき，(3) はある一定の極限値に近づく．この値を

$$\iint_D\left(\frac{\partial Q}{\partial x}-\frac{\partial P}{\partial y}\right)dxdy$$

と表わしたのである．このような積分を面積分ということがある．

右辺の説明

(2) に現われた積分の意味は次のようである．

D の境界 C に向きを与える．C 上を動く点が，D を左手にみるように動くとき，正の向きにまわるということにする．時計の針と反対方向にまわる向きを正の向きというといった方が簡明かもしれない．

C 上の分点

$$\mathrm{P}_1,\mathrm{P}_2,\ldots,\mathrm{P}_i,\ldots,\mathrm{P}_N=\mathrm{P}_1$$

を，C の正の向きにしたがって順次とり，

$$\mathrm{P}_i=\mathrm{P}_i(x_i,y_i)$$

とする (図 20)．また，P_i, P_{i+1} の間にある C 上の点 (ξ_i,η_i) を任意にとる．このとき，和

$$\sum\{P(\xi_i,\eta_i)(x_{i+1}-x_i)\\+Q(\xi_i,\eta_i)(y_{i+1}-y_i)\}$$

は，分点を細かくして，分点の間の長さ $\overline{\mathrm{P}_i\mathrm{P}_{i+1}}$:

$$\sqrt{(x_{i+1}-x_i)^2+(y_{i+1}-y_i)^2}$$

が 0 に近づくようにすると，一定の極限値に近づく．この値を

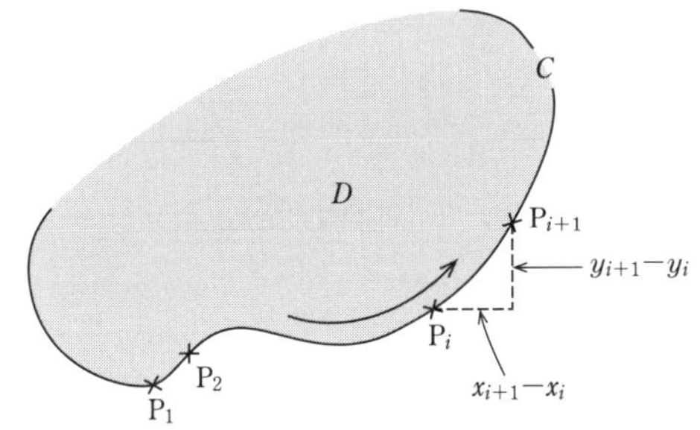

図 20

$$\int_C P\,dx + Q\,dy$$

と記したのである.

1つの注意

右辺の積分——C 上での線積分——の定義では，C の向きは正の向きであるときちんと指定されている点に注意をしておく必要がある．このことから，図21で示してあるように，積分 $\int P\,dx$ をとるときの $x_{i+1}-x_i$ の向きは，上と下で逆になり，$\int Q\,dy$ をとるときの $y_{i+1}-y_i$ の向きは，右と左で逆になる．

定理の証明

定理の証明で特に関心のあるのは次の2点である．1つは公式(2)と微分・積分の基本公式(1)との関係であり，もう1つは，左辺で $\dfrac{\partial Q}{\partial x}$ は符号 $+$ で現われているのに，$\dfrac{\partial P}{\partial y}$ は符号 $-$ で現われているという特徴的な非対称性である．

さてこの2点に注目しながら，証明の大略を述べよう．

$$\iint_D \frac{\partial Q}{\partial x}\,dxdy = \lim \sum \frac{\partial Q}{\partial x}(\xi_{ij},\eta_{ij})(x_{i+1}-x_i)(y_{j+1}-y_j)$$

であるが，この右辺の極限をとる際に，まず x_i に関する和をとって極限に移り(変数 x についての積分！)，次に y_j に関する和をとって極限へ移ってもよいことが知られている．これは重積分の累次積分への還元ということであるが，この詳細については省略しよう (『解析入門30講』第29講参照).

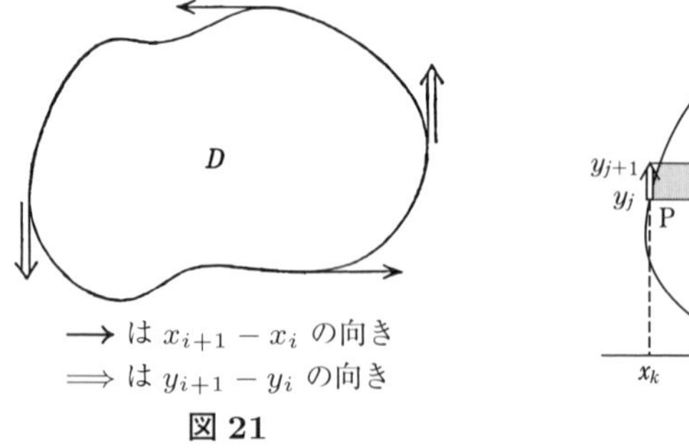

図 21

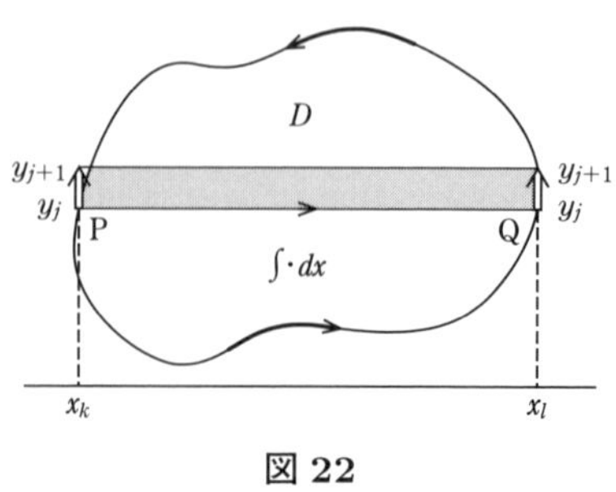

図 22

このことをもう少し整理して述べると，図 22 で点 P から Q まで x 方向に沿って変数 x について積分し，その結果を，y 方向に分点 y_j に関して加えて極限をとると，$\iint_D \dfrac{\partial Q}{\partial x}\,dxdy$ が得られるということである．

すなわち

$$
\begin{aligned}
\iint_D \frac{\partial Q}{\partial x}\,dxdy &= \lim \sum_j \int_{x_k}^{x_l} \frac{\partial Q}{\partial x}\,(x, y_j)\,dx \cdot (y_{j+1} - y_j) \\
&= \lim \sum_j \left(Q\,(x_l, y_j) - Q\,(x_k, y_j)\right)(y_{j+1} - y_j) \\
&= \lim \left\{ \sum_j Q\,(x_l, y_j)\,(y_{j+1} - y) - \sum_j Q\,(x_k, y_j)\,(y_{j+1} - y_j) \right\} \quad (4)
\end{aligned}
$$

となる．

ここで第 1 式から第 2 式へ移るとき，微分・積分の基本公式 (1) を用いている．

次に図 21 と図 22 を見比べてみると，左側の点 $\mathrm{P} = (x_k, y_j)$ では，$y_{j+1} - y_j$ の向きが，C 上で線積分をとる向きとは逆になっていることがわかるだろう．一方，右側の点 $\mathrm{Q} = (x_l, y_j)$ で，$y_{j+1} - y_j$ の向きは正の向きとなっており，線積分をとる向きと合致している．

したがって，(4) の第 1 項 $\sum Q(x_l, y_j)(y_{j+1} - y_j)$ は，分点を細かくすると，C の右側での線積分 $\int_{C:\text{右}} Q\,dy$ に近づいていく．第 2 項も，$\sum$ の前のマイナス記号を中に入れて

$$
\sum -Q\,(x_k, y_j)\,(y_{j+1} - y_j) = \sum Q\,(x_k, y_j)\,(y_j - y_{j+1})
$$
$$
\left(y_j - y_{j+1}\text{は正の向き！}\right)
$$

とすると，分点を細かくしたとき

$$
\longrightarrow \int_{C:\,\text{左}} Q\,dy
$$

とかき直されることがわかる．これで 2 つ合わせて

$$
\iint_D \frac{\partial Q}{\partial x}\,dxdy = \int_C Q\,dy
$$

が成り立つことがわかった．

同様の議論は

$$
\iint_D \frac{\partial P}{\partial y}\,dxdy
$$

にも適用できるのだが，今度は (4) に対応する式

$$\sum_i P(x_i, y_l)(x_{i+1} - x_i) - \sum_i P(x_i, y_k)(x_{i+1} - x_i)$$

で，第 1 項 $P(x_i, y_l)(x_{i+1} - x_i)$ では $x_{i+1} - x_i$ が負の向きとなり，第 2 項 $P(x_i, y_k)(x_{i+1} - x_i)$ では $x_{i+1} - x_i$ は正の向きとなる (図 23 参照)．したがって線積分の符号に合わすためには，この式全体の符号を逆にしなくてはならない．このことから，分点を細かくしたときに，この和は

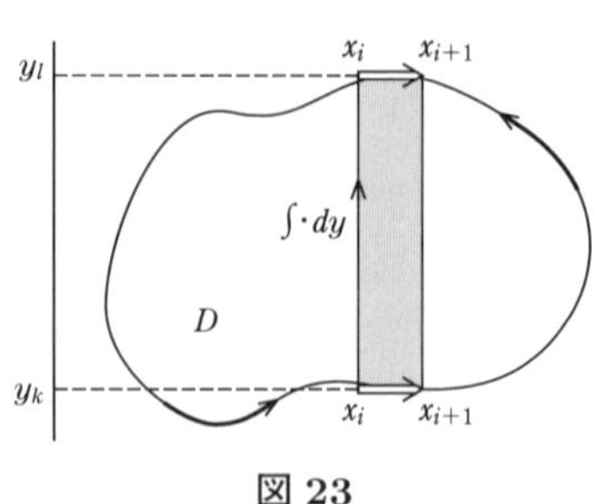

図 23

$$\longrightarrow -\int_C P\,dx$$

に近づくことがわかる．

すなわち

$$-\iint_D \frac{\partial P}{\partial y}\,dydx = \int_C P\,dx$$

である．これでグリーンの定理が証明された．　■

証明からわかるように，(2) の左辺の符号の違いは，C の向きが反映していたのである．

Tea Time

面積を線積分で表わすこと

グリーンの公式で特に $P(x,y) = 0$，$Q(x,y) = x$ とおくと

$$\iint_D 1\,dxdy = \int_C x\,dy$$

となる．ところが左辺は D の面積に等しい．このようにして D の面積が，周 C 上の線積分によって表わされてしまった．$P(x,y) = y$，$Q(x,y) = 0$ とおくと，今度は

$$\iint_D 1\,dxdy = -\int_C y\,dx$$

が得られる．この 2 式を加えて 2 で割ると

$$D\ \text{の面積}\ = \frac{1}{2}\left(\int_C x\,dy - \int_C y\,dx\right)$$

という公式も得られることになる．周上の値だけで，内部の面積が求められるのは，少し不思議な気がする．たとえば琵琶湖の面積の大体を知るには，座標平面上に琵琶湖の地図を写して，次に琵琶湖の周を一周する道に沿って，上の積分の近似値を求めるとよいのである．

質問　グリーンの公式では，なぜ P と Q を対（つい）にしてかくのでしょうか．微積分の基本公式 (1) の拡張としては

$$\iint_D \frac{\partial P}{\partial y}\,dxdy = -\int_C P\,dx$$

$$\iint_D \frac{\partial Q}{\partial x}\,dxdy = \int_C Q\,dy$$

と 2 つの式を並べてかく方が自然だと思います．実際，証明をみましても，この 2 式を別々に証明してから，両辺を加えてグリーンの公式を導いています．なぜ 1 つにまとめる必要があったのでしょうか．

答　上のようにグリーンの公式を 2 つに分けてかくときには，x 座標と y 座標の役目があまりにもはっきりしすぎていて，公式が xy 座標に密着した形になっている．実際，座標軸をとりかえて (たとえば x 軸，y 軸を $45°$ 回転した座標軸をとって)，上の積分を新しい座標にかき直してみると，それぞれの積分はグリーンの公式のような形に変わってくる．いろいろな座標のとり方で変わらない形——座標変換で不変な形——に公式を整えて表わそうとすると，P と Q を対（つい）にしたグリーンの公式の表示の方が適しているのである．

グリーンの公式の重要性は，実は，単に回転のような座標変換で不変な形をしているだけではなくて，もっと一般の座標変換——直交座標を‘曲線座標’に移すようなもの——に対しても不変な形をしている点にある．この不変性は，次の講からの主題となるものであって，解析学に新しい視点を導入していくことになるだろう．

第 17 講

微分形式の導入

テーマ

◆ グリーンの公式の新しい定式化へ向けて
◆ ベクトル空間に値をとる関数
◆ 連続なベクトル値関数
◆ C^∞-級のベクトル値関数
◆ dx, dy を基底とするベクトル空間
◆ 1 次，2 次の微分形式
◆ 外微分 d

グリーンの公式の新しい定式化へ向けて

グリーンの公式は，平面上の領域の，内部と周上での関数の平均的な挙動が，まったく無関係ではなく，互いに関係し合っているということを明らかにした点で，本当に興味のある結果である．グリーンの公式は，2 変数の微分・積分の理論が 1 変数の場合の単なる形式的な拡張であるという感じを打ち破る最初の結果であるといってよいのかもしれない．

微分・積分の理論の方は，変数の数を増やして，3 変数から，さらに一般に n 変数の理論をつくっている．それでは対応して，3 次元の図形，または一般に n 次元の図形の，内部と周上での関数の平均的な挙動の関係を明らかにする公式はないだろうかということは，当然考えられることである．

しかし，このような方向でのグリーンの公式の一般化を目指すためには，微分形式という新しい概念を導入する方がよいし，それは問題の見通しよい定式化にとって，絶対必要であるとさえいってよいものである．微分形式の理論は，使い慣れると非常に有用なものなのだが，その実体はなかなか理解しにくい面をもっている．ここでは，グリーンの公式を微分形式でかき表わすという話からはじめ

て，徐々に微分形式の理論の概要を示していく道をたどってみよう．

ベクトル空間に値をとる関数

これからは，単に実数値の関数を考えるだけではなくて，‘ベクトル’値の関数を考えることも必要となってくる．そのためここでは，平面 $\boldsymbol{R}^2$ 上で定義されたベクトル値関数についての一般的な事柄を述べておこう (なお，実際用いるときは，関数の定義域は $\boldsymbol{R}^2$ 全体でなくてもよいのだが，簡単のため，以下では定義域は $\boldsymbol{R}^2$ 全体としておく)．

ベクトル空間 $\boldsymbol{V}$ が与えられたとする．ベクトル空間というときには，いつも有限次元性を仮定している．$\boldsymbol{V}$ の基底を 1 つとり，それを $\{\boldsymbol{e}_1, \boldsymbol{e}_2, \ldots, \boldsymbol{e}_n\}$ とする．そのとき $\boldsymbol{V}$ の元 $\boldsymbol{a}$ はただ 1 通りに

$$\boldsymbol{a} = \alpha^1\boldsymbol{e}_1 + \alpha^2\boldsymbol{e}_2 + \cdots + \alpha^n\boldsymbol{e}_n \tag{1}$$

と表わされる．

$\boldsymbol{R}^2$ の各点 P に対して，ベクトル空間 $\boldsymbol{V}$ の元を 1 つ対応させる規則 $\boldsymbol{f}$ が与えられたとき，$\boldsymbol{f}$ を $\boldsymbol{R}^2$ 上で定義された ($\boldsymbol{V}$ に値をとる) ベクトル値関数という．したがって $\boldsymbol{f}(\mathrm{P}) \in \boldsymbol{V}$ である (図 24)．

$\boldsymbol{V}$ の元を基底を用いて (1) のように表わしておくと

$$\boldsymbol{f}(\mathrm{P}) = \alpha^1(\mathrm{P})\boldsymbol{e}_1 + \alpha^2(\mathrm{P})\boldsymbol{e}_2 + \cdots + \alpha^n(\mathrm{P})\boldsymbol{e}_n$$

と表わされる．各 $\alpha^i(\mathrm{P})$ $(i = 1, 2, \ldots, n)$ は実数値関数である．

【定義】 各 $\alpha^i(\mathrm{P})$ が連続な実数値関数のとき，$\boldsymbol{f}$ を連続なベクトル値関数という．

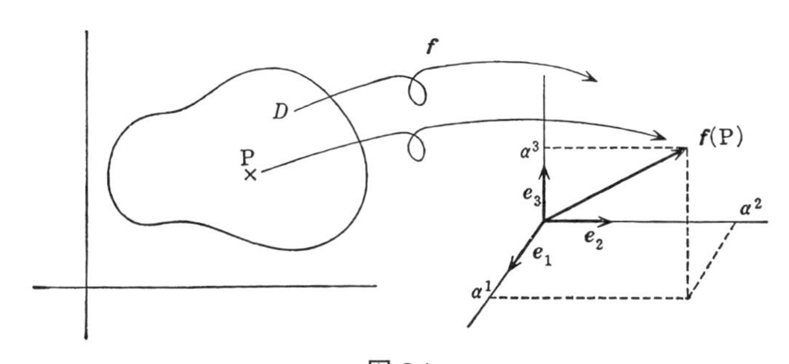

図 24

この定義にも 1 つ注意がいる．それはこの連続性の定義には $\boldsymbol{V}$ の基底 $\{\boldsymbol{e}_1, \boldsymbol{e}_2, \ldots, \boldsymbol{e}_n\}$ を用いている．もし別の基底 $\{\tilde{\boldsymbol{e}}_1, \tilde{\boldsymbol{e}}_2, \ldots, \tilde{\boldsymbol{e}}_n\}$ をとって，この基底で $\boldsymbol{f}$ を表わしたとき，$\boldsymbol{f}$ が連続でなくなってしまうことは，起こりえないだろうか．

しかしその心配は無用なのである．なぜかというと，基底 $\{\tilde{\boldsymbol{e}}_1, \tilde{\boldsymbol{e}}_2, \ldots, \tilde{\boldsymbol{e}}_n\}$ について $\boldsymbol{f}$ を表わしたものを

$$\boldsymbol{f}(\mathrm{P}) = \beta^1(\mathrm{P})\tilde{\boldsymbol{e}}_1 + \beta^2(\mathrm{P})\tilde{\boldsymbol{e}}_2 + \cdots + \beta^n(\mathrm{P})\tilde{\boldsymbol{e}}_n$$

とすると

$$\beta^i(\mathrm{P}) = \sum_{j=1}^{n} a^i{}_j \alpha^j(\mathrm{P})$$

と表わされる．ここで $a^i{}_j$ $(i, j = 1, 2, \ldots, n)$ は，$\{\boldsymbol{e}_1, \boldsymbol{e}_2, \ldots, \boldsymbol{e}_n\}$ から $\{\tilde{\boldsymbol{e}}_1, \tilde{\boldsymbol{e}}_2, \ldots, \tilde{\boldsymbol{e}}_n\}$ への基底変換の行列の逆行列成分である．このように各 $\beta^i(\mathrm{P})$ は，$\alpha^1(\mathrm{P})$, $\alpha^2(\mathrm{P}), \ldots, \alpha^n(\mathrm{P})$ の 1 次結合となるのだから，各 $\alpha^i(\mathrm{P})$ が連続ならば，$\beta^i(\mathrm{P})$ $(i = 1, 2, \ldots, n)$ もまた連続となる．

C^∞-級のベクトル値関数

まず $\boldsymbol{R}^2$ 上で定義された実数値連続関数 $f(x, y)$ が C^∞-級であることの定義を思い出しておこう．

各階数の f の偏導関数が存在して，これらがすべて連続関数となるとき，f を C^∞-級の関数という．

各階数の偏導関数とかいてあるのは，x と y についていろいろな順序で何回か f を偏微分して得られる関数のことをいっているので，それらがすべて連続となるというのが上の C^∞-級の定義である．関数 f が C^∞-級のときには，各偏導関数は偏微分する順序に関係なくなって

$$\frac{\partial^{s+t} f}{\partial x^s \partial y^t} \quad (s, t = 1, 2, \ldots)$$

と表わすことができる．

$\boldsymbol{f}$ を $\boldsymbol{V}$ に値をもつ連続なベクトル値関数とし，$\boldsymbol{V}$ の基底 $\{\boldsymbol{e}_1, \boldsymbol{e}_2, \ldots, \boldsymbol{e}_n\}$ をとって

$$\boldsymbol{f}(x, y) = \alpha^1(x, y)\boldsymbol{e}_1 + \alpha^2(x, y)\boldsymbol{e}_2 + \cdots + \alpha^n(x, y)\boldsymbol{e}_n$$

と表わす．

【定義】 各 $\alpha^i(x,y)$ $(i=1,2,\ldots,n)$ が C^∞-級の実数値関数のとき，$\boldsymbol{f}(x,y)$ を C^∞-級のベクトル値関数という．

連続性のときと同様にして，この定義は $\boldsymbol{V}$ の基底のとり方にはよらないことを示すことができる．ベクトル値関数とは，基底をとれば，結局 n 個の実数値関数の組

$$\{\alpha^1(x,y), \alpha^2(x,y), \ldots, \alpha^n(x,y)\}$$

であるといってよいのだが，これから取り扱うベクトル空間では，基底を一定のものとしない見方が必要になるので，ベクトル値関数という考え方がやはり有用となるのである．

なお，以下でベクトル値関数というときには，つねに C^∞-級のベクトル値関数を考えることにする．

dx, dy を基底とするベクトル空間

$\boldsymbol{R}^2$ には，座標空間として xy-座標が入っており，したがって $\boldsymbol{R}^2$ の点は，座標を用いて (x,y) と表わされている．もっともこのことは，上の C^∞-級の関数の定義のときにも，断りなしに用いていた．

ここで多少唐突であるが，2次元のベクトル空間 $\boldsymbol{V}_2$ を導入する．$\boldsymbol{V}_2$ は，$\boldsymbol{R}^2$ の xy-座標に付随した形で与えられるベクトル空間であって，基底 dx, dy をもつ2次元のベクトル空間である．したがって $\boldsymbol{V}_2$ の元はただ1通りに

$$\alpha dx + \beta dy \quad (\alpha, \beta \in \boldsymbol{R})$$

と表わされる．ここで dx, dy は単なる記号としての意味しかない．

この定義の仕方はいかにも不親切で，読者は，微積分で，一般には象徴的に用いられている記号 dx, dy が，突然単なる記号として，ベクトル空間 $\boldsymbol{V}_2$ の1つの基底を表わすために用いられたことに，奇異の感を抱かれるだろう．私たちは，この記号を用いながら，抽象的なベクトル空間 $\boldsymbol{V}_2$ のいわばライトの中に，グリーンの公式をもう一度浮かび上がらせようとしている．その過程で，記号 dx, dy は，微積分で用いられる記号と，しだいに整合性をもってくるだろう．

【定義】 $\boldsymbol{R}^2$ 上で定義された $\boldsymbol{V}_2$ に値をもつベクトル値関数を，1次の微分形式という．

したがって，基底 $\{dx, dy\}$ を用いると，1次の微分形式 $\omega(x,y)$ とは

$$\boxed{\omega(x,y) = P(x,y)\,dx + Q(x,y)\,dy}$$

と表わされるものである．ここで $P(x,y)$, $Q(x,y)$ は C^∞-級の関数である．

$\boldsymbol{V}_2$ 上の外積代数

私たちは，単に $\boldsymbol{V}_2$ だけではなくて，$\boldsymbol{V}_2$ 上の外積代数

$$E(\boldsymbol{V}_2) = \boldsymbol{R} \oplus \boldsymbol{V}_2 \oplus \wedge^2(\boldsymbol{V}_2) \tag{2}$$

も考える．

$\boldsymbol{V}_2$ の基底 $\{dx, dy\}$ に対応して，$\wedge^2(\boldsymbol{V}_2)$ は基底 $dx \wedge dy$ をもつ1次元のベクトル空間となる．$dx \wedge dy = -dy \wedge dx$ であったことを思い出しておこう．

さて，(2) の右辺をみると，$E(\boldsymbol{V}_2)$ は3つのベクトル空間，$\boldsymbol{R}, \boldsymbol{V}_2, \wedge^2(\boldsymbol{V}_2)$ の直和になっている．$\boldsymbol{R}$ に値をとる関数は，ふつうの意味での (C^∞-級の) 実数値関数である．$\boldsymbol{V}_2$ に値をとる関数は，1次の微分形式である．そこでさらに次の定義をおく．

【定義】　$\boldsymbol{R}^2$ 上で定義された $\wedge^2(\boldsymbol{V}_2)$ に値をもつベクトル値関数を，2次の微分形式という．

したがって基底 $dx \wedge dy$ を用いると，2次の微分形式 $\eta(x,y)$ は

$$\eta(x,y) = R(x,y)\,dx \wedge dy$$

と表わされる．ここで $R(x,y)$ は C^∞-級の関数である．なお

$$R(x,y)\,dx \wedge dy = -R(x,y)\,dy \wedge dx$$

であることを注意しておこう．

一般に，$E(\boldsymbol{V}_2)$ に値をもつベクトル値関数を $\boldsymbol{R}^2$ 上の微分形式という．したがって (2) の分解にしたがって，$\boldsymbol{R}^2$ 上の微分形式はただ1通りに

$$f(x,y) + \omega(x,y) + \eta(x,y)$$

と表わされるわけである．ここで各点 (x,y) に対して，$f(x,y) \in \boldsymbol{R}$, $\omega(x,y) \in \boldsymbol{V}_2$, $\eta(x,y) \in \wedge^2(\boldsymbol{V}_2)$ である．実数値関数 $f(x,y)$ は0次の微分形式ということもある．

微分形式のつくる空間

$\boldsymbol{R}^2$ 上で定義された0次，1次，2次の微分形式全体のつくる空間を，それぞれ

$$\Omega^0(\boldsymbol{R}^2),\quad \Omega^1(\boldsymbol{R}^2),\quad \Omega^2(\boldsymbol{R}^2)$$

で表わす.

$f, g \in \Omega^0(\boldsymbol{R}^2)$ に対して $\alpha f + \beta g \in \Omega^0(\boldsymbol{R}^2)$ (α, β は実数) は明らかである.

また $\omega, \tilde{\omega} \in \Omega^1(\boldsymbol{R}^2)$ に対し,

$$\omega(x,y) = P(x,y)\,dx + Q(x,y)\,dy$$
$$\tilde{\omega}(x,y) = \tilde{P}(x,y)\,dx + \tilde{Q}(x,y)\,dy$$

とおくと，実数 α, β に対して

$$\begin{aligned}&\alpha\omega(x,y) + \beta\tilde{\omega}(x,y)\\ &\quad = (\alpha P(x,y) + \beta\tilde{P}(x,y))\,dx + (\alpha Q(x,y) + \beta\tilde{Q}(x,y))\,dy\end{aligned}$$

となり，したがって $\alpha\omega + \beta\tilde{\omega} \in \Omega^1(\boldsymbol{R}^2)$ となる.

$\eta, \tilde{\eta} \in \Omega^2(\boldsymbol{R}^2)$ に対しても同様に $\alpha\eta + \beta\tilde{\eta} \in \Omega^2(\boldsymbol{R}^2)$ となる.

したがって $\Omega^0(\boldsymbol{R}^2), \Omega^1(\boldsymbol{R}^2), \Omega^2(\boldsymbol{R}^2)$ はベクトル空間の構造をもっている．しかしこれらのベクトル空間は，無限次元のベクトル空間である.

外　微　分

【定義】　$\Omega^0(\boldsymbol{R}^2)$ から $\Omega^1(\boldsymbol{R}^2), \Omega^1(\boldsymbol{R}^2)$ から $\Omega^2(\boldsymbol{R}^2)$ への線形写像 d を次の式で定義し，d を外微分という.

(i)　$d : \Omega^0(\boldsymbol{R}^2) \longrightarrow \Omega^1(\boldsymbol{R}^2)$

$$df(x,y) = \frac{\partial f}{\partial x}(x,y)\,dx + \frac{\partial f}{\partial y}(x,y)\,dy$$

(ii)　$d : \Omega^1(\boldsymbol{R}^2) \longrightarrow \Omega^2(\boldsymbol{R}^2)$

$$d(P(x,y)\,dx + Q(x,y)\,dy) = dP(x,y) \wedge dx + dQ(x,y) \wedge dy$$

この定義は形式的に与えただけだから，もう少し説明を加えておこう.

定義の (i) では C^∞-級の関数 $f(x,y)$ に対して，微分法でよく知られた f の‘全微分’

$$\frac{\partial f}{\partial x}\,dx + \frac{\partial f}{\partial y}\,dy \tag{3}$$

の形に注目している．しかし実際は記号を流用して，この dx, dy は $\boldsymbol{V}_2$ の基底を表わしているとみて，これを 1 次の微分形式と考えることによって，f の外微分 df を定義したのである：

$$\Omega^0(\boldsymbol{R}^2) \ni f \longrightarrow df \in \Omega^1(\boldsymbol{R}^2)$$

このような記号の流用は，もちろん一般には許されることではない．しかし，微分に使われる dx, dy と，$\boldsymbol{V}_2$ の基底としての形式的な dx, dy の記号の使い方は，しだいに整合性を帯びてくる．

なお，f の全微分 (3) に現われる dx, dy は，微分積分の教科書を開いてみると，$dx = x - x_0$，$dy = y - y_0$ であって高位の無限小を無視して得られる量，などのようにかかれているが，ふつうはわかりにくい表現となっている．

定義の (ii) では，(i) で定義したばかりの関数に対する外微分を，$P(x, y)$，$Q(x, y)$ に適用している．したがってもう少し詳しくかくと次のようになる．

$$\begin{aligned} d(P\,dx + Q\,dy) &= dP \wedge dx + dQ \wedge dy \\ &= \left(\frac{\partial P}{\partial x}\,dx + \frac{\partial P}{\partial y}\,dy\right) \wedge dx + \left(\frac{\partial Q}{\partial x}\,dx + \frac{\partial Q}{\partial y}\,dy\right) \wedge dy \\ &= \frac{\partial P}{\partial x}\,dx \wedge dx + \left(\frac{\partial Q}{\partial x} - \frac{\partial P}{\partial y}\right) dx \wedge dy + \frac{\partial Q}{\partial y}\,dy \wedge dy \\ &= \left(\frac{\partial Q}{\partial x} - \frac{\partial P}{\partial y}\right) dx \wedge dy \qquad (3) \end{aligned}$$

この最後の式に，グリーンの公式の左辺の積分記号の中に現われたと同じ式が登場してきたのに，読者は驚かれたのではなかろうか．$\dfrac{\partial P}{\partial y}$ の前に，マイナス記号が現われたのは，上の計算で $dy \wedge dx$ を，$dx \wedge dy$ にかき直すところから生じている．

Tea Time

dx，dy という記号について

dx や dy の記号は，ライプニッツ (1646–1716) の創案になるものである．ライプニッツには，適切な記号を選ぶことは，私たちの数学の思考にとって大切なことであるという考えがあった．このような考えがあったため，ライプニッツは微積分

の基本的な考え——微小差と総和——を得たのち，この理論に適した記号の選択に，何度か試行錯誤を繰り返した．その上で最小の差 (微分) を dx, dy で表わすと決めたのである．最小の差とは，高位の無限小を無視した差のことである．たとえば 1684 年の長い標題の論文『無理量でも適用可能な極大，極小，および接線に関する新しい方法』の中では，ライプニッツは，微分の積の公式を $dxy = x\,dy + y\,dx$，また x^n の微分の公式を $dx^n = nx^{n-1}$ と表わしている．

ライプニッツの創案した記号は，このほかにも積分記号 $\int \cdot\, dx$ などがあるが，多分これらの記号は，それ自身 1 つの意味を帯びて，その後の微積分の展開に大いに貢献したのだろう．だがこの一方では，記号 dx, dy の中にひそむ，神秘的な無限小の雰囲気をめぐって，多くの議論と批判が湧き上がった．そのこと全体は，結局は，微積分という学問が，ライプニッツが考えたように，dx, dy という記号の導入によって，ある不思議な力をもち，活力を得ることになったといってよいのだろう．

無限小の概念が，19 世紀になってコーシー，ワイエルシュトラスなどにより確立し，それによって記号 dx, dy の中から呪術的なものは，ひとまず消え去ってしまった．しかしやがて台頭してきた微分幾何学という分野の中で，解析学を適用して幾何学的な考察をするようになると，dx や dy という記号が幾何学的な意味合いを帯びて図形や空間の中から再び現われるようになり，また微分形式とよばれる $f(x, y)\,dx \wedge dy$ のような式が有効に用いられるようになってきた．このように，記号 dx, dy の適用範囲がはるかに広がってきて，現代数学は新しい解釈をするように迫られたのである．この解釈がどのようなものであったかは，これから講義の中で少しずつ述べていこう．

第 18 講

グリーンの公式と微分形式

テーマ
- ◆ 微分形式の積分
- ◆ グリーンの公式を微分形式を用いて表わす.
- ◆ 座標変換による不変性
- ◆ 線形な座標変換
- ◆ 線形な座標変換による不変性
- ◆ C^∞-級の座標変換

微分形式の積分

$\boldsymbol{R}^2$ の有界な領域 D が与えられたとする. D の境界 C は滑らかな曲線からなるとする.

2 次の微分形式

$$\eta(x,y) = R(x,y)dx \wedge dy \tag{1}$$

が与えられたとき, この微分形式の D 上の積分を

$$\int_D \eta = \iint_D R(x,y)\,dxdy \tag{2}$$

で定義する.

この定義には何の問題もないようであるが, 暗黙のうちに, D は xy-座標平面上にあり, この座標平面の正の向きが, 時計の針と逆回転の向き——x 軸の正の部分を直角だけまわすと y 軸の正の部分に重なるような回転の向き——であると決められていることが含まれている. この向きと, 微分形式の中にかかれている $dx \wedge dy$ の順番, すなわち dx が最初に, 次に dy が現われる順番とが整合していると考えているのである.

なぜこのようなことをいうかというと，(1) はまた

$$\eta(x,y) = -R(x,y)\,dy \wedge dx$$

と表わされているからである．したがって (1) で dx と dy の順番をとりかえた $R(x,y)\,dy \wedge dx$ の積分は，(2) の符号をかえたもの

$$-\iint_D R(x,y)\,dxdy$$

としておかなくては，$\int_D \eta$ の定義が成り立たなくなる．これに対する解釈は，積分は座標平面の向きを考慮する必要があり，向きのつけ方によって符号が変わるとする．したがって，ここで積分にマイナス記号がついたのは，$dy \wedge dx$ という表わし方によって座標平面の向きが負の向きにとられていることが指示されていると考える (図 25).

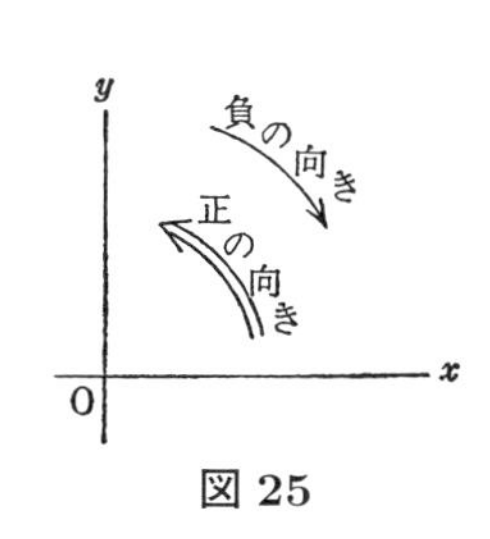

図 25

いいかえると，単に‘関数’$R(x,y)$ を D 上で積分することとは少し違って，‘微分形式’$R(x,y)\,dx \wedge dy$ の D 上の積分には，$dx \wedge dy$ の表わし方によって，積分する向きまで指定されていると考えるのである．

また，1 次の微分形式

$$\omega(x,y) = P(x,y)\,dx + Q(x,y)\,dy$$

の，D の周 C 上での積分は

$$\int_C \omega = \int_C P(x,y)\,dx + Q(x,y)\,dy$$

によって定義する．この積分の向きは，図 21 (第 16 講) で示してあるように，D を左手に見ながらまわる向きを正の向きとしてある．

グリーンの公式の微分形式による表わし方

このように微分形式の積分を定義すると，グリーンの公式は微分形式によって簡明にいい表わすことができる．

D を $\boldsymbol{R}^2$ の有界な領域とし，D の境界 C は滑らかな曲線からなるとする．グリーンの公式の定式化には，考える関数は，すべて C^1-級でよいのだが，微分形式で話を進めるにはもう少し微分可能のクラスを上げた方がよく，そのため，こ

こではすべて C^∞-級のクラスの中で考えていくことにする．

【グリーンの公式の微分形式による定式化】

1 次の微分形式

$$\omega(x,y) = P(x,y)\,dx + Q(x,y)\,dy$$

に対して

$$\int_D d\omega = \int_C \omega \tag{3}$$

が成り立つ．

実際，前講の最後にかいた (3) をみると

$$d\omega = \left(\frac{\partial Q}{\partial x} - \frac{\partial P}{\partial y}\right) dx \wedge dy$$

である．したがって，微分形式の積分の定義を参照すると，(3) はグリーンの公式そのものにほかならないことがわかる．

このようにグリーンの公式が，微分形式を用いることによってすっきりとした形にまとめられたのは，グリーンの公式 (第 16 講) の左辺に現われる

$$-\iint \frac{\partial P}{\partial y}\,dxdy$$

のマイナス符号が——この符号は累次積分をとるときの積分の向きから現われたものであったが——，外微分 $d\omega$ の中での代数的な演算規則

$$\frac{\partial P}{\partial y}\,dy \wedge dx = -\frac{\partial P}{\partial y}\,dx \wedge dy$$

の中に吸収されてしまったことによっている．

現代数学では，代数的な視点の導入が，数学の視点を一気に高めることがある．ここで述べたことでも，その一端がうかがえるかもしれない．

座標変換による不変性

グリーンの公式の 1 つの重要性は，この公式が座標変換で不変であるということである．このことは，純粋に解析的な立場で調べるには，2 変数の微分積分の変数変換の公式を，グリーンの公式の両辺に適用して実際どのように両辺が変化

するか，それをどのように不変性として定式化するかをみていかなくてはならない．しかしこの計算は見通しが悪く，たとえ結果は得られても，一体，どのような山道を通ってきたのか少しもわからないというような気分にさせるものである．

私たちは，グリーンの公式が，さらに3次元から，一般の n 次元にまで拡張される道を示したいと思っているが，この拡張された場合でも，座標変換による不変性を確かめることは重要なことになる．したがって，グリーンの公式が座標変換で不変であるということを示す道は，できるだけ見通しよく，一般化できるようなものでなくてはならない．このようなときに，微分形式による定式化が，最も効果を示すのである．

以下では，座標変換の話からはじめて，微分形式が座標変換でどのように変わるかを述べ，その結果として，グリーンの公式が向きを保つ座標変換によって不変であることを示すことにしよう．

線形な座標変換

座標変換というと，ふつうは

$$\begin{cases} u = ax + by \\ v = a'x + b'y \end{cases} \tag{4}$$

で表わされるような，xy-座標から uv-座標への線形変換をいう．各点 (x, y) に対して上の関係で (u, v) がただ1通りに決まる条件は，よく知られているように

$$\begin{vmatrix} a & b \\ a' & b' \end{vmatrix} \neq 0 \tag{5}$$

で与えられている．

このとき，正の向きを正の向きに保つ条件は，

$$\begin{vmatrix} a & b \\ a' & b' \end{vmatrix} > 0$$

で与えられる．このとき (4) は向きを保つ座標変換という．

線形な座標変換による不変性

たとえばこの場合，グリーンの公式が向きを保つ座標変換で不変であるということは，次の事実が成り立つということである．

いま向きを保つ座標変換 (4) で，xy-座標平面の有界領域 D は，uv-座標平面の有界領域 $\tilde{D}$ に移ったとする．このとき D の境界 C は，$\tilde{D}$ の境界 $\tilde{C}$ に移っている．

xy-平面上の関数 $P(x,y)$，$Q(x,y)$ と，uv-平面上の関数 $\bar{P}(u,v)$，$\bar{Q}(u,v)$ があって，(4) の関係をみたす (x,y)，(u,v) に対して，(4) に対して反変的に

$$\begin{aligned} P(x,y) &= a\bar{P}(u,v) + a'\bar{Q}(u,v) \\ Q(x,y) &= b\bar{P}(u,v) + b'\bar{Q}(u,v) \end{aligned} \tag{6}$$

が成り立っているとする．

P,Q と $\bar{P},\bar{Q}$ がこの一見奇妙な等式で結ばれていると，不思議なことに

$$\begin{aligned} &\iint_D \left(\frac{\partial Q}{\partial x} - \frac{\partial P}{\partial y}\right) dxdy = \iint_{\tilde{D}} \left(\frac{\partial \bar{Q}}{\partial u} - \frac{\partial \bar{P}}{\partial v}\right) dudv \\ &\int_C P\,dx + Q\,dy = \int_{\tilde{C}} \bar{P}\,du + \bar{Q}\,dv \end{aligned}$$

が成り立ってしまうのである．このことは座標変換 (4) に対して，グリーンの公式に現われる 2 つの関数 P,Q が，反変的な関係式 (6) で結ばれた $\bar{P},\bar{Q}$ へ移るとするならば，グリーンの公式は，xy-平面でも uv-平面でもまったく同じ形で成り立つことを示している．

しかし，どうして (6) のような関係式で結ばれる P,Q と $\bar{P},\bar{Q}$ とが，座標変換 (4) によってグリーンの公式が変わらないということを示したのだろうか？

この謎を解き明かす鍵は，実はグリーンの公式が (3) のように微分形式で表わされているという事実にひそんでいる．これからは，一般の C^∞-級の座標変換に対して，グリーンの公式の座標変換による不変性を示していくのであるが，読者は，微分形式という鍵が，どのように‘座標変換による不変性’という鍵穴に合うか，その点に注目して議論を追っていただきたい．

C^∞-級の座標変換

私たちは，(4) のような線形の座標変換だけではなくて，たとえば

$$\begin{cases} u = x + y^2 + 1 \\ v = y^3 + 2y - 5 \end{cases} \tag{7}$$

のような座標変換も考えたい．このとき，$x = 1$，$y = 1$ は $u = 3$，$v = -2$ に，$x = -5$，$y = 2$ は $u = 0$，$v = 6$ に移っている．このような座標変換をどのような描像で捉えるかは一定していないかもしれないが，私たちは，1 枚の座標平面ではなくて，xy-座標平面と uv-座標平面の 2 つを考えて，xy-座標平面上の点 $(1, 1)$，$(-5, 2)$ などの点が，uv-座標平面上の $(3, -2)$，$(0, 6)$ に移されたと考えることにする．この方が，x, y と u, v を対等に考えることができる．1 つの平面が，2 つの座標平面に，すなわち xy-座標平面と uv-座標平面に同時に投影されたと考えるのである．

一般的な設定は次のようになる．

xy-座標平面の点を，uv-座標平面の上へと移す 1 対 1 対応 φ が与えられて

$$\varphi : \begin{cases} u = u(x, y) \\ v = v(x, y) \end{cases}$$

と表わすとき，$u(x, y)$，$v(x, y)$ は (x, y の関数として) C^∞-級の関数であり，また φ の逆写像 φ^{-1} を

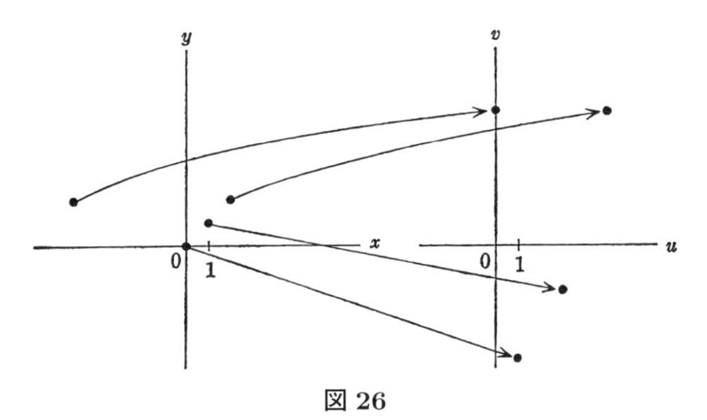

図 26

$$\varphi^{-1}:\begin{cases}x=x(u,v)\\ y=y(u,v)\end{cases}$$

と表わすとき，$x(u,v)$，$y(u,v)$ は (u,v の関数として) C^∞-級の関数であったとする．このとき φ を xy-座標から uv-座標への C^∞-級の座標変換であるという．

これからは座標変換というときには，つねに C^∞-級の座標変換だけを取り扱うものとする．すなわち簡単にいえば

$$(x,y)\underset{C^\infty\text{-級}}{\overset{C^\infty\text{-級}}{\rightleftarrows}}(u,v)$$

が成り立つということである．

図でいえば，図27で示してあるように，x 軸に平行な直線 $y=b$，y 軸に平行な直線 $x=a$ が uv-平面ではそれぞれ C^∞-級の曲線

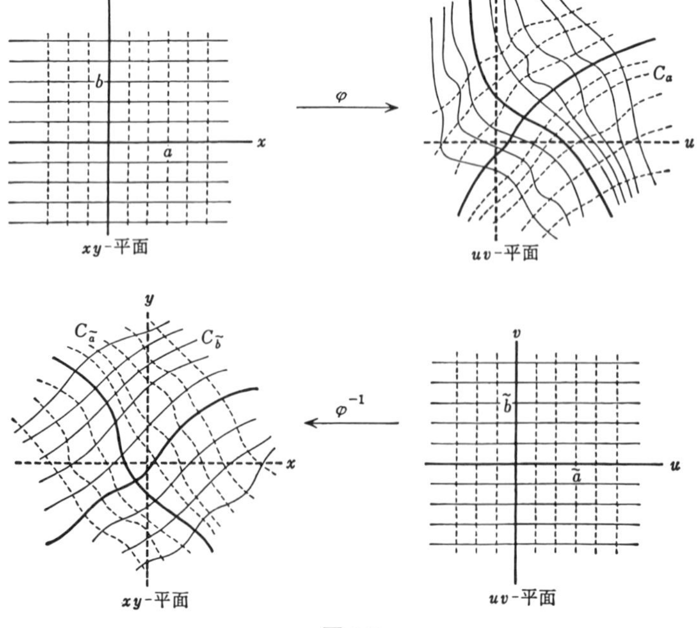

図 27

$$\tilde{C}_b:\begin{cases}u=u(x,b)\\ v=v(x,b)\end{cases}\quad(\text{変数 } x \text{ が動くと } (u,v) \text{ は曲線を描く})$$

$$\tilde{C}_a:\begin{cases}u=u(a,y)\\ v=v(a,y)\end{cases}\quad(\text{変数 } y \text{ が動くと } (u,v) \text{ は曲線を描く})$$

に移るということであり，逆に，u 軸に平行な直線 $v=\tilde{b}$，v 軸に平行な直線 $u=\tilde{a}$ が，xy-平面ではそれぞれ C^∞-級の曲線

$$C_{\tilde{b}}:\begin{cases}x=x(u,\tilde{b})\\ y=y(u,\tilde{b})\end{cases}\quad(\text{変数 } u \text{ が動くと } (x,y) \text{ は曲線を描く})$$

$$C_{\tilde{a}}:\begin{cases}x=x(\tilde{a},v)\\ y=y(\tilde{a},v)\end{cases}\quad(\text{変数 } v \text{ が動くと } (x,y) \text{ は曲線を描く})$$

に移るということである．

(5) に対応する条件は，この場合必要条件として各点 (x,y) で

$$J(uv/xy)=\begin{vmatrix}\dfrac{\partial u}{\partial x} & \dfrac{\partial u}{\partial y}\\ \dfrac{\partial v}{\partial x} & \dfrac{\partial v}{\partial y}\end{vmatrix}\neq 0$$

が成り立つということで与えられる．ここに現われた行列式——$J(uv/xy)$ で表わしたもの——は，ヤコビ行列式，またはヤコビアンとよばれているものである．

注意　線形変換の場合と違って，$J(uv/xy)\neq 0$ が各点で成り立っても，変換が 1 対 1 になるとは限らない．$J(uv/xy)\neq 0$ が保証するのは，各点の十分近くで 1 対 1 ということだけである．ここで述べたことは，C^∞-級の座標変換ならば，その結論として $J(uv/xy)\neq 0$ がいえるということである．

Tea Time

質問　C^∞-級の座標変換のことはわかりましたが，僕にわかったのは実は定義だけだといってよいのです．なぜかというと，(7) のような場合にもこれが C^∞-級の座標変換であるということが確かめられないのです．僕にすぐわかったのは，

$u = x + y^2 + 1$ と $v = y^3 + 2y - 5$ が x, y の関数として C^∞-級だということだけです．1対1のことは少し考えてみてわかりました．(u, v) が与えられると，まず v の値から y が決まり――$v = y^3 + 2y - 5$ が y について増加関数なので――，次に $u = x + y^2 + 1$ の関係から，x がただ1つ決まります．しかし，逆写像 $x = x(u, v)$，$y = y(u, v)$ がどんな形の式をしているのか，見当もつかず，C^∞-級かどうかなど確かめようもありません，どうして，これが C^∞-級だということがわかって，(6) が C^∞-級の座標変換を与えていると結論できるのでしょうか．

答　確かに逆変換，$x = x(u, v)$，$y = y(u, v)$ を具体的に式にかくなどということは，ほとんど不可能に近いことになるだろう．いまの場合ならば，強引に行なえば $y^3 + 2y - 1 - v = 0$ を3次方程式の解の公式で解いて，まず $y = y(v)$ の式を求め，次に $x = x(u, v)$ を求めることになる．しかし y と v の関係が，たとえば $v = y^7 + 2y - 1$ で与えられているときには，解の公式がないから，もうこうした強引な方法も不可能となる．

一般には $u = u(x, y)$，$v = v(x, y)$ が具体的な式で与えられていたとしても，$x = x(u, v)$，$y = y(u, v)$ は具体的な式で与えられるとは限らない．このようなときには数学の一般的定理が役に立つ．次のような一般的な定理がある．

$u = u(x, y)$，$v = v(x, y)$ が C^∞-級の関数で，対応 $(x, y) \to (u, v)$ が1対1のとき，もし $J(uv/xy) \neq 0$ が成り立っているならば，$x = x(u, v)$，$y = y(u, v)$ も C^∞-級の関数で与えられる．

(6) の場合

$$J(uv/xy) = \begin{vmatrix} 1 & 2y \\ 0 & 3y^2 + 2 \end{vmatrix} = 3y^2 + 2 \neq 0$$

によって，この定理から，逆変換も C^∞-級のことがわかるのである．

第19講

外微分の不変性

テーマ
- ◆ 座標変換と関数の変数変換
- ◆ 全微分の復習
- ◆ ベクトル空間 $\boldsymbol{V}_2$ の基底の変換則
- ◆ $\boldsymbol{V}_2$ の成分の変換則
- ◆ 外微分の座標変換による不変性

座標変換と関数の変数変換

$\boldsymbol{R}^2$ の xy-座標から uv-座標への座標変換

$$\varphi : \begin{cases} u = u(x, y) \\ v = v(x, y) \end{cases} \tag{1}$$

が与えられたとする．この逆変換を前講のように

$$\varphi^{-1} : \begin{cases} x = x(u, v) \\ y = y(u, v) \end{cases} \tag{2}$$

によって表わそう．

$\boldsymbol{R}^2$ 上で定義された関数 f を，xy-平面上の関数と考えたものを $f(x, y)$，uv-平面上の関数と考えたものを $\bar{f}(u, v)$ と表わそう．したがって $f(x, y)$ と $\bar{f}(u, v)$ との関係は，(1) と (2) から

$$f(x, y) = \bar{f}(u(x, y), v(x, y)) \tag{3}$$

$$\bar{f}(u, v) = f(x(u, v), y(u, v)) \tag{4}$$

で与えられている．

前に述べたように，関数 $f(x, y)$ は C^∞-級と仮定している．また，座標変換は C^∞-級であるとしているから，したがって (4) から，$\bar{f}(u, v)$ も変数 u, v について C^∞-級であることがわかる．

全微分の復習

$\bar{f}(u,v)$ の全微分は

$$\frac{\partial \bar{f}}{\partial u}\,du + \frac{\partial \bar{f}}{\partial v}\,dv \tag{5}$$

と表わされる．この意味は次のようなものであった．関数 $\bar{f}(u,v)$ が点 (u,v) から $(u+\tilde{h}, v+\tilde{k})$ へと移ったとき，どれだけ増加するか．その増分

$$\bar{f}(u+\tilde{h}, v+\tilde{k}) - \bar{f}(u,v)$$

に注目する．この式に対して，$\tilde{h}$ と $\tilde{k}$ について，$|\tilde{h}|+|\tilde{k}|$ より高位の無限小を無視した近似式をつくる．この近似式は一意的に決まる．実際，この近似式は

$$\tilde{h} \longrightarrow du, \quad \tilde{k} \longrightarrow dv$$

でおきかえると，全微分の式 (5) で与えられている．

同じように，$f(x+h, y+k) - f(x,y)$ の，$|h|+|k|$ より高位の無限小を無視した近似式で，$h \to dx$，$k \to dy$ と記号をおきかえると，$f(x,y)$ の全微分

$$\frac{\partial f}{\partial x}\,dx + \frac{\partial f}{\partial y}\,dy$$

が得られる．

実は次の結果が成り立つ．

$$\boxed{\frac{\partial f}{\partial x}\,dx + \frac{\partial f}{\partial y}\,dy = \frac{\partial \bar{f}}{\partial u}\,du + \frac{\partial \bar{f}}{\partial v}\,dv}$$

【証明】　(概略)　(3) によって

$$\begin{aligned}
&f(x+h, y+k) - f(x,y) \\
&= \bar{f}(u(x+h, y+k), \quad v(x+h, y+k)) - \bar{f}(u(x,y),\ v(x,y)) \\
&\sim \bar{f}\left(u(x,y) + h\frac{\partial u}{\partial x} + k\frac{\partial u}{\partial y}, \quad v(x,y) + h\frac{\partial v}{\partial x} + k\frac{\partial v}{\partial y}\right) \\
&\quad - \bar{f}(u(x,y), v(x,y))
\end{aligned}$$

ここで $\sim$ は高位の無限小を除いて成り立つことを示している．そこで

$$\tilde{h} = \frac{\partial u}{\partial x}h + \frac{\partial u}{\partial y}k, \quad \tilde{k} = \frac{\partial v}{\partial x}h + \frac{\partial v}{\partial y}k \tag{6}$$

とおくと

$$f(x+h, y+k) - f(x, y) \sim \bar{f}(u+\tilde{h}, v+\tilde{k}) - \bar{f}(u, v)$$

となる．$|h| + |k|$ と $|\tilde{h}| + |\tilde{k}|$ の無限小の位数は等しいことに注意すると，これから近似式へと移って，さらに h, k を dx, dy でおきかえ，$\tilde{h}, \tilde{k}$ を du, dv でおきかえて

$$\frac{\partial f}{\partial x}\,dx + \frac{\partial f}{\partial y}\,dy = \frac{\partial \bar{f}}{\partial u}\,du + \frac{\partial \bar{f}}{\partial v}\,dv$$

が成り立つことがわかる． ∎

この等式に現われる dx, dy；du, dv については，(6) から

$$\begin{aligned} du &= \frac{\partial u}{\partial x}\,dx + \frac{\partial u}{\partial y}\,dy \\ dv &= \frac{\partial v}{\partial x}\,dx + \frac{\partial v}{\partial y}\,dy \end{aligned} \tag{7}$$

という関係が成立していることがわかった．私たちはこの関係に注目する．

ベクトル空間 $\boldsymbol{V}_2$ の基底の変換則

微分形式を定義するときに導入したベクトル空間 $\boldsymbol{V}_2$ の基底 $\{dx, dy\}$ は，xy-座標に密着していた．新しく uv-座標を導入したときには，この座標に付随して，$\boldsymbol{V}_2$ には新しい基底 $\{du, dv\}$ が入ると考える．

このとき，$\{dx, dy\}$ から $\{du, dv\}$ への基底変換は次の式で与えられると約束する．

$$\begin{aligned} du &= \frac{\partial u}{\partial x}\,dx + \frac{\partial u}{\partial y}\,dy \\ dv &= \frac{\partial v}{\partial x}\,dx + \frac{\partial v}{\partial y}\,dy \end{aligned} \tag{8}$$

注意深い読者は，基底変換の行列の成分は定数のはずなのに，ここでは関数を成分とする行列

$$\begin{pmatrix} \dfrac{\partial u}{\partial x} & \dfrac{\partial v}{\partial x} \\[2mm] \dfrac{\partial u}{\partial y} & \dfrac{\partial v}{\partial y} \end{pmatrix}$$

が基底変換の行列として登場していることに気づかれたかもしれない．確かにこれは問題である．この点に関して，納得してもらえるように答えるためには，ベクトル空間 $\boldsymbol{V}_2$ は各点に付随しているという考えを導入する必要が生じてくる．このことについては，次講で少し述べることにしよう．

(8) は見かけ上，(7) とまったく等しい形をしている．違うのは，(7) と (8) に同じ記号を用いて現われる dx, dy; du, dv の意味が違うということである．私たちは，この同じ記号の2通りの使いわけ——全微分の表示と，抽象的ベクトル空間 $\boldsymbol{V}_2$ の基底——を，しだいに融和させていこうとする．$\boldsymbol{V}_2$ の基底変換に (7) と同じ形の変換則 (8) を与えたのは，この融和へ向けての，‘着地準備’ といってよいのである．

$\boldsymbol{V}_2$ の成分の変換則

$\boldsymbol{V}_2$ の2つの基底 $\{dx, dy\}$，$\{du, dv\}$ が与えられると，$\boldsymbol{V}_2$ のベクトル ξ は，このそれぞれの基底によって

$$\xi = \alpha\, dx + \beta\, dy = \bar{\alpha}\, du + \bar{\beta}\, dv$$

と表わされる．(8) を用いて右辺を $\{dx, dy\}$ に関する式にかき直すと，成分を比べて

$$\begin{aligned} \alpha &= \frac{\partial u}{\partial x}\bar{\alpha} + \frac{\partial v}{\partial x}\bar{\beta} \\ \beta &= \frac{\partial u}{\partial y}\bar{\alpha} + \frac{\partial v}{\partial y}\bar{\beta} \end{aligned} \tag{9}$$

が得られる．(9) はベクトルの成分の間の変換則を表わしている．(8) と (9) は互いに反変的な変換となっていることを注意しておこう (第14講参照)．

外微分の座標変換に関する不変性 (I)

関数 f を，$f \in \Omega^0(\boldsymbol{R}^2)$ と考える．f の変数を xy-座標を用いて表わすか，uv-座標を用いて表わすかを明示するために，$f(x, y)$，$\bar{f}(u, v)$ と表わす．f と $\bar{f}$ は (3)，(4) の関係によって結ばれている．

f の外微分 df は，座標のとり方によらない．すなわち次の結果が成り立つ．

$$\text{(I)}\quad df = \frac{\partial f}{\partial x}\,dx + \frac{\partial f}{\partial y}\,dy$$
$$= \frac{\partial \bar{f}}{\partial u}\,du + \frac{\partial \bar{f}}{\partial v}\,dv$$

【証明】 合成関数の微分の規則から

$$\frac{\partial f}{\partial x} = \frac{\partial \bar{f}}{\partial u}\frac{\partial u}{\partial x} + \frac{\partial \bar{f}}{\partial v}\frac{\partial v}{\partial x}$$
$$\frac{\partial f}{\partial y} = \frac{\partial \bar{f}}{\partial u}\frac{\partial u}{\partial y} + \frac{\partial \bar{f}}{\partial v}\frac{\partial v}{\partial y}$$

この式を (8) と見比べると，(I) が成り立つことがわかる． ∎

外微分の座標変換による不変性 (II)

1 次の微分形式

$$\omega = P(x,y)\,dx + Q(x,y)\,dy$$

の外微分は

$$d\omega = dP(x,y) \wedge dx + dQ(x,y) \wedge dy$$

で定義した．これもまた座標変換で不変なのである．すなわち次の結果が成り立つ．

$$\text{(II)}\quad P(x,y)\,dx + Q(x,y)\,dy = \bar{P}(u,v)\,du + \bar{Q}(u,v)\,dv$$

ならば

$$dP(x,y) \wedge dx + dQ(x,y) \wedge dy = d\bar{P}(u,v) \wedge du + d\bar{Q}(u,v) \wedge dv$$

ここでまず，P, Q と $\bar{P}, \bar{Q}$ との間には，(9) から

$$P(x,y) = \frac{\partial u}{\partial x}\bar{P}(u,v) + \frac{\partial v}{\partial x}\bar{Q}(u,v)$$
$$Q(x,y) = \frac{\partial u}{\partial y}\bar{P}(u,v) + \frac{\partial v}{\partial y}\bar{Q}(u,v)$$

という関係が成り立っていることを注意しよう．この関係は，座標変換が特に前講の (4) のように，線形変換で与えられているときには，前講の (6) で示した‘奇妙な等式’と一致している．そこでの‘奇妙な等式’は，微分形式 $P\,dx + Q\,dy$

と $\bar{P}\,du + \bar{Q}\,dv$ が同じものであることを保証している条件であった！

この証明を直接行なうことは大変である (Tea Time 参照)．そのため，まず3つの命題を示し，それを用いることによって，直接証明することの困難さを回避しよう．

> $f, g \in \Omega^0(\boldsymbol{R}^2)$ に対し
> $$d(fg) = g\,df + f\,dg$$

【証明】　外微分の定義から

$$\begin{aligned} d(fg) &= \frac{\partial}{\partial x}(fg)\,dx + \frac{\partial}{\partial y}(fg)\,dy \\ &= \left(g\frac{\partial f}{\partial x} + f\frac{\partial g}{\partial x}\right)dx + \left(g\frac{\partial f}{\partial y} + f\frac{\partial g}{\partial y}\right)dy \\ &= g\left(\frac{\partial f}{\partial x}\,dx + \frac{\partial f}{\partial y}\,dy\right) + f\left(\frac{\partial g}{\partial x}\,dx + \frac{\partial g}{\partial y}\,dy\right) \\ &= g\,df + f\,dg \end{aligned}$$

■

> $f \in \Omega^0(\boldsymbol{R}^2),\quad \omega \in \Omega^1(\boldsymbol{R}^2)$ に対し
> $$d(f\omega) = df \wedge \omega + f\,d\omega \tag{10}$$

【証明】　$\omega(x, y) = g(x, y)\,dx + h(x, y)\,dy$ とおこう．このとき

$$(f\omega)(x, y) = f(x, y)g(x, y)\,dx + f(x, y)h(x, y)\,dy$$

したがって，外微分の定義と，すぐ上に述べた結果とから

$$\begin{aligned} d(f\omega) &= d(fg) \wedge dx + d(fh) \wedge dy \\ &= (g\,df + f\,dg) \wedge dx + (h\,df + f\,dh) \wedge dy \\ &= df \wedge (g\,dx + h\,dy) + f(dg \wedge dx + dh \wedge dy) \\ &= df \wedge \omega + fd\omega \end{aligned}$$

■

> $f \in \Omega^0(\boldsymbol{R}^2)$ に対し
> $$d(df) = 0 \tag{11}$$

【証明】　$df = \dfrac{\partial f}{\partial x}\,dx + \dfrac{\partial f}{\partial y}\,dy$．この外微分をとると

$$
\begin{aligned}
d(df) &= \frac{\partial}{\partial x}\left(\frac{\partial f}{\partial x}\right) dx \wedge dx + \frac{\partial}{\partial y}\left(\frac{\partial f}{\partial x}\right) dy \wedge dx \\
&\quad + \frac{\partial}{\partial x}\left(\frac{\partial f}{\partial y}\right) dx \wedge dy + \frac{\partial}{\partial y}\left(\frac{\partial f}{\partial y}\right) dy \wedge dy \\
&= \left(\frac{\partial^2 f}{\partial x \partial y} - \frac{\partial^2 f}{\partial y \partial x}\right) dx \wedge dy = 0
\end{aligned}
$$

ここで，f が C^∞-級の関数であって，したがってそのとき

$$
\frac{\partial^2 f}{\partial x \partial y} = \frac{\partial^2 f}{\partial y \partial x}
$$

が成り立つことを用いた． ∎

この準備の下で，(II) の証明に入ろう．

まず (II) の右辺に現われている記号 du, dv は，関数 $u(x,y)$，$v(x,y)$ の外微分と考えてもよいことを注意しよう．なぜかというと，たとえば関数 u については，外微分すると

$$
du(x,y) = \frac{\partial u}{\partial x}\,dx + \frac{\partial u}{\partial y}\,dy
$$

となり，この右辺は (8) の右辺と一致しているからである．

そこで

$$
P(x,y)\,dx + Q(x,y)\,dy = \bar{P}(u,v)\,du + \bar{Q}(u,v)\,dv
$$

の右辺を

$$
\bar{P}(u(x,y), v(x,y))\,du(x,y) + \bar{Q}(u(x,y), v(x,y))\,dv(x,y)
$$

と考えて，両辺を (変数 (x,y) について) 外微分する．

$$
dP \wedge dx + dQ \wedge dy = d(\bar{P}\,du) + d(\bar{Q}\,dv)
$$

(I) の結果によって，関数 $\bar{P}, \bar{Q}$ の外微分は変数のとり方によらない．したがって右辺を，上の (10) を用いて

$$
d\bar{P} \wedge du + \bar{P}d(du) + d\bar{Q} \wedge dv + \bar{Q}d(dv)
$$

と計算するとき，$d\bar{P}, d\bar{Q}$ は，変数 (u,v) についての外微分と思ってよい．また (11) により

$$
d(du) = 0, \quad d(dv) = 0
$$

である．

したがって，結局

$$dP(x,y)\wedge dx + dQ(x,y)\wedge dy = d\bar{P}(u,v)\wedge du + d\bar{Q}(u,v)\wedge dv$$

が得られた．これは証明すべき結果にほかならない．これで(II)が完全に証明された．■

なお，(II)の結果は，かき直すと

$$\left(\frac{\partial Q}{\partial x} - \frac{\partial P}{\partial y}\right) dx\wedge dy = \left(\frac{\partial \bar{Q}}{\partial u} - \frac{\partial \bar{P}}{\partial v}\right) du\wedge dv \tag{12}$$

が成り立つことを示している．ここまでくると，グリーンの公式が，座標変換によらないことを示すのは容易なこととなるのだが，それは次講へ送られることになった．

Tea Time

質問　グリーンの公式の左辺の積分の中に現われる式が座標変換によらないという結果(12)の証明は，大体わかりました．しかし，変数変換の公式だけで得られそうなことを，こんなに大げさに微分形式を使って証明した理由がまだよくわかりません．もう少し説明していただけませんか．

答　微分形式を用いて(12)を導いた理由は，もちろん一般化を目指すために，まず足場をつくるということにあったが，単にそれだけではなくて，変数変換の公式を使って(12)を証明することは，大変厄介なことになるので，それを避けたいという気持もあったのである．

前講に戻るようになるが，この厄介さを納得してもらうために，座標変換が線形変換

$$u = ax + by, \quad v = a'x + b'y$$

で与えられている場合(前講(4))，変数変換の公式だけを用いて，(12)を示すことを試みてみよう．記号は前講の(6)をそのまま使うと

$$P = a\bar{P} + a'\bar{Q}, \quad Q = b\bar{P} + b'\bar{Q}$$

である．したがって

$$\frac{\partial Q}{\partial x} = b\left(\frac{\partial \bar{P}}{\partial u}\frac{\partial u}{\partial x} + \frac{\partial \bar{P}}{\partial v}\frac{\partial v}{\partial x}\right) + b'\left(\frac{\partial \bar{Q}}{\partial u}\frac{\partial u}{\partial x} + \frac{\partial \bar{Q}}{\partial v}\frac{\partial v}{\partial x}\right)$$

ここで

$$\frac{\partial u}{\partial x} = a, \quad \frac{\partial v}{\partial x} = a'$$

を用いると

$$\frac{\partial Q}{\partial x} = ab\frac{\partial \bar{P}}{\partial u} + a'b\frac{\partial \bar{P}}{\partial v} + ab'\frac{\partial \bar{Q}}{\partial u} + a'b'\frac{\partial \bar{Q}}{\partial v} \tag{$*$}$$

同様にして

$$\frac{\partial P}{\partial y} = ab\frac{\partial \bar{P}}{\partial u} + ab'\frac{\partial \bar{P}}{\partial v} + a'b\frac{\partial \bar{Q}}{\partial u} + a'b'\frac{\partial \bar{Q}}{\partial v} \tag{$**$}$$

したがって，$(*)$ から $(**)$ を引くと

$$\frac{\partial Q}{\partial x} - \frac{\partial P}{\partial y} = (ab' - a'b)\left\{\frac{\partial \bar{Q}}{\partial u} - \frac{\partial \bar{P}}{\partial v}\right\}$$

となる．一方

$$du \wedge dv = (a\,dx + b\,dy) \wedge (a'\,dx + b'\,dy) = (ab' - a'b)dx \wedge dy$$

したがって，結局

$$\begin{aligned}\left(\frac{\partial Q}{\partial x} - \frac{\partial P}{\partial y}\right) dx \wedge dy &= (ab' - a'b)\left\{\frac{\partial \bar{Q}}{\partial u} - \frac{\partial \bar{P}}{\partial v}\right\} dx \wedge dy \\ &= \left(\frac{\partial \bar{Q}}{\partial u} - \frac{\partial \bar{P}}{\partial v}\right) du \wedge dv\end{aligned}$$

が得られて，(12) が確かめられた．

一般の場合には，これよりはるかに厄介な計算となる．改めて考えると，(12) の形の式が成り立つことを最初に発見した人は，どのような道をたどってこの結果に達したのだろうかと思われてくるのである．このことについて，私は詳しいことは知らない．

第 20 講

グリーンの公式の不変性

テーマ
- ◆ 向きを保つ座標変換
- ◆ グリーンの公式は，向きを保つ座標変換によってある不変性をもつ．
- ◆ この証明は，外微分の座標変換による不変性と，重積分の変数変換の公式による．
- ◆ 各点に付随するベクトル空間 $\boldsymbol{V}_2$——余接空間

向きを保つ座標変換

xy-座標から uv-座標への座標変換

$$\begin{aligned} u &= u(x, y) \\ v &= v(x, y) \end{aligned} \tag{1}$$

が与えられたとする．このとき，xy-座標で正の向きにまわる曲線が，uv-座標でも正の向きにまわる曲線に移るための条件は，各点で

$$J(uv/xy) = \begin{vmatrix} \dfrac{\partial u}{\partial x} & \dfrac{\partial u}{\partial y} \\ \dfrac{\partial v}{\partial x} & \dfrac{\partial v}{\partial y} \end{vmatrix} > 0 \tag{2}$$

が成り立つことである．

この証明はここでは与えないが，簡単な場合だけ確かめておこう．原点を中心として，座標軸を角 θ だけ回転しても，正の向きにまわる曲線は，もちろん正の向きにまわる曲線へと移っている．このときヤコビアンは

$$\begin{vmatrix} \cos\theta & -\sin\theta \\ \sin\theta & \cos\theta \end{vmatrix} = \cos^2\theta + \sin^2\theta = 1 > 0$$

となっている．一方，x 軸と y 軸をとりかえて

$$u = y, \quad v = x$$

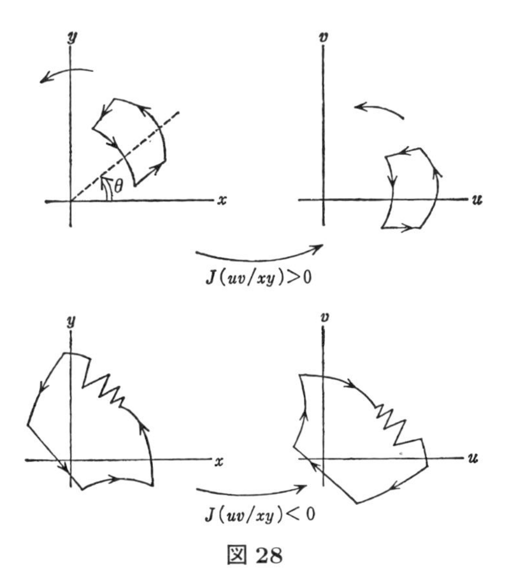

図 28

とすると，xy-座標で正の向きにまわる曲線は，uv-座標では負の向きにまわる曲線となる．このときヤコビアンは

$$\begin{vmatrix} 0 & 1 \\ 1 & 0 \end{vmatrix} = -1$$

となっている (図 28).

【定義】 座標変換 (1) が，条件 (2) をみたすとき，向きを保つ座標変換であるという．

グリーンの公式の不変性

向きを保つ座標変換 (1) が与えられたとする．xy-座標平面上の 2 つの関数 $P(x,y)$，$Q(x,y)$ と，uv-座標平面上の 2 つの関数 $\bar{P}(u,v)$，$\bar{Q}(u,v)$ が次の関係をみたしているとする：

$$\begin{aligned} P(x,y) &= \frac{\partial u}{\partial x}\bar{P}(u,v) + \frac{\partial v}{\partial x}\bar{Q}(u,v) \\ Q(x,y) &= \frac{\partial u}{\partial y}\bar{P}(u,v) + \frac{\partial v}{\partial y}\bar{Q}(u,v) \end{aligned} \tag{3}$$

ここで $u = u(x,y)$，$v = v(x,y)$ である．

また xy-座標平面にある有界な領域 D は，uv-座標平面上の有界な領域 $\tilde{D}$ に移っているとする．このとき，もちろん，D の境界 C は $\tilde{D}$ の境界 $\tilde{C}$ に移っている．

このとき次の関係が成り立つ．

$$\iint_D \left(\frac{\partial Q}{\partial x} - \frac{\partial P}{\partial y}\right) dxdy = \iint_{\tilde{D}} \left(\frac{\partial \bar{Q}}{\partial u} - \frac{\partial \bar{P}}{\partial v}\right) dudv \tag{4}$$

$$\int_C P\,dx + Q\,dy = \int_{\tilde{C}} \bar{P}\,du + \bar{Q}\,dv \tag{5}$$

すなわち，グリーンの公式の両辺に現われる積分は，向きを保つ座標変換によって，それぞれ不変に保たれるのである．このことを簡単に次のようにいい表わす．

【定理】 グリーンの公式は，向きを保つ座標変換によって不変である．

(4) の証明

(3) の関係から，xy-座標，uv-座標によって表わされている微分形式

$$\begin{aligned}\omega &= P(x,y)\,dx + Q(x,y)\,dy \\ &= \bar{P}(u,v)\,du + \bar{Q}(u,v)\,dv\end{aligned}$$

が定義できることを注意しておこう (前講 (9) 参照)．

前講で示したように

$$d\omega = \left(\frac{\partial Q}{\partial x} - \frac{\partial P}{\partial y}\right) dx \wedge dy = \left(\frac{\partial \bar{Q}}{\partial u} - \frac{\partial \bar{P}}{\partial v}\right) du \wedge dv \tag{6}$$

が成り立つ．

ここで

$$\begin{aligned}du \wedge dv &= \left(\frac{\partial u}{\partial x}dx + \frac{\partial u}{\partial y}dy\right) \wedge \left(\frac{\partial v}{\partial x}dx + \frac{\partial v}{\partial y}dy\right) \\ &= \left(\frac{\partial u}{\partial x}\frac{\partial v}{\partial y} - \frac{\partial u}{\partial y}\frac{\partial v}{\partial x}\right) dx \wedge dy \\ &= J(uv/xy)\ dx \wedge dy \end{aligned} \tag{7}$$

である．もっともこのような変換則が成り立つことは，第 14 講の‘基底変換の行列式’ですでに一般的な立場で述べてあることを思い出しておこう．

また，2 変数の積分の変換公式から，一般に，任意の連続関数 $f(x,y)$ に対して

$$\iint_D f(x,y)J(uv/xy)\,dxdy = \iint_{\tilde{D}} \bar{f}(u,v)\,dudv \tag{8}$$

が成り立つことが知られている．ここで座標変換が向きを保つこと，したがって $J(uv/xy)>0$ であることが用いられている (この積分の変換公式については，『解析入門 30 講』の第 30 講を参照していただきたい)．

さて，(6) と (7) から

$$\left(\frac{\partial Q}{\partial x}-\frac{\partial P}{\partial y}\right)dx\wedge dy=\left(\frac{\partial \bar{Q}}{\partial u}-\frac{\partial \bar{P}}{\partial v}\right)J(uv/xy)\,dx\wedge dy$$

となる．いまさしあたり，右辺の式は $u=u(x,y)$，$v=v(x,y)$ によって x,y についての関数と考えることにしよう．たとえば $\dfrac{\partial \bar{Q}}{\partial u}$ は $\dfrac{\partial \bar{Q}}{\partial u}(u(x,y),\,v(x,y))$ と考えるのである．このとき微分形式の積分の定義にしたがって

$$\iint_D\left(\frac{\partial Q}{\partial x}-\frac{\partial P}{\partial y}\right)dxdy=\iint_D\left(\frac{\partial \bar{Q}}{\partial u}-\frac{\partial \bar{P}}{\partial v}\right)J(uv/xy)\,dxdy$$

が得られる．

この右辺を変数 $(u,\,v)$ に変換すると，(8) から

$$\iint_{\tilde{D}}\left(\frac{\partial \bar{Q}}{\partial u}-\frac{\partial \bar{P}}{\partial v}\right)dudv$$

が得られた．これで (4) が証明された． ∎

(5) の証明

(5) は，(4) が証明されれば，改めて示すことはないのである．なぜかというと，xy-平面上でのグリーンの公式

$$\iint_D\left(\frac{\partial Q}{\partial x}-\frac{\partial P}{\partial y}\right)dxdy=\int_C P\,dx+Q\,dy$$

と，uv-平面上でのグリーンの公式

$$\iint_{\tilde{D}}\left(\frac{\partial \bar{Q}}{\partial u}-\frac{\partial \bar{P}}{\partial v}\right)dudv=\int_{\tilde{C}} \bar{P}\,du+\bar{Q}\,dv$$

を見比べると，(4) はこの 2 式の左辺が等しいことをいっている．

したがって，その結論として右辺も等しくなる．これはしかし，証明すべき式 (5) にほかならない．

1 つのコメント

これでグリーンの公式が座標変換によって不変であることが完全に証明された．この事実を簡明に表わすにはグリーンの公式を，前に述べたように微分形式を用いて

$$\int_D d\omega = \int_C \omega$$

と表わすのが一番適している (第 18 講 (3) 参照)．

さて，グリーンの公式の座標変換による不変性を示す上の証明を見て，次のことに気づかれた読者がおられるかもしれない．

‘(4) を示して，その結論として (5) の成り立つことを示したのならば，逆に (5) の方を先に示して，その結論として (4) が成り立つことを示す証明法もありそうである．そしてその方が簡単ではないだろうか．’

確かに，線積分に関する変数変換が

$$\int_C f(x,y)\frac{\partial u}{\partial x}\,dx + \int_C f(x,y)\frac{\partial u}{\partial y}\,dy = \int_{\tilde{C}} \bar{f}(u,v)\,du$$

$$\int_C f(x,y)\frac{\partial v}{\partial x}\,dx + \int_C f(x,y)\frac{\partial v}{\partial y}\,dy = \int_{\tilde{C}} \bar{f}(u,v)\,dv$$

で与えられることさえ知っていれば，(5) はこれから直ちに示されて，したがって (4) も示されたことになる．確かにこの道の方が，証明の近道である．

私たちがこの道をとらなかったのは，(4) が示されても，これからすぐには

$$\left(\frac{\partial Q}{\partial x} - \frac{\partial P}{\partial y}\right) dx \wedge dy = \left(\frac{\partial \bar{Q}}{\partial u} - \frac{\partial \bar{P}}{\partial v}\right) du \wedge dv$$

が各点で成り立つことは結論できないからである．もちろん，(4) の式が任意の領域 D で成り立つことから，いわば (4) を ‘微分したもの’ として上式が成り立つことを示すことができる．しかし，私たちは，微分形式の立場から，外微分の座標変換による不変性という観点を，上式に付して，そこを出発点としたかったの

である．

微分形式について

最初に微分形式に出会ったときの感想は，多分率直にいえば，妙なものが微分・積分に登場したというようなものだろう．この講義でも，第 17 講で微分形式を最初に導入したとき，多少戸惑いを感じられた読者もおられたのではないかと思う．しかし，ここまでくると，少しずつ微分形式の取扱いに慣れてきて，戸惑いも多少は消えてきたのではなかろうか．

微分形式という考えの最も重要な点は，座標変換で不変であるような微積分の定理を，どのように定式化し，どのように証明するかの道を示してくれることにある．ベクトルとは，もともと座標変換で不変な量であったから，座標変換に関する不変性に深くかかわる微分形式は，ベクトル解析の中心におかれる．一般に，関数を微分するとき，変数をとりかえて微分すると，異なった結果が得られる．それは変数変換の公式が示す通りであって，微分という演算は変数のとり方に本質的によっている．その点を，ベクトル解析の立場から取り扱いやすいようにするためには，微分が変数のとり方によらないような新しい形式を導入することが必要であった．微分形式は，この目的に適う 1 つの表現形式であって，この表現によって，外微分という，座標変換で不変な微分演算が明確に定式化されたのである．

各点に付随しているベクトル空間 $\boldsymbol{V}_2$

ところで，1 次の微分形式はベクトル空間 $\boldsymbol{V}_2$ に値をもつ，ベクトル値関数として定義した (一般の微分形式は $\wedge(\boldsymbol{V}_2)$ に値をもつベクトル値関数である)．しかし，この抽象的なベクトル空間 $\boldsymbol{V}_2$ は，座標空間にまったく無関係に，‘天上に座す’というわけではなかった．xy-座標をとると，基底 $\{dx, dy\}$ が指定され，uv-座標をとると，基底 $\{du, dv\}$ が指定された．そして，この間に基底変換の関係

$$du = \frac{\partial u}{\partial x}dx + \frac{\partial u}{\partial y}dy, \quad dv = \frac{\partial v}{\partial x}dx + \frac{\partial v}{\partial y}dy \tag{9}$$

が成り立っていた．ここで注意するのは，基底変換を与える行列

$$\begin{pmatrix} \dfrac{\partial u}{\partial x} & \dfrac{\partial v}{\partial x} \\ \dfrac{\partial u}{\partial y} & \dfrac{\partial v}{\partial y} \end{pmatrix}$$

が，(x,y) の関数となっているということである．すなわち，基底変換は，単に xy-座標，uv-座標のとり方に関係しているだけではなくて，$\boldsymbol{R}^2$ の各点 (x,y) のとり方に従属している．

数学は，この‘変量’として現われた基底変換を次のように理解しようとする．xy-座標平面の各点 (x,y) に，基底 $\{dx, dy\}$ をもつベクトル空間 $\boldsymbol{V}_2(x,y)$ が付随している．また uv-座標平面の各点 (u,v) に，基底 $\{du, dv\}$ をもつベクトル空間 $\boldsymbol{V}_2(u,v)$ が付随している．そして座標変換 $(x,y) \to (u,v)$ に対応して，点 (x,y) 上にあるベクトル空間 $\boldsymbol{V}_2(x,y)$ から，点 (u,v) 上にあるベクトル空間 $\boldsymbol{V}_2(u,v)$ への基底変換 (9) が与えられていると考えるのである (図 29)．この考え方は，各点に付随した余接空間という考えを生むが，これについては第 28 講で詳しく述べることにしよう．

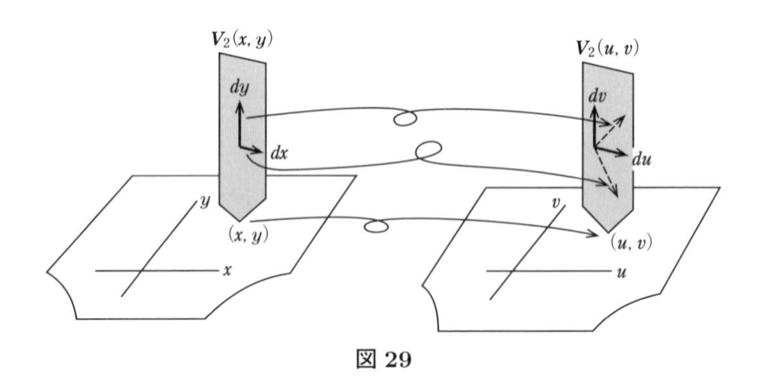

図 29

Tea Time

表現の意味するもの

数学では，記号の使い方が研究の方向を示唆することもあるようである．この

理由をはっきり述べることは難しいのだろうが，数学のように，イデアの世界に思考の像を結ぼうとする学問にとって，形式が思考を導き，イデアの世界への道を指し示すことがあるのかもしれないと思われる．

たとえば不定積分を $\int f(x)\,dx = F(x)$ とかくときは，この記号は定積分——面積——との関係を示唆するが，同じ式を $\dfrac{dF}{dx} = f(x)$ とかくと，今度は微分方程式の観点が生じてくるだろう．グリーンの公式に対しても，新しい方向に光を向けるような，記号の導入があるのである．

グリーンの公式 $\int_D d\omega = \int_C \omega$ で，左辺の積分を $\langle d\omega, D\rangle$ とかく．D の境界 C を，∂D で表わすと，同じ記号の使い方で，右辺は $\langle \omega, \partial D\rangle$ と表わされる．したがってグリーンの公式は

$$\langle d\omega, D\rangle = \langle \omega, \partial D\rangle$$

とかけることになった．微分する記号 d と，境界へと移る記号 ∂ とが，本来まったく異質なのに，同じような‘顔’をして，この等式の左と右に納まっている．同じような‘顔’とかいたが，よく見れば，この等式は，解析的な演算 $\omega \to d\omega$ と，幾何学的な対応 $D \to \partial D$ との，ある双対性を示しているともみえてくる．この双対性を明確に述べられるような視点が導入できるならば，この視点は解析と幾何との融合点を与えるものになるかもしれない．実際，この種の視点は，カレントの理論として，1940 年代の後半，ド・ラームという数学者によって与えられたのである．

第 21 講

$\boldsymbol{R}^3$ 上の微分形式

テーマ
- ◆ ベクトル空間 $\boldsymbol{V}_3$
- ◆ $\boldsymbol{R}^3$ 上の 1 次の微分形式
- ◆ $\boldsymbol{R}^3$ 上の 2 次，3 次の微分形式
- ◆ 微分形式のつくる空間
- ◆ 外微分
- ◆ 外微分の性質

ベクトル空間 $\boldsymbol{V}_3$

3 次元空間 $\boldsymbol{R}^3$ にも微分形式の概念を導入したい．そのため，まず 3 次元のベクトル空間 $\boldsymbol{V}_3$ を導入する．$\boldsymbol{R}^2$ の場合のベクトル空間 $\boldsymbol{V}_2$ と同様に，ベクトル空間 $\boldsymbol{V}_3$ の基底は，$\boldsymbol{R}^3$ の座標系のとり方に従属してとられているとする．すなわち，$\boldsymbol{R}^3$ に xyz-座標をとったときには，$\boldsymbol{V}_3$ の基底として

$$\{dx, dy, dz\}$$

をとる．したがってこのとき $\boldsymbol{V}_3$ の元はただ 1 通りに

$$\alpha\, dx + \beta\, dy + \gamma\, dz \quad (\alpha, \beta, \gamma \in \boldsymbol{R})$$

と表わされる．

いま，x, y, z に関する C^∞-級の 3 つの関数 $u(x, y, z)$，$v(x, y, z)$，$w(x, y, z)$ があって，変数 u, v, w をこの関数を用いて

$$u = u(x, y, z), \quad v = v(x, y, z), \quad w = w(x, y, z)$$

とおいて導入したとき，対応

$$(x, y, z) \longrightarrow (u, v, w)$$

は 1 対 1 であるとする．さらにこの逆写像 $(u, v, w) \to (x, y, z)$ も C^∞-級の関数で表わされるとき，(u, v, w) によって，$\boldsymbol{R}^3$ に 1 つの座標が入ったと考え，これを

uvw-座標という．そして下に示してある (1) を，xyz-座標から uvw-座標への基底変換という．以下で座標系というときに，いつでも，xyz-座標と，互いに C^∞-級の変換で移り合う座標系を考えることにしよう．

さて，$\boldsymbol{R}^3$ に uvw-座標が導入されたとき，これに対応して $\boldsymbol{V}_3$ には基底として

$$\{du, dv, dw\}$$

がとられているとする．

$\boldsymbol{V}_3$ の 2 つの基底 $\{dx, dy, dz\}$ と $\{du, dv, dw\}$ の間の基底変換は，各点で

$$\begin{aligned} du &= \frac{\partial u}{\partial x}dx + \frac{\partial u}{\partial y}dy + \frac{\partial u}{\partial z}dz \\ dv &= \frac{\partial v}{\partial x}dx + \frac{\partial v}{\partial y}dy + \frac{\partial v}{\partial z}dz \\ dw &= \frac{\partial w}{\partial x}dx + \frac{\partial w}{\partial y}dy + \frac{\partial w}{\partial z}dz \end{aligned} \tag{1}$$

という関係で与えられているとする．

基底変換の係数 $\dfrac{\partial u}{\partial x}$ などが，各点で変化することから，ベクトル空間 $\boldsymbol{V}_3$ の構造は，空間 $\boldsymbol{R}^3$ に密着していることがわかり，また同時に座標系のとり方にも深くかかわっていることがわかる．

1 次の微分形式

ベクトル空間 $\boldsymbol{V}_3$ に値をとる，$\boldsymbol{R}^3$ 上で定義された C^∞-級のベクトル値関数を，$\boldsymbol{R}^3$ 上の1 次の微分形式という．

したがって，1 次の微分形式 ω は，xyz-座標に関しては

$$\omega = f(x, y, z)dx + g(x, y, z)dy + h(x, y, z)dz \tag{2}$$

と表わされる．ここで f, g, h は，(x, y, z) に関し C^∞-級の関数である．また，uvw-座標をとったときには

$$\omega = \bar{f}(u, v, w)du + \bar{g}(u, v, w)dv + \bar{h}(u, v, w)dw \tag{3}$$

と表わされる．ここでたとえば

$$f(x, y, z) = \bar{f}(u(x, y, z),\ v(x, y, z),\ w(x, y, z))$$

である．

(2) における基底 $\{dx, dy, dz\}$ と係数 $\{f, g, h\}$ は，(3) に移るとき，互いに反変的な変換をうける．したがって (1) から，$\{f, g, h\}$ と $\{\bar{f}, \bar{g}, \bar{h}\}$ の間には変換則

$$
\begin{aligned}
f &= \frac{\partial u}{\partial x}\bar{f} + \frac{\partial v}{\partial x}\bar{g} + \frac{\partial w}{\partial x}\bar{h} \\
g &= \frac{\partial u}{\partial y}\bar{f} + \frac{\partial v}{\partial y}\bar{g} + \frac{\partial w}{\partial y}\bar{h} \\
h &= \frac{\partial u}{\partial z}\bar{f} + \frac{\partial v}{\partial z}\bar{g} + \frac{\partial w}{\partial z}\bar{h}
\end{aligned}
\tag{4}
$$

が成り立っていることがわかる．

2 次および 3 次の微分形式

ベクトル空間 $\wedge^2(\boldsymbol{V}_3)$，または $\wedge^3(\boldsymbol{V}_3)$ に値をとる，$\boldsymbol{R}^3$ 上で定義された C^∞-級のベクトル値関数を，それぞれ $\boldsymbol{R}^3$ 上の2 次，または3 次の微分形式という．

xyz-座標をとったとき，$\wedge^2(\boldsymbol{V}_3)$ の基底は

$$\{dx \wedge dy,\ dy \wedge dz,\ dz \wedge dx\}$$

で与えられる．したがって 2 次の微分形式 η は，次のように表わされる．

$$\eta = f(x, y, z)dx \wedge dy + g(x, y, z)dy \wedge dz + h(x, y, z)dz \wedge dx$$

$\wedge^3(\boldsymbol{V}_3)$ は 1 次元のベクトル空間であって，xyz-座標をとったとき，基底は

$$dx \wedge dy \wedge dz$$

で与えられる．したがって 3 次の微分形式 ζ は，このとき

$$\zeta = f(x, y, z)dx \wedge dy \wedge dz$$

と表わされる．uvw-座標をとったとき，$\wedge^3(\boldsymbol{V}_3)$ の基底は $du \wedge dv \wedge dw$ と変わるが，このときの変換則は (1) から

$$
du \wedge dv \wedge dw = \begin{vmatrix}
\dfrac{\partial u}{\partial x} & \dfrac{\partial u}{\partial y} & \dfrac{\partial u}{\partial z} \\
\dfrac{\partial v}{\partial x} & \dfrac{\partial v}{\partial y} & \dfrac{\partial v}{\partial z} \\
\dfrac{\partial w}{\partial x} & \dfrac{\partial w}{\partial y} & \dfrac{\partial w}{\partial z}
\end{vmatrix} dx \wedge dy \wedge dz
$$

で与えられることがわかる (第 14 講参照). この式はヤコビアンの記号を用いて簡単に

$$du \wedge dv \wedge dw = J(uvw/xyz)dx \wedge dy \wedge dz$$

と表わされる.

なお, 実数値関数 (C^∞-級) f は, 0 次の微分形式と考える.

微分形式のつくる空間

$\boldsymbol{R}^3$ 上で定義された, 0 次, 1 次, 2 次, 3 次の微分形式全体のつくる空間をそれぞれ, $\Omega^0(\boldsymbol{R}^3)$, $\Omega^1(\boldsymbol{R}^3)$, $\Omega^2(\boldsymbol{R}^3)$, $\Omega^3(\boldsymbol{R}^3)$ と表わす. また

$$\Omega(\boldsymbol{R}^3) = \Omega^0(\boldsymbol{R}^3) \oplus \Omega^1(\boldsymbol{R}^3) \oplus \Omega^2(\boldsymbol{R}^3) \oplus \Omega^3(\boldsymbol{R}^3)$$

とおいて, $\Omega(\boldsymbol{R}^3)$ を, $\boldsymbol{R}^3$ 上の微分形式のつくる空間という. $\Omega(\boldsymbol{R}^3)$ は, $\boldsymbol{R}^3$ からベクトル空間

$$E(\boldsymbol{V}_3) = \boldsymbol{R} \oplus \boldsymbol{V}_3 \oplus \wedge^2(\boldsymbol{V}_3) \oplus \wedge^3(\boldsymbol{V}_3)$$

への C^∞-級のベクトル値関数の全体からなる.

$\omega, \eta \in \Omega(\boldsymbol{R}^3)$ に対し

(i) 線形結合：$\alpha\omega + \beta\eta \qquad (\alpha, \beta \in \boldsymbol{R})$

(ii) 外積：$\omega \wedge \eta$

(iii) 関数との積：$\tilde{f}\omega$

を考えることができる. なお, (iii) で $\tilde{f} \in \Omega^0(\boldsymbol{R}^3)$ である.

(i) と (ii) は, 各点 (x, y, z) で

$$\omega(x, y, z) \in E(\boldsymbol{V}_3), \quad \eta(x, y, z) \in E(\boldsymbol{V}_3)$$

であり, したがって, $E(\boldsymbol{V}_3)$ の中の演算規則によって

$$\alpha\omega(x, y, z) + \beta\eta(x, y, z) \in E(\boldsymbol{V}_3)$$
$$\omega(x, y, z) \wedge \eta(x, y, z) \in E(\boldsymbol{V}_3)$$

となることからわかる.

(iii) は, たとえば 2 次の微分形式 ω が

$$\omega = f\,dx \wedge dy + g\,dy \wedge dz + h\,dz \wedge dx$$

と表わされるとき

$$\tilde{f}\omega = (\tilde{f}f)dx \wedge dy + (\tilde{f}g)dy \wedge dz + (\tilde{f}h)dz \wedge dx$$

となる．ここで

$$(\tilde{f}f)(x,y,z) = \tilde{f}(x,y,z)f(x,y,z)$$

であり，$\tilde{f}g$，$\tilde{f}h$ も同様に関数としての積を表わしている．この形から $\tilde{f}\omega$ も 2 次の微分形式であることがわかる．

外　微　分

【定義】　$\Omega^i(\boldsymbol{R}^3)$ から $\Omega^{i+1}(\boldsymbol{R}^3)$ $(i = 0,1,2)$ への外微分とよばれる写像 d を次の式で定義する．

(i)　$d : \Omega^0(\boldsymbol{R}^3) \longrightarrow \Omega^1(\boldsymbol{R}^3)$

$f \in \Omega^0(\boldsymbol{R}^3)$ に対して

$$df = \frac{\partial f}{\partial x}dx + \frac{\partial f}{\partial y}dy + \frac{\partial f}{\partial z}dz \tag{5}$$

(ii)　$d : \Omega^1(\boldsymbol{R}^3) \longrightarrow \Omega^2(\boldsymbol{R}^3)$

$\omega = f\,dx + g\,dy + h\,dz \in \Omega^1(\boldsymbol{R}^3)$ に対して

$$d\omega = df \wedge dx + dg \wedge dy + dh \wedge dz \tag{6}$$

(iii)　$d : \Omega^2(\boldsymbol{R}^3) \longrightarrow \Omega^3(\boldsymbol{R}^3)$

$\omega = f\,dx \wedge dy + g\,dy \wedge dz + h\,dz \wedge dx$ に対して

$$d\omega = df \wedge dx \wedge dy + dg \wedge dy \wedge dz + dh \wedge dz \wedge dx \tag{7}$$

(iv)　$\omega \in \Omega^3(\boldsymbol{R}^3)$ に対しては　$d\omega = 0$

この定義は直接的で，外微分の定義の仕方はよくわかるのだが，(6) と (7) が具体的にどんな形の式になるかは判然としない．

(5) を用いて，(6) と (7) を計算した結果は次のようになる．

$$\begin{aligned}&d(f\,dx + g\,dy + h\,dz)\\&\quad = \left(\frac{\partial g}{\partial x} - \frac{\partial f}{\partial y}\right)dx \wedge dy + \left(\frac{\partial h}{\partial y} - \frac{\partial g}{\partial z}\right)dy \wedge dz + \left(\frac{\partial f}{\partial z} - \frac{\partial h}{\partial x}\right)dz \wedge dx\end{aligned}$$

$$\begin{aligned}&d(f\,dx \wedge dy + g\,dy \wedge dz + h\,dz \wedge dx)\\&\quad = \left(\frac{\partial f}{\partial z} + \frac{\partial g}{\partial x} + \frac{\partial h}{\partial y}\right)dx \wedge dy \wedge dz\end{aligned}$$

これを実際確かめることは読者に任せよう.

外微分の性質

外微分は次の性質をもつ.

(a) $\alpha, \beta \in \boldsymbol{R}$ に対して

$$d(\alpha\omega + \beta\eta) = \alpha\, d\omega + \beta\, d\eta$$

(b) $f, g \in \Omega^0(\boldsymbol{R}^3)$ に対して

$$d(fg) = g\, df + f\, dg$$

(c) $\omega \in \Omega^i(\boldsymbol{R}^3)$ $(i = 0, 1, 2)$, $\eta \in \Omega(\boldsymbol{R}^3)$ に対して

$$d(\omega \wedge \eta) = d\omega \wedge \eta + (-1)^i \omega \wedge d\eta$$

(d) 任意の $\omega \in \Omega(\boldsymbol{R}^3)$ に対して

$$d(d\omega) = 0$$

【証明】 (a) は明らかであろう.

(b)
$$\begin{aligned}
d(fg) &= \frac{\partial(fg)}{\partial x}dx + \frac{\partial(fg)}{\partial y}dy + \frac{\partial(fg)}{\partial z}dz \\
&= \left(\frac{\partial f}{\partial x}g + f\frac{\partial g}{\partial x}\right)dx + \left(\frac{\partial f}{\partial y}g + f\frac{\partial g}{\partial y}\right)dy + \left(\frac{\partial f}{\partial z}g + f\frac{\partial g}{\partial z}\right)dz \\
&= g\left(\frac{\partial f}{\partial x}dx + \frac{\partial f}{\partial y}dy + \frac{\partial f}{\partial z}dz\right) + f\left(\frac{\partial g}{\partial x}dx + \frac{\partial g}{\partial y}dy + \frac{\partial g}{\partial z}dz\right) \\
&= g\, df + f\, dg
\end{aligned}$$

(c) $\omega, \eta \in \Omega^1(\boldsymbol{R}^3)$ のとき, 特に

$$\omega = f\, dx, \quad \eta = g\, dy$$

のときだけ示しておこう. このとき $\omega \wedge \eta = fg\, dx \wedge dy$. したがって

$$\begin{aligned}
d(\omega \wedge \eta) &= d(fg) \wedge dx \wedge dy \\
&= (g\, df + f\, dg) \wedge dx \wedge dy \\
&= (df \wedge dx) \wedge g\, dy + dg \wedge f\, dx \wedge dy \\
&= (df \wedge dx) \wedge g\, dy - (f\, dx) \wedge dg \wedge dy \\
&= d\omega \wedge \eta - \omega \wedge d\eta
\end{aligned}$$

(d) $f \in \Omega^0(\boldsymbol{R}^3)$ に対して

$$
\begin{aligned}
d(df) &= d\left(\frac{\partial f}{\partial x}dx + \frac{\partial f}{\partial y}dy + \frac{\partial f}{\partial z}dz\right)\\
&= \frac{\partial^2 f}{\partial x^2}dx \wedge dx + \frac{\partial^2 f}{\partial y \partial x}dy \wedge dx + \frac{\partial^2 f}{\partial z \partial x}dz \wedge dx\\
&\quad + \frac{\partial^2 f}{\partial x \partial y}dx \wedge dy + \frac{\partial^2 f}{\partial y^2}dy \wedge dy + \frac{\partial^2 f}{\partial z \partial y}dz \wedge dy\\
&\quad + \cdots\\
&= \left(\frac{\partial^2 f}{\partial x \partial y} - \frac{\partial^2 f}{\partial y \partial x}\right)dx \wedge dy + \left(\frac{\partial^2 f}{\partial y \partial z} - \frac{\partial^2 f}{\partial z \partial y}\right)dy \wedge dz\\
&\quad + \left(\frac{\partial^2 f}{\partial x \partial z} - \frac{\partial^2 f}{\partial z \partial x}\right)dx \wedge dz\\
&= 0
\end{aligned}
$$

この最後のところで，f は C^∞-級であり，したがって 2 階の偏導関数は偏微分の順序によらない，たとえば

$$
\frac{\partial^2 f}{\partial x \partial y} = \frac{\partial^2 f}{\partial y \partial x}
$$

のような等式が成り立つことを用いた.

また $\omega \in \Omega^1(\boldsymbol{R}^3)$ に対して $d(d\omega) = 0$ となることは，$\omega = f\,dx$ の場合だけ示しておこう.

$$
\begin{aligned}
d(d\omega) &= d\left(\frac{\partial f}{\partial y}dy \wedge dx + \frac{\partial f}{\partial z}dz \wedge dx\right)\\
&= \frac{\partial^2 f}{\partial z \partial y}dz \wedge dy \wedge dx + \frac{\partial^2 f}{\partial y \partial z}dy \wedge dz \wedge dx\\
&= \left(\frac{\partial^2 f}{\partial z \partial y} - \frac{\partial^2 f}{\partial y \partial z}\right)dz \wedge dy \wedge dx\\
&= 0
\end{aligned}
$$

$\omega \in \Omega^2(\boldsymbol{R}^3)$ のときは，$d\omega \in \Omega^3(\boldsymbol{R}^3)$ となり，したがって必然的に $d(d\omega) = 0$ となる.

$\omega \in \Omega^3(\boldsymbol{R}^3)$ のときは，$d\omega = 0$ である.　∎

Tea Time

質問 僕には，ここでのお話は，$\boldsymbol{R}^2$ のとき微分形式を定義したのとまったく同じような話で，ただ変数が1つ増え，その分，式が長くなったにすぎないように思いました．こうしたお話でしたら，一般に $\boldsymbol{R}^n$ 上の微分形式も同様に定義できると思いますが．

答 確かに $\boldsymbol{R}^n$ 上の微分形式もまったく同様に定義することができる．ただそのときには，p 次の微分形式といっても，p は $0, 1, \ldots, n$ のどれかの値をとり得ることになる．$\boldsymbol{R}^n$ に $(x_1, x_2, \ldots, x_n)$ という座標を入れておけば，p 次の微分形式の一般の形は

$$\sum_{i_1 < i_2 < \cdots < i_p} f_{i_1 i_2 \cdots i_p}(x_1, x_2, \ldots, x_n)\, dx_{i_1} \wedge dx_{i_2} \wedge \cdots \wedge dx_{i_p}$$

のようになる．

第 22 講

ガウスの定理

テーマ

- ◆ 外微分の不変性
- ◆ ガウスの定理
- ◆ C^∞-級の曲面
- ◆ 曲面 S の向き
- ◆ 面積分
- ◆ ガウスの定理の証明
- ◆ ガウスの定理の不変性

外微分の不変性

この講の主題は，ガウスの定理を述べることにあるが，その前に $\boldsymbol{R}^3$ 上の微分形式に対して，外微分が座標変換で不変であることを示しておこう．このことはしかし，$\boldsymbol{R}^2$ の場合 (第 20 講参照) と同様な考えで示せるので，ここでは証明のスケッチだけを与えることにしよう．

いま xyz-座標から uvw-座標への座標変換

$$u = u(x,y,z), \quad v = v(x,y,z), \quad w = w(x,y,z)$$

が与えられたとしよう．このとき，任意の関数 f に対して，変数をはっきりさせるため $\bar{f}(u,v,w) = f(x,y,z)$ とおくと，合成関数の微分の規則から

$$\frac{\partial f}{\partial x} = \frac{\partial \bar{f}}{\partial u}\frac{\partial u}{\partial x} + \frac{\partial \bar{f}}{\partial v}\frac{\partial v}{\partial x} + \frac{\partial \bar{f}}{\partial w}\frac{\partial w}{\partial x}$$

$$\frac{\partial f}{\partial y} = \frac{\partial \bar{f}}{\partial u}\frac{\partial u}{\partial y} + \frac{\partial \bar{f}}{\partial v}\frac{\partial v}{\partial y} + \frac{\partial \bar{f}}{\partial w}\frac{\partial w}{\partial y}$$

$$\frac{\partial f}{\partial z} = \frac{\partial \bar{f}}{\partial u}\frac{\partial u}{\partial z} + \frac{\partial \bar{f}}{\partial v}\frac{\partial v}{\partial z} + \frac{\partial \bar{f}}{\partial w}\frac{\partial w}{\partial z}$$

が成り立つ．この式は，前講の (4)，および (2)，(3) を参照すると

$$\frac{\partial f}{\partial x}dx + \frac{\partial f}{\partial y}dy + \frac{\partial f}{\partial z}dz = \frac{\partial \bar{f}}{\partial u}du + \frac{\partial \bar{f}}{\partial v}dv + \frac{\partial \bar{f}}{\partial w}dw$$

が成り立つことを示している．すなわち，関数 f の外微分 df は xyz-座標について計算しても，uvw-座標について計算しても，同じ結果となる．いいかえると，df は座標系のとり方によらない．

そこで次に 1 次の微分形式

$$\omega = f\,dx + g\,dy + h\,dz = \bar{f}\,du + \bar{g}\,dv + \bar{h}\,dw$$

の両辺を，xyz-座標に関して外微分してみると，$df = d\bar{f}$ などに注意して

$$\begin{aligned}
&df \wedge dx + dg \wedge dy + dh \wedge dz \\
&\quad = d\bar{f} \wedge du + \bar{f}d(du) + d\bar{g} \wedge dv + \bar{g}d(dv) + d\bar{h} \wedge dw + \bar{h}d(dw) \\
&\quad = d\bar{f} \wedge du + d\bar{g} \wedge dv + d\bar{h} \wedge dw
\end{aligned}$$

が得られる (前講，外微分の性質 (c)，(d) 参照)．この式は，ω の外微分が，座標系のとり方によらないことを示している．

同様にして，2 次の微分形式 ω に対しても，$d\omega$ が座標系のとり方によらないことを示すことができる．

ガウスの定理

ガウスの定理は，グリーンの公式と類似の結果が，$\boldsymbol{R}^3$ でも成り立つことを主張するものである．

細かい定義はあとまわしにして，結果を先にかくと次のようになる．

【ガウスの定理】 D を $\boldsymbol{R}^3$ の有界な領域とし，D の境界 S は，C^∞-級の曲面になっているとする．そのとき 2 次の微分形式 ω に対して

$$\int_D d\omega = \int_S \omega \tag{1}$$

が成り立つ．

いま，xyz-座標を用いて ω を

$$\omega = P(x,y,z)dx \wedge dy + Q(x,y,z)dy \wedge dz + R(x,y,z)dz \wedge dx \tag{2}$$

と表わしておく．このとき

$$d\omega = \left(\frac{\partial Q}{\partial x} + \frac{\partial R}{\partial y} + \frac{\partial P}{\partial z}\right) dx \wedge dy \wedge dz \tag{3}$$

である．

したがってガウスの定理は，xyz-座標を用いて表わすと

$$\iiint_D \left(\frac{\partial Q}{\partial x} + \frac{\partial R}{\partial y} + \frac{\partial P}{\partial z}\right) dxdydz = \iint_S P\,dxdy + Q\,dydz + R\,dzdx \tag{4}$$

となる．左辺は D 上の重積分，右辺は S 上の面積分である．この面積分の意味についてはすぐあとで述べる．

読者は，グリーンの公式もガウスの定理も，微分形式を用いると同じ形でかき表わせることに注意してほしい．

C^∞-級の曲面

領域 D の境界 S が，C^∞-級の曲面となっているということの意味から説明しよう．

S が C^∞-級の曲面であるとは，S の任意の点 $\mathrm{P} = \mathrm{P}(x_0, y_0, z_0)$ をとったとき，P の近くにある S 上の点は，x, y に関する C^∞-級関数 $z(x, y)$ によって

$$(x, y, z(x, y))$$

と表わされるか，または x, z に関する C^∞-級関数 $y(x, z)$ によって

$$(x, y(x, z), z)$$

と表わされるか，あるいはまたは y, z に関する C^∞-級関数 $x(y, z)$ によって

$$(x(y, z), y, z)$$

と表わされることである．

この定義は少しわかりにくいかもしれない．点 P の近くで，曲面 S が C^∞-級の関数 $z(x, y)$ によって

$$(x, y, z(x, y))$$

と表わされるということは，xy-座標平面

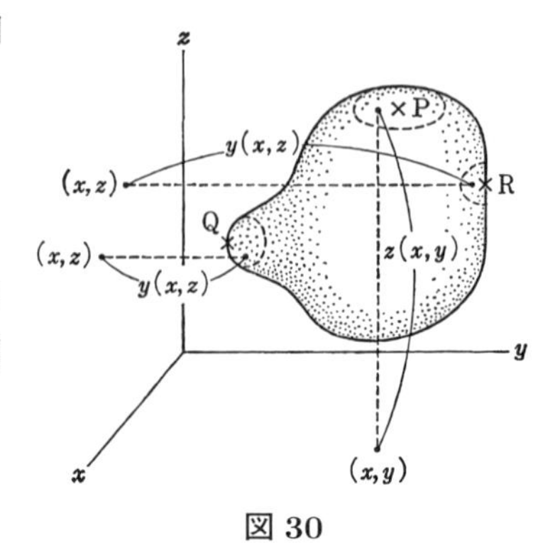

図 30

から測った曲面への高さ $z(x,y)$ が，滑らかに (C^∞-級に！) 変化しているということである.

図 30 で示したような曲面では，点 P の近くではこの状況が成り立っているが，点 Q や点 R の近くではこの状況は成り立っていない．点 Q や点 R の近くでは，x, y を決めても，高さが 1 通りには決まらない．しかし，Q, R の近くの曲面上の点は，xz-平面からの高さならば一意的に決まって，$(x, y(x,z), z)$ の形で表わされている．このときには，$y(x,z)$ が滑らかに変化することを要請するのである.

曲面 S の向き

ガウスの定理を成り立たせるためには，D の境界をつくっている曲面 S の，各点のまわりの向きを決めておかなくてはならない.

曲面 S 上の 1 点 P をとり，P を始点として，D に対して外向きの法線を引く．このとき，この法線を右手の中指とする右手系の向き，すなわちこのとき親指からひとさし指へとまわる向きを，P のまわりの正の向きとする.

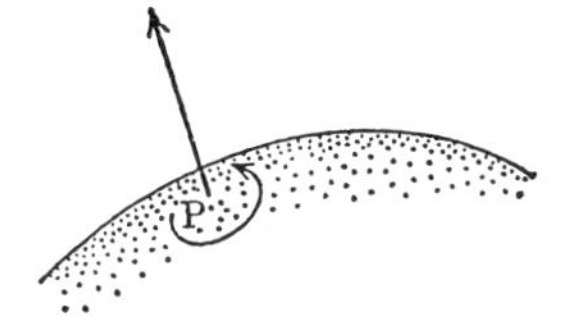

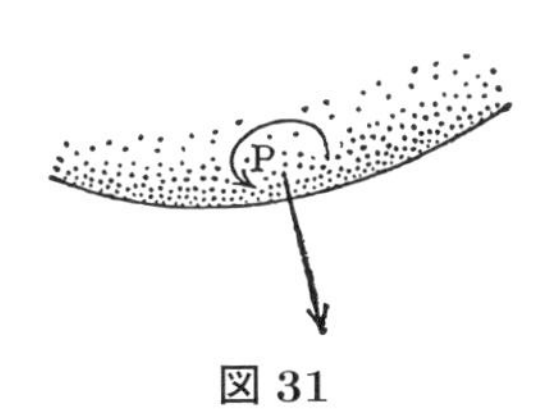

図 31

点 $\mathrm{P} = \mathrm{P}(x_0, y_0, z_0)$ のまわりで曲面が $(x, y, z(x,y))$ で与えられているときは，点 P における法線の方向余弦は，$\pm$ の符号の差を除けば

$$\left(\frac{\dfrac{\partial z}{\partial x}}{\sqrt{\left(\dfrac{\partial z}{\partial x}\right)^2+\left(\dfrac{\partial z}{\partial y}\right)^2+1}}, \frac{\dfrac{\partial z}{\partial y}}{\sqrt{\left(\dfrac{\partial z}{\partial x}\right)^2+\left(\dfrac{\partial z}{\partial y}\right)^2+1}}, \frac{-1}{\sqrt{\left(\dfrac{\partial z}{\partial x}\right)^2+\left(\dfrac{\partial z}{\partial y}\right)^2+1}}\right)$$

で与えられている．ここで関数の値は，すべて (x_0, y_0, z_0) での値である.

面 積 分

S 上の面積分

$$\iint_S P(x,y,z)dxdy$$

の意味は，xy-平面上にまず分点 $x_0 < x_1 < x_2 < \cdots < x_n$，$y_0 < y_1 < \cdots < y_n$ をとり，$(x, y, z(x, y))$ と表わされる S 上の部分で

$$\sum \pm P\left(x_i, y_i, z\left(x_i, y_i\right)\right)\left(x_{i+1} - x_i\right)\left(y_{j+1} - y_j\right)$$

を考え，ここで，$\operatorname*{Max}_i\left(x_{i+1} - x_i\right) \to 0$，$\operatorname*{Max}_j\left(y_{j+1} - y_j\right) \to 0$ としたときの極限である．

ここで符号 $\pm$ は，xy-座標平面上に S を射影したとき，点 $(x_i, y_i, z(x_i, y_i))$ のまわりの S の向きが，xy-座標平面上の正の向きと一致するときは $+$ (プラス)，そうでないときは $-$ (マイナス) とするのである (図 32 参照；図では面積要素という言葉を用いている)．

ガウスの定理の証明

ガウスの定理の証明の考え方を述べよう．細かい吟味が必要なような場合には立ち入らないで，最も簡単な場合だけ考えることにしよう．

(4) の証明をまず行なう．このときも，グリーンの公式の場合と同じように，Q, R, P それぞれに対して等式

$$\begin{aligned} \iiint_D \frac{\partial Q}{\partial x} dxdydz &= \iint_S Q\, dydz \\ \iiint_D \frac{\partial R}{\partial y} dxdydz &= \iint_S R\, dzdx \qquad (5) \\ \iiint_D \frac{\partial P}{\partial z} dxdydz &= \iint_S P\, dxdy \end{aligned}$$

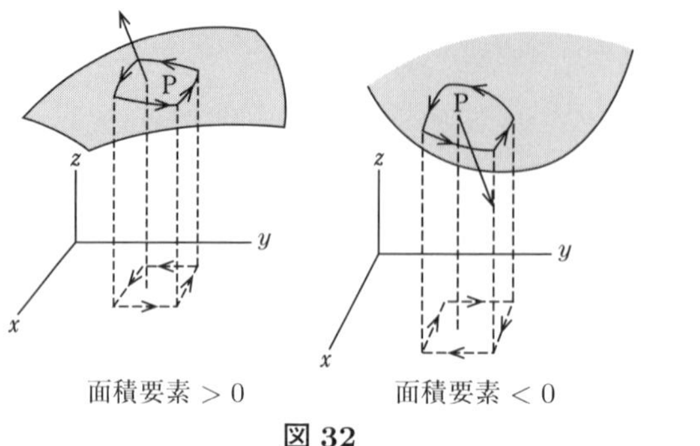

面積要素 > 0　　面積要素 < 0

図 32

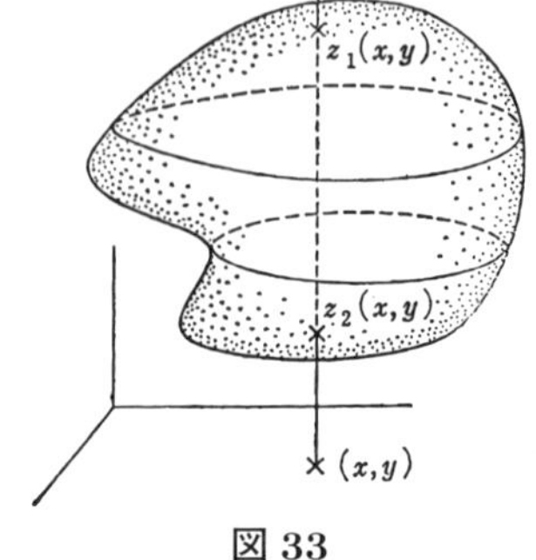

図 33

が成り立って，これらを加えた式として，ガウスの公式が得られる．どれも同じだから，(5) が成り立つことを示すことにしよう．

【等式 (5) の証明】 図 33 のように，xy-座標平面上の点 (x, y) に射影される S の点は，上の方に 1 つ $(x, y, z_1(x, y))$，下の方に 1 つ $(x, y, z_2(x, y))$ がある場合を考えよう．

このとき，重積分を累次積分に直す公式によって

$$\begin{aligned}\iiint_D \frac{\partial P}{\partial z} dxdydz &= \iint \left(\int_{z_2(x,y)}^{z_1(x,y)} \frac{\partial P}{\partial z} dz \right) dxdy \\ &= \iint \{P(x, y, z_1(x, y)) - P(x, y, z_2(x, y))\} dxdy \\ &= \iint_S P\, dxdy\end{aligned}$$

となる．最後の等式に移るときに，$-P(x, y, z_2(x, y))$ の符号マイナスは，面積分のときの，向きを考慮した面積要素の符号マイナスと一致して，最後の式では結局マイナス符号は消えた形になってまとめられたのである．これで (5) が証明された． ∎

このように示された (4) を，外微分の形 (1) におき直すには，微分形式 (2)，(3) に対して，積分を定義するとよい．

(2) の積分は

$$\int_S \omega = \iint_S P\, dxdy + Q\, dydz + R\, dzdx$$

と定義するのである．$dx \wedge dy$，$dy \wedge dz$，$dz \wedge dx$ のおのおのに dx, dy, dz が現われる順序は，x 軸 $\Rightarrow$ y 軸 $\Rightarrow$ z 軸 $\Rightarrow$ x 軸 が正の向きにまわる向きであることを示唆している．

また (3) の積分は

$$\int_D d\omega = \iiint_D \left(\frac{\partial Q}{\partial x} + \frac{\partial R}{\partial y} + \frac{\partial P}{\partial z} \right) dxdydz$$

と定義するのである．このような定義によって，ガウスの定理が成り立つことがわかる．

ガウスの定理の不変性

グリーンの公式と同じように，ガウスの定理の重要性は，微分形式で表わされた (1) の式が，$\boldsymbol{R}^3$ の向きを保つ座標変換で不変な式となっていることである．このことについては，第20講と同様の議論を繰り返すことになるので，これ以上立ち入らないが，この背後にある事実は，この講の最初に述べた外微分が座標変換によって不変であるという性質である．

Tea Time

質問　面積分の定義についてお聞きしたいのですが，以前僕が読んだ本で述べてあった定義は，ここで話された定義と少し違うようでした．僕の読んだ本では，面積要素という言葉を用いて，次のようにかかれていました．‘曲面 S の面積要素を $d\sigma$ とし，S の外向きの法線の方向余弦を $\cos\alpha$，$\cos\beta$，$\cos\gamma$ とする．このとき，面積分に現われる面積要素は

$$dxdy = \cos\gamma\, d\sigma, \quad dydz = \cos\alpha\, d\sigma, \quad dzdx = \cos\beta\, d\sigma$$

で与えられる．’しかし，ここでのお話では，法線の方向余弦などということは，面積分の定義には一度も登場しませんでした．なぜなのでしょうか．

答　まず2つの面積要素が等しいということは，この面積要素の両辺に形式的に同じ関数をかけて，ある範囲にわたって積分すると，等しい値になるということであると理解しよう．確かに，私たちの話では，面積要素は，座標平面へ射影して得られる面積要素と定義したから，法線の方向余弦など定義の中には登場しなかった．しかし，君が読んだ本の中にかいてあった定義と，ここで与えた定義は実は同じものなのである．それは次のようにしてわかる．いま曲面 S がある範囲で，xy-座標を用いるパラメーター表示で

$$z = z(x, y)$$

と表わされていたとしよう．このとき，z 方向への法線の方向余弦 $\cos\gamma$ は

$$\cos\gamma = \pm\frac{1}{\sqrt{\left(\dfrac{\partial z}{\partial x}\right)^2 + \left(\dfrac{\partial z}{\partial y}\right)^2 + 1}}$$

で与えられている．面積分の面積要素 ‘$dxdy$’ を，$\cos\gamma\, d\sigma$ とかくときには，符号はプラスをとっている．一方，曲面積を表示する積分公式から，

$$d\sigma = \sqrt{\left(\frac{\partial z}{\partial x}\right)^2 + \left(\frac{\partial z}{\partial y}\right)^2 + 1}\, dxdy$$

で与えられている．ここで $dxdy$ は，xy-座標平面へ射影したときの面積要素，したがって私たちがここで与えた面積分の面積要素となっている．上の 2 つの式を見比べると，$\cos\gamma\, d\sigma = dxdy$ は，私たちの定義と一致していることがわかる．

第 23 講

微分形式の引き戻し

テーマ
- ◆ 問題の提起
- ◆ 問題の答は肯定的——ストークスの定理
- ◆ パラメーター表示できる曲面
- ◆ 微分形式の引き戻し
- ◆ 引き戻しによる外微分の不変性

問題の提起

グリーンの公式に戻ろう．微分形式で表わされたグリーンの公式は，$\boldsymbol{R}^2$ の座標変換では不変な形をしていた．そのときの証明 (第 20 講参照) をみるとわかるように，グリーンの公式は $\boldsymbol{R}^2$ 全体で定義された座標変換でなくとも，D 上だけで (正確には $\bar{D}$ 上で) 定義された座標変換——このときは C^∞-級の 1 対 1 の変数変換といった方がよいかもしれないが——で不変であるという性質をもっていた．

さて，このような観点に立ったとき，グリーンの公式の不変性は次のような場合にも保たれるかということが問題になる．

いま簡単のため，D として $\boldsymbol{R}^2$ の単位円の内部をとる：

$$D = \{(x, y) \mid x^2 + y^2 < 1\}$$

このとき，D の境界 C は単位円周である．そこで考察の場を $\boldsymbol{R}^3$ へと移し，$\boldsymbol{R}^3$ の座標変換

$$u = x, \quad v = y, \quad w = z + \rho\left(\sqrt{x^2 + y^2}\right)$$

を考える．ここで ρ は図 34 のグラフで示されているような，数直線上で定義された C^∞-級の関数である．

この座標変換で，$\boldsymbol{R}^2$ の原点の近くは，高さ 1 だけもち上げられ (図 35(a))，し

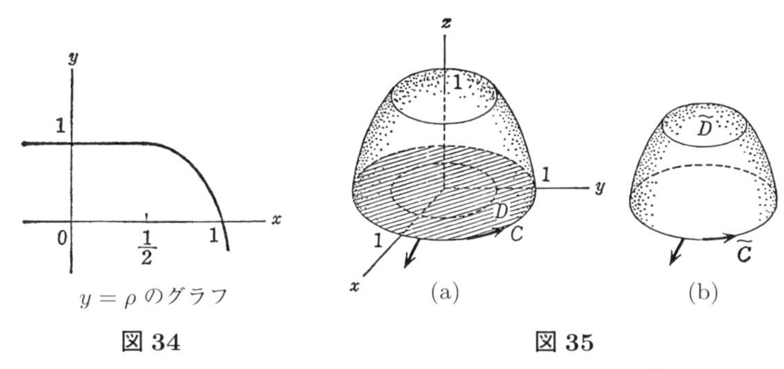

$y = \rho$ のグラフ

(a) (b)

図 34 **図 35**

たがって単位円 D は，コップを逆さにしておいたような曲面 $\tilde{D}$ (図 35(b)) になる．$\tilde{D}$ の境界 $\tilde{C}$ は，やはり単位円 C である．

問題は，この‘もち上げ’によって，D 上で成り立つグリーンの公式の形

$$\int_D d\omega = \int_C \omega \tag{1}$$

は，そのまま保たれるかということである．もし，このような意味でも，グリーンの公式の不変性が成り立つならば，グリーンの公式を成り立たせるものは，$\boldsymbol{R}^2$ の中にある単位円 D ではなくて，D を，空間の中でふくらましても，へこましても変わらない，何か‘D の内在的性質’によっているというべきだろう．

問題の答は肯定的

この問題の答は肯定的である．私たちは定理を一般的な形に述べるために，$\boldsymbol{R}^3$ 上の 1 次の微分形式

$$\omega = P(u,v,w)du + Q(u,v,w)dv + R(u,v,w)dw$$

が，$\tilde{D}$ 上に (一般には曲面上に) 与えられているという設定から入る．このとき，グリーンの公式を‘もち上げた’形の定理として

$$\int_{\tilde{D}} d\omega = \int_{\tilde{C}} \omega \tag{2}$$

が成り立つことを示したい．(2) は丁寧にかくと，外微分の定義から

$$\int_{\tilde{D}} \left\{ \left(\frac{\partial Q}{\partial u} - \frac{\partial P}{\partial v} \right) dudv + \left(\frac{\partial R}{\partial v} - \frac{\partial Q}{\partial w} \right) dvdw + \left(\frac{\partial P}{\partial w} - \frac{\partial R}{\partial u} \right) dwdu \right\}$$

$$= \int_{\tilde{C}} P\,du + Q\,dv + R\,dw$$

と表わされていることを注意しよう．これはストークスの定理とよばれているものである．私たちはこの定理を次講で与えることにしよう．以下はグリーンの公式を $\boldsymbol{R}^3$ にまで‘もち上げていく’ための準備である．

パラメーター表示できる曲面

$\boldsymbol{R}^2$ の有界な領域 D を1つとる．D の境界 C は，グリーンの公式が成り立つための条件をみたしている——簡単のため C^∞-級の曲線からなる——とする．

閉領域 $\bar{D}$ を含むある領域で定義された3つの C^∞-級関数

$$u = u(x, y), \quad v = v(x, y), \quad w = w(x, y)$$

が与えられ，次の条件をみたすとする．

(i)　対応 $(x, y) \to (u, v, w)$ は1対1

(ii)　行列

$$\begin{pmatrix} \dfrac{\partial u}{\partial x} & \dfrac{\partial u}{\partial y} \\ \dfrac{\partial v}{\partial x} & \dfrac{\partial v}{\partial y} \\ \dfrac{\partial w}{\partial x} & \dfrac{\partial w}{\partial y} \end{pmatrix}$$

の階数は各点で2に等しい．

このとき，対応

$$\varphi : (x, y) \longrightarrow (u, v, w) \tag{3}$$

を $\bar{D}$ から $\boldsymbol{R}^3$ の中への写像と考えて，φ は，パラメーターをもつ曲面を定義するという．また $\varphi(\bar{D}) = S$ をパラメーターをもつ曲面，またはパラメーター表示される曲面という．このとき D の境界 C は，S の境界 $\tilde{C}$ へ移る．なお D の像，すなわち S の内部を開曲面という．

上の条件 (ii) は少しわかりにくいかもしれない．直観的にいえば，この条件は $\varphi(a, b) = (u_0, v_0, w_0)$ のとき，$\boldsymbol{R}^2$ 上の直線 $x = a$，$y = b$ の像が，曲面 S 上で，(u_0, v_0, w_0) の近くでは妙な形につぶれていないということである (図36)．妙な形でつぶれていないということは，この曲線を，uv-座標平面か vw-座標平面か，uw-座標平面かに射影したとき，どれかの座標平面上では，独立な方向へ走る2本

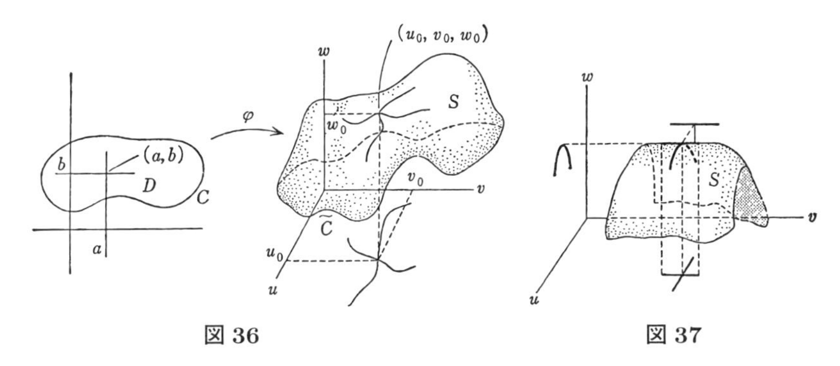

図 36　　図 37

の C^∞-級の曲線となっているということである．この述べ方はわかりにくいが，このようないい方が必要となる例を図で示しておこう．図 37 では，uv-座標平面に射影したときには独立な方向へと走る 2 本の曲線となっているが，vw-，uw-座標平面に射影したときには，そのようにはなっていないような，S 上の曲線の例を示しておいた．

微分形式の引き戻し

いままでの記号に合わすために，$\boldsymbol{R}^3$ には uvw-座標が導入されているとする．関数や微分形式は，ひとまず $\boldsymbol{R}^3$ 全体で定義されているとしているが，以下で考えるときには，点 (u, v, w) はすべて S の上だけを動いているものとする．S 上の関数や S 上の微分形式というのは，その意味とする．

さて，S 上の関数や微分形式は，写像 φ によって，いわば‘引き戻される’ように，D 上の関数や微分形式を定義する．これを φ による引き戻しというのであるが，読者の中には，φ は D から S への写像なのに，今度は S から D へと逆向きになって，S 上の微分形式が，D 上の微分形式を決めるのは，何かおかしいと考える人がいるかもしれない．しかし，まず関数に対しては，この考えはごく自然なことなのである．すなわち

[**関数の引き戻し**]　S 上の関数 $f(u, v, w)$ については，f の φ による引き戻し $\varphi^* f$ を，次のように定義する．

$$(\varphi^* f)(x, y) = f(u(x, y),\ v(x, y),\ w(x, y))$$

[**1 次の微分形式の引き戻し**]　この場合，引き戻しという操作をどのように定

義するかは，けっして自明とはいえないが，少なくとも任意の関数 f に対して

$$\varphi^*(df) = d\left(\varphi^* f\right) \tag{4}$$

が成り立つことを要請しておきたい．

この要請をみたすようにするには，次のように定義するとよいのである．

1 次の微分形式

$$\omega = P(u,v,w)du + Q(u,v,w)dv + R(u,v,w)dw$$

の φ による引き戻し $\varphi^*\omega$ は，関数 P, Q, R のいま定義したばかりの引き戻しを用いて，

$$\varphi^*\omega = \varphi^* P\cdot\left(\frac{\partial u}{\partial x}dx + \frac{\partial u}{\partial y}dy\right) + \varphi^* Q\cdot\left(\frac{\partial v}{\partial x}dx + \frac{\partial v}{\partial y}dy\right)$$
$$+ \varphi^* R\cdot\left(\frac{\partial w}{\partial x}dx + \frac{\partial w}{\partial y}dy\right)$$

すなわち

$$\varphi^*\omega = \varphi^* P\cdot d\left(\varphi^* u\right) + \varphi^* Q\cdot d\left(\varphi^* v\right) + \varphi^* R\cdot d\left(\varphi^* w\right)$$

によって定義する．なおここで，たとえば $d(\varphi^* u)$ は，関数 $\varphi^* u$ の外微分を表わしている．

この定義で (4) が成り立つことは，すぐあとで示す．

[**2 次の微分形式の引き戻し**]　この場合も 1 次の微分形式の場合と同様に定義されるのであって，たとえば

$$\eta = P(u,v,w)du\wedge dv$$

に対しては，η の φ による引き戻しを

$$\varphi^*\eta = \varphi^* P\cdot\left(\frac{\partial u}{\partial x}dx + \frac{\partial u}{\partial y}dy\right)\wedge\left(\frac{\partial v}{\partial x}dx + \frac{\partial v}{\partial y}dy\right)$$

と定義する．$\varphi^*\eta$ は

$$\varphi^*\eta = \varphi^* P\cdot d\left(\varphi^* u\right)\wedge d\left(\varphi^* v\right)$$

ともかける．また

$$\varphi^*\eta = \varphi^* P\cdot\left(\frac{\partial u}{\partial x}\frac{\partial v}{\partial y} - \frac{\partial u}{\partial y}\frac{\partial v}{\partial x}\right)dx\wedge dy \tag{5}$$

と表わしてもよいことを注意しておこう．

引き戻しによる外微分の不変性

次の命題が成り立つ．

> 0 次，1 次の微分形式 ω に対して
> $$\varphi^*(d\omega) = d\left(\varphi^*\omega\right) \tag{6}$$

【証明】 0 次の微分形式，すなわち ω が関数 f のときをまず示そう．このとき，合成関数の偏微分の規則から

$$\begin{aligned}
\varphi^*(df) &= \varphi^*\left(\frac{\partial f}{\partial u}du + \frac{\partial f}{\partial v}dv + \frac{\partial f}{\partial w}dw\right) \\
&= \left\{\varphi^*\left(\frac{\partial f}{\partial u}\right)\frac{\partial u}{\partial x} + \varphi^*\left(\frac{\partial f}{\partial v}\right)\frac{\partial v}{\partial x} + \varphi^*\left(\frac{\partial f}{\partial w}\right)\frac{\partial w}{\partial x}\right\}dx + \cdots \\
&= \frac{\partial\left(\varphi^* f\right)}{\partial x}dx + \frac{\partial\left(\varphi^* f\right)}{\partial y}dy \\
&= d(\varphi^* f)
\end{aligned}$$

ここで $\varphi^*\left(\dfrac{\partial f}{\partial u}\right)\dfrac{\partial u}{\partial x}$ とかいてあるところは，ふつうは $\dfrac{\partial f}{\partial u}\dfrac{\partial u}{\partial x}$ とかくものである．$\varphi^*\left(\dfrac{\partial f}{\partial u}\right)\dfrac{\partial u}{\partial x}$ とかくと，変数が (x, y) であることが強調されたことになる．これで，0 次の微分形式のときは証明された．

ω が 1 次の微分形式

$$\omega = P\,du + Q\,dv + R\,dw$$

のときは

$$\begin{aligned}
\varphi^*(d\omega) &= \varphi^*(dP \wedge du + dQ \wedge dv + dR \wedge dw) \\
&= d(\varphi^* P) \wedge d(\varphi^* u) + d(\varphi^* Q) \wedge d(\varphi^* v) + d(\varphi^* R) \wedge d(\varphi^* w)
\end{aligned}$$

ここで引き戻しの定義から，$\varphi^*(dP \wedge du) = \varphi^*(dP) \wedge \varphi^*(du)$ が成り立つというようなことを用いている．また du に対しては，関数 u の外微分と考えて上の 0 次の場合の結果を適用している．

一方，

$$\begin{aligned}
d(\varphi^*\omega) &= d(\varphi^* P \wedge d(\varphi^* u) + \varphi^* Q \wedge d(\varphi^* v) + \varphi^* R \wedge d(\varphi^* w)) \\
&= d(\varphi^* P) \wedge d(\varphi^* u) + d(\varphi^* Q) \wedge d(\varphi^* v) + d(\varphi^* R) \wedge d(\varphi^* w)
\end{aligned}$$

(第 21 講，外微分の性質 (c)，(d) 参照．ここで，$d\,(d\,(\varphi^* u)) = 0$ を用いている．)
両式を見比べて，この場合も

$$\varphi^*(d\omega) = d(\varphi^* \omega)$$

が成り立つことが示された． ∎

注意　ω が 2 次の微分形式のときには，$d\omega$ は 3 次の微分形式となり，このときは $\varphi^*(d\omega)$ も $d\varphi^*\omega$ も 0 となる．その意味でやはり，命題で述べた式は成り立つといってよい．

Tea Time

穴のあいた領域と穴のあいた曲面

いままでは，簡単のために $\boldsymbol{R}^2$ の有界な領域というときには，穴のあいていない領域だけを図示してきた．しかし，領域というといつもこのようなものだけを考えるのはやはり少し視野を狭めるかもしれない．

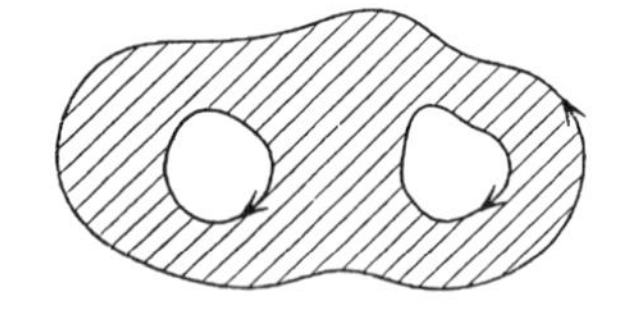

図 38

実際は領域というときには，図 38 で示したように，円板にいくつかの穴があいたものも考えている．グリーンの公式の証明を読み直してみるとわかるように，このときも，境界に適当な向きをつけておくと，グリーンの公式はそのままの形で成り立つ．適当な向きとは，内部を左手に見ながらまわる向きを正の向きとするのである．図 38 でいうと，外側の周をまわるときは時計の針と逆まわりであり，内側の周をまわるときは時計の針と同じ向きにまわることになっている．

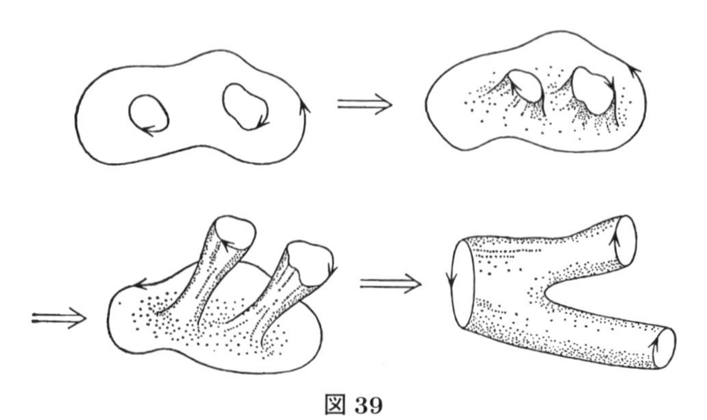

図 39

図 38 のような領域の中をパラメーターが動くとき，このパラメーターによって表示される曲面の中には，図 39 で示されるような，ズボンの形をした曲面も含まれてくることになる．このようなとき，グリーンの公式を‘もち上げた’形のストークスの定理を成り立たせるためには，胴まわりと裾まわりを回転する向きは別にとっておかなくてはならない．このようなとき，まわる向きを，時計の針のまわり方と比べるのは，はっきりしないことになってしまう．周をまわる向きを指定するには，周に沿う外向きの法線を考えて，この法線と，周をまわる向きにとった接線の方向が右手系——法線の向きを x 軸の正の方向，接線の向きを y 軸の正の方向と考える——となるように，周の向きを決める，といういい方をするとよい．

第 24 講

ストークスの定理

テーマ
- ◆ ストークスの定理
- ◆ 曲面の向き
- ◆ ストークスの定理の証明の筋道——引き戻しによってグリーンの公式に帰着させる.
- ◆ ストークスの定理の証明
- ◆ (Tea Time) 記号：div, rot, grad

境界について

$\boldsymbol{R}^2$ の有界な閉領域 $\bar{D}$ 上をパラメーター (x, y) が動くとき，このパラメーターによって

$$u = u(x,y), \quad v = v(x,y), \quad w = w(x,y)$$

として表示される $\boldsymbol{R}^3$ の曲面を S とする.

D と S の境界を明示するために，D の境界をこれからは ∂D，また S の境界は ∂S と表わすことにしよう (第 20 講の Tea Time 参照).

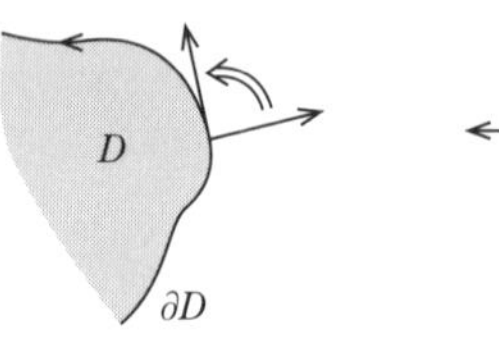

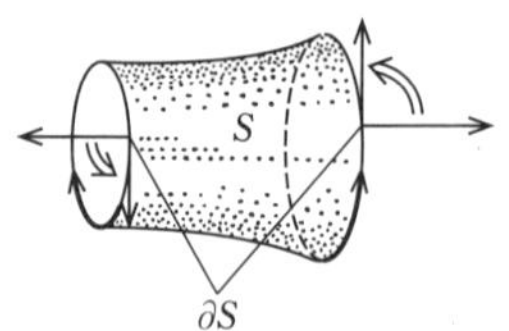

図 40

∂D と ∂S の向きは，∂D と ∂S に沿う外向きの法線を第 1 座標とする右手系をとるものとする (前講の Tea Time 参照).

ストークスの定理

$\boldsymbol{R}^3$ 上の 1 次の微分形式

$$\omega = P(u,v,w)du + Q(u,v,w)dv + R(u,v,w)dw$$

が与えられたとする．このとき次のストークスの定理が成り立つ．

【ストークスの定理】

$$\int_S d\omega = \int_{\partial S} \omega \tag{1}$$

外微分と，面積分，線積分の定義にしたがってこの等式をかき表わすと

$$\iint_S \left\{ \left(\frac{\partial Q}{\partial u} - \frac{\partial P}{\partial v} \right) dudv + \left(\frac{\partial R}{\partial v} - \frac{\partial Q}{\partial w} \right) dvdw + \left(\frac{\partial P}{\partial w} - \frac{\partial R}{\partial u} \right) dwdu \right\}$$
$$= \int_{\partial S} P\,du + Q\,dv + R\,dw$$

となる．

もっとも面積分とかいたが，$\iint_S \cdot\, dudv$ は，パラメーター表示による積分の意味である．

この意味は，分点 $x_0 < x_1 < \cdots < x_n$，$y_0 < y_1 < \cdots < y_n$ に対応して，S 上の点 $u_i = u(x_i, y_i)$，$v_i = v(x_i, y_i)$，$w_i = w(x_i, y_i)$ を考え，和

$$\sum f\left(u_i, v_i, w_i\right)\left(u_{i+1} - u_i\right)\left(v_{i+1} - v_i\right)$$

の極限を $\iint_S f(u,v,w)dudv$ とおくのである．線積分 $\int_{\partial S} f(u,v,w)du$ の意味も同様である．

曲面の向き

この面積分の定義はごく自然にみえるが，よく見ると $u_0, u_1, \ldots, u_n$；v_0, $v_1, \ldots, v_n$ の並び方は，パラメーター (x,y) によって (u,v) がどのように変化しているかに従属しているから，ふつうの積分と少し違うことに気がつく．実際，ある場合には

$$u_0 < u_1 < \cdots < u_n;\ v_0 < v_1 < \cdots < v_n$$

となるが，ある場合には

$$u_0 > u_1 > \cdots > u_n;\ v_0 < v_1 < \cdots < v_n$$

となることもあるだろう．

上の場合が (極限の状況でも) 起きるときには，$(u_{i+1}-u_i)(v_{i+1}-v_i)>0$ だから，$f(u,v,w)>0$ に対して，面積分 $\iint_S f\,dudv$ の値は正となるが，後の場合が起きるときは負となる．

一般に，同じ曲面 S 上の 1 点のまわりで，パラメーターが

$$J(uv/xy)=\begin{vmatrix}\dfrac{\partial u}{\partial x} & \dfrac{\partial u}{\partial y}\\ \dfrac{\partial v}{\partial x} & \dfrac{\partial v}{\partial y}\end{vmatrix}>0$$

をみたすように与えられているときと，$J(uv/xy)<0$ をみたすように与えられているときは，互いに逆の向きになっているという．

$J(uv/xy)>0$ の向きにパラメーター u,v が与えられているときには，$f>0$ に対して面積分 $\iint_S f\,dudv$ の値は正となるが，逆向きのときは負となる．

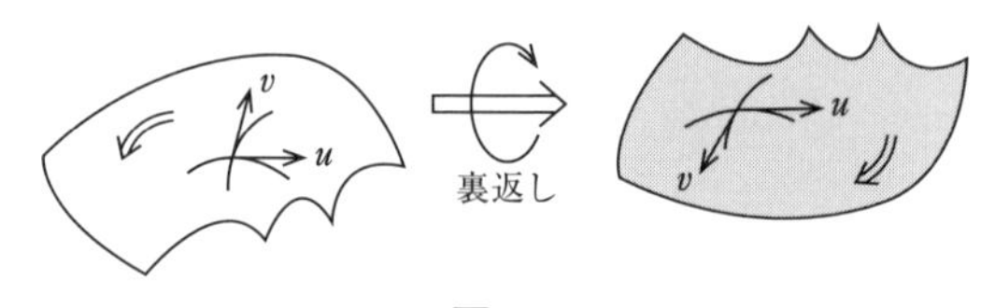

図 41

このことは直観的にいうと，曲面を表側から見るか，裏側から見るかということになっている．もちろんこのときも，表か裏かということは相対的ないい方にすぎない (図 41)．

ストークスの定理の証明の筋道

ストークスの定理は，ω を D 上に引き戻し，グリーンの公式に還元することによって証明される．その証明に入るために，前講のように，S のパラメーター表示を引き起こす写像を φ で表わすことにする．

$$\varphi:(x,y)\longrightarrow(u,v,w)$$

このとき $\varphi(\bar{D})=S$ となるが，以下で積分をとるときには，$\varphi(\bar{D})$ の上でとっても $\varphi(D)$ の上でとっても，積分の値は変わらないことを注意しておこう．

まず，証明すべき式 (1) の左辺を

$$\int_S d\omega = \int_{\varphi(D)} d\omega$$

とかき直し，(1) の右辺を

$$\int_{\partial S} \omega = \int_{\varphi(\partial D)} \omega$$

とかき直しておく．

このかき直しによって，(1) は

$$\int_{\varphi(D)} d\omega = \int_{\varphi(\partial D)} \omega \qquad (1)'$$

となる．私たちは，$(1)'$ の形でストークスの定理を証明することにしよう．

このとき $(1)'$ の証明は，$(1)'$ の左辺と右辺に対して，それぞれ次の等式が成り立つことを示すことに帰着する．

$$\int_{\varphi(D)} d\omega = \int_D \varphi^*(d\omega) \qquad (2)$$

$$\int_{\varphi(\partial D)} \omega = \int_{\partial D} \varphi^*\omega \qquad (3)$$

実際，この 2 つの式が示されれば，$\varphi^*(d\omega) = d(\varphi^*\omega)$ (前講 (6)) により，

$$(2)\ \text{の右辺} = \int_D d\left(\varphi^*\omega\right)$$

となる．ここにグリーンの公式を用いると

$$= \int_{\partial D} \varphi^*\omega = (3)\ \text{の右辺！}$$

となる．したがって (2) = (3) となり，これは左辺の方でみると $(1)'$ にほかならない．これでストークスの定理が証明されたことになる．

(2) の証明

そこで (2) の証明となるが，一般に $\boldsymbol{R}^3$ 上の 2 次の微分形式

$$\eta = \tilde{P}(u,v,w)du \wedge dv + \cdots$$

に対して

$$\int_{\varphi(D)} \eta = \int_D \varphi^* \eta \tag{4}$$

が成り立つことを示すとよい．特に $\eta = d\omega$ とおくと (2) である．

簡単のため

$$\eta = \tilde{P}(u, v, w) du \wedge dv$$

のときを考える．このとき，前講の (2) によって

$$\varphi^* \eta = \tilde{P}(u(x, y),\ v(x, y),\ w(x, y)) \left(\frac{\partial u}{\partial x} \frac{\partial v}{\partial y} - \frac{\partial u}{\partial y} \frac{\partial v}{\partial x} \right) dx \wedge dy$$

である．

したがって (4) を示すには

$$\begin{aligned}\iint_{\varphi(D)} \tilde{P}(u, v, w) dudv = \iint_D & \tilde{P}(u(x, y),\ v(x, y),\ w(x, y)) \\ & \times \left(\frac{\partial u}{\partial x} \frac{\partial v}{\partial y} - \frac{\partial u}{\partial y} \frac{\partial v}{\partial x} \right) dxdy\end{aligned}$$

が成り立つかどうかをみるとよい．しかし

$$\frac{\partial u}{\partial x} \frac{\partial v}{\partial y} - \frac{\partial u}{\partial y} \frac{\partial v}{\partial x} = J(uv/xy)$$

に注意すると，これは重積分の変数変換の公式にほかならないことがわかる．したがって (4) が成り立つ．

なお，ここでコメントを 1 つ述べることが必要となる．ふつうは重積分の変数変換ではヤコビアンの絶対値をとっているが，ここではヤコビアンそのものが右辺に現われている．これは $\iint \cdot\, dudv$ の定義は，面積そのものではなくて，面積に (曲面の向きにしたがって) 符号をつけたものになっているからである．

(3) の証明

このときも，1 次の微分形式の特別な場合

$$\zeta = \tilde{Q}(u, v, w) du$$

に対して

$$\int_{\varphi(\partial D)} \zeta = \int_{\partial D} \varphi^* \zeta \tag{5}$$

が成り立つことを示すとよい．すなわち

$$\int_{\varphi(\partial D)} \tilde{Q}(u,v,w)du = \int_{\partial D} \tilde{Q}(u(x,y),\ v(x,y),\ w(x,y)) \times \left(\frac{\partial u}{\partial x}dx + \frac{\partial u}{\partial y}dy\right)$$

が成り立つことを示せばよいが，これは左辺の線積分の定義と

$$\begin{aligned} u_{i+1} - u_i &= u\left(x_{i+1}, y_{i+1}\right) - u\left(x_i, y_i\right) \\ &= \frac{\partial u}{\partial x}\left(\tilde{x}_i, \tilde{y}_i\right) \cdot \left(x_{i+1} - x_i\right) + \frac{\partial u}{\partial y}\left(\tilde{x}_i, \tilde{y}_i\right) \cdot \left(y_{i+1} - y_i\right) \end{aligned}$$

$(x_i < \tilde{x}_i < x_{i+1},\ y_i < \tilde{y}_i < y_{i+1})$ に注意すると，記号的に

$$du = \frac{\partial u}{\partial x}dx + \frac{\partial u}{\partial y}dy$$

が成り立つことからわかる．これで (3) が成り立つことが示された．

もっともここで $J(uv/xy)$ の正負の符号と，周の向きについて触れておかないと，(4) と (5) とが，$J(uv/xy) < 0$ のときにもはたして結びつくかどうかということが問題となるだろう．ここは直観的な説明ですますことにしよう．(x, y) が ∂D を正の向きにまわるとき，S が表側——$J(uv/xy) > 0$——として表わされているときには，パラメーター (u, v, w) は，∂S を正の向きにまわる．また，S が裏側——$J(uv/xy) < 0$——として表わされているときには，(u, v, w) は ∂S を負の向きにまわる．したがって，面積を測る (4) における符号と，線積分 (5) の長さを測る符号が一致して，(4) と (5) の符号の整合性が得られるのである．

結　　論

(2) と (3) が成り立つことが示されて，ストークスの定理が完全に証明された．

読者は，この証明の過程の中で，グリーンの公式の背景となっていた 2 次元の平面が揺れ動き出して，何かもっと自由な世界へと数学が胎動しはじめたことを感じられたのではないだろうか．微分形式という媒介を通して，数学の展開する場が，平面という束縛を脱しつつあるのである．

Tea Time

ベクトル解析における慣用の記号

伝統的なベクトル解析では，$\boldsymbol{R}^3$ のベクトル値関数

$$\boldsymbol{f} = (P(x,y,z),\ Q(x,y,z),\ R(x,y,z))$$

に対し

$$\operatorname{div}\boldsymbol{f} = \frac{\partial P}{\partial x} + \frac{\partial Q}{\partial y} + \frac{\partial R}{\partial z}$$
$$\operatorname{rot}\boldsymbol{f} = \left(\frac{\partial R}{\partial y} - \frac{\partial Q}{\partial z},\ \frac{\partial P}{\partial z} - \frac{\partial R}{\partial x},\ \frac{\partial Q}{\partial x} - \frac{\partial P}{\partial y}\right)$$

とおく．$\operatorname{div}\boldsymbol{f}$ は，ベクトル $\boldsymbol{f}$ の発散 (divergence) という．また $\operatorname{rot}\boldsymbol{f}$ は，ベクトル $\boldsymbol{f}$ の回転 (rotation または curl) という．$\operatorname{rot}\boldsymbol{f}$ を $\operatorname{curl}\boldsymbol{f}$ とかいてある本もある．

記号としての意味しかないが

$$\nabla = \left(\frac{\partial}{\partial x},\ \frac{\partial}{\partial y},\ \frac{\partial}{\partial z}\right)$$

とおくと，$\boldsymbol{R}^3$ のベクトルの外積 (第 16 講) の定義に見ならって，まったく形式的ではあるが

$$\nabla \times f = \operatorname{rot}\boldsymbol{f}$$

とかくこともある．

$\operatorname{rot}\boldsymbol{f}$ は，$\boldsymbol{f}$ の成分を用いて微分形式 $\tilde{\boldsymbol{f}}$ を

$$\tilde{\boldsymbol{f}} = P\,dx + Q\,dy + R\,dz$$

によって定義したとき

$$d\tilde{\boldsymbol{f}} = \left(\frac{\partial R}{\partial y} - \frac{\partial Q}{\partial z}\right)dy \wedge dz + \left(\frac{\partial P}{\partial z} - \frac{\partial R}{\partial x}\right)dz \wedge dx$$
$$+ \left(\frac{\partial Q}{\partial x} - \frac{\partial P}{\partial y}\right)dx \wedge dy$$

に対して，$dy \wedge dz$，$dz \wedge dx$，$dx \wedge dy$ の成分を対応させたものになっている．このことから，微分形式の公式

$$d(d\omega) = 0$$

は，

$$\operatorname{div}\operatorname{rot}\boldsymbol{f} = 0$$

とかき表わされることがわかる．

また関数 f に対して

$$\operatorname{grad} f = \left(\frac{\partial f}{\partial x}, \frac{\partial f}{\partial y}, \frac{\partial f}{\partial z}\right)$$

とおき，このベクトルを f の勾配ベクトル (gradient) という．$\operatorname{grad} f$ の成分は

$$df = \frac{\partial f}{\partial x}dx + \frac{\partial f}{\partial y}dy + \frac{\partial f}{\partial z}dz$$

の係数となっている．このことからまた

$$d(df) = 0$$

は，

$$\operatorname{rot}\operatorname{grad} f = 0$$

とかいても，実質的には同じことをいっていることがわかる．

このように $\boldsymbol{R}^3$ におけるベクトル解析の慣用の記号を，微分形式を通して新しい解釈をしておくことにより，ベクトル解析の舞台を，$\boldsymbol{R}^3$ から一般の $\boldsymbol{R}^n$ へと広げる道がしだいに見えてくるのである．

第 25 講

曲面上の局所座標

テーマ
- ◆ パラメーターで表わされない曲面
- ◆ 曲面——紙を貼り合わせるというイメージ
- ◆ $\boldsymbol{R}^3$ の曲面の定義
- ◆ 局所座標
- ◆ 局所座標の変換
- ◆ C^∞-級の曲面

パラメーターで表わされない曲面

パラメーターで表わされる曲面に対しては．ストークスの定理は成り立っている．しかし一般には，曲面はパラメーター表示によって表わすことはできないのである．

たとえば，図 42 で与えた曲面は，パラメーターでは表わせない例を与えている．なぜかというと，図 43 右のように，この曲面上に 2 つの閉曲線 C_1 と C_2 をかくと，C_1 と C_2 は 1 点でしか交わっていない．この 1 点では十字路のように横断的に交わっている．ところが平面の領域の中では，2 つの閉曲線がこのように 1 点でしか横断的に交わらないということは，けっして生じないのである．したがって，平面の領域からこの曲面への 1 対 1 の C^∞-級の写像——パラメーター表

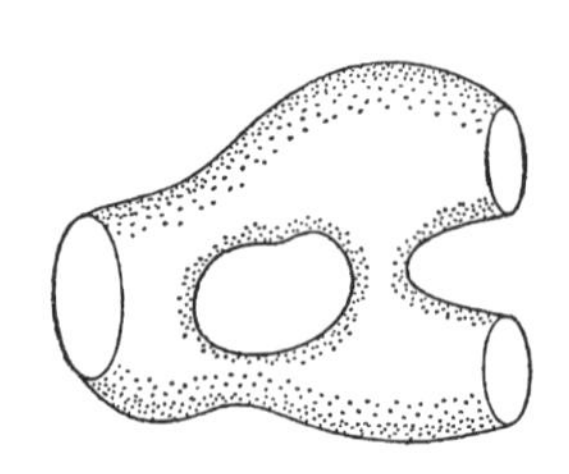

図 42

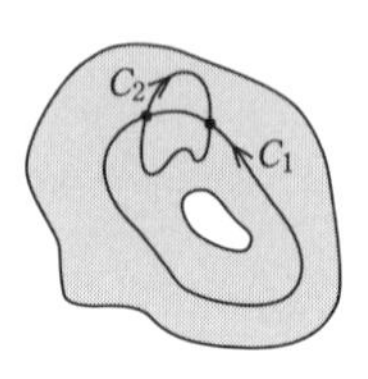

C_1 と C_2 は 2 点で交わっている

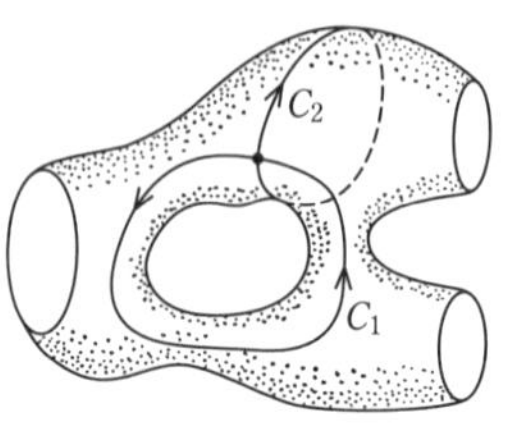

C_1 と C_2 は 1 点で交わっている

図 43

示を与える写像——は，けっして存在しない．

また，境界を全然もたない曲面——閉曲面——も，パラメーター表示によって表わすことはできない (図 44)．なぜなら，$\boldsymbol{R}^2$ の有界な領域は必ず境界をもち，したがってまたパラメーター表示される曲面は，必ず境界をもたなければならないからである (174 頁参照)．

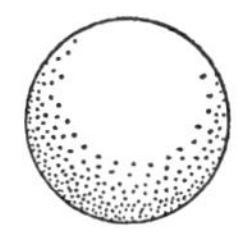
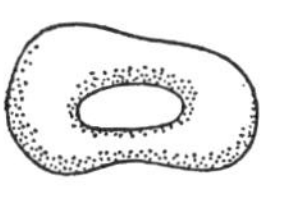
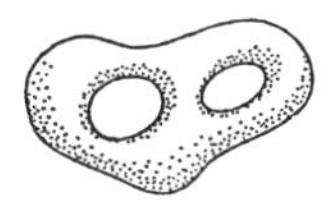

図 44

曲面——紙を貼り合わせるというイメージ

私たちが曲面というときには，漠然と空間の一部を囲んでいるようなものを思い浮かべているが，数学的に述べるためには，もう少し正確な描像を捉えておいた方がよい．風船でも浮輪でも，私たちが曲面と考えるものは，全体として見れば複雑に曲がったり，よじれたりしているけれど，小さい部分だけ見ると，そこは平面の一部を少し曲げたような形になっている．実際，私たちは小さな紙を貼り合わせていくことにより，いろいろな形の曲面を作り上げていくことができる．別のいい方をすれば，どんな曲面が与えられても，私たちは，紙をちぎって，曲面の上に次々と貼っていくことにより，最後には曲面全体を貼り合わせた紙でおおうことができる (図 45)．

‘紙をちぎる’とかいたところを，$\boldsymbol{R}^2$ の有界な領域を考えるといい直す．また，ちぎった紙を‘曲面に貼る’とかいたところを，この有界な領域から曲面へのパラメーター表示を与える写像があるといい直す．そうすると，1 つの紙が貼られた部分は，パラメーターのつけられた曲面上の領域といってよく，曲面は，このような領域が‘貼り合わさって’できていると考えてよくなる．

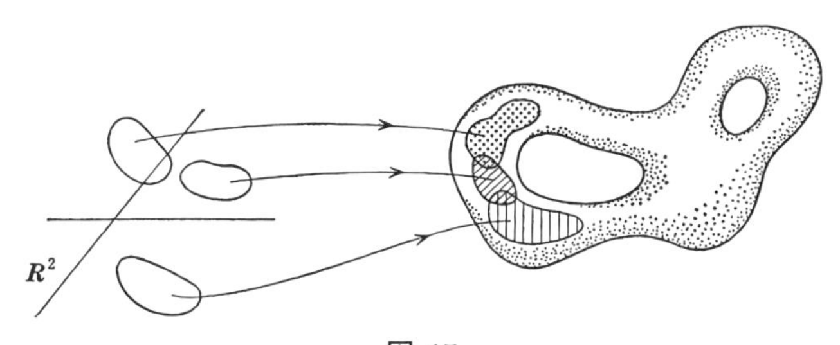

図 45

曲面を定義する試み

すぐ上では，紙の貼られた部分を，曲面上の領域といったが，一般的な観点に立てば，ここは (紙の内部にだけ注目して) 曲面上の開集合といった方がよい.

一般に，$\boldsymbol{R}^3$ の部分集合 S が与えられたとき，S の開集合 U とは，$\boldsymbol{R}^3$ の適当な開集合 W をとると

$$U = S \cap W$$

と表わされるものである．開集合という概念にあまり慣れていない読者は，図 46 で，破線で囲まれたような S の部分を，S の開集合と考えておいても，これからの議論に特に困ることはない.

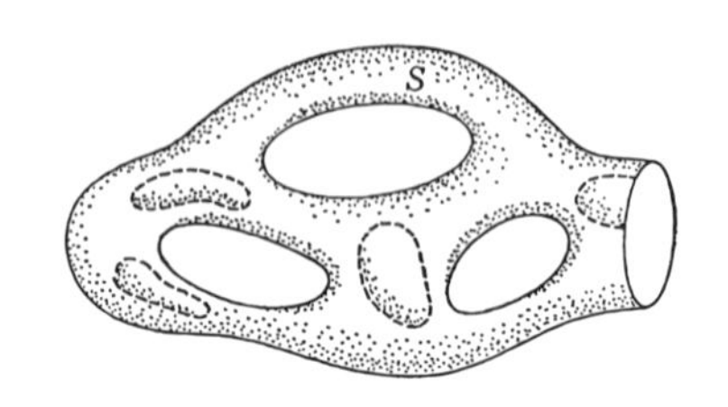

図 46

私たちの望む曲面 S とは，$\boldsymbol{R}^3$ の中で，パラメーターをもつ (周を含まない) 開曲面がいくつか貼り合わさって得られるようなものである．すなわち，S は $\boldsymbol{R}^3$ の部分集合であって，有限個のパラメーターのついた曲面 (周を含まない) が貼り合わされてできているようなものである．このとき S 上では，微分形式も‘貼り合わされ’，また座標変換による不変性から，外微分も定義されそうに思えてくる．パラメーターのつけられた曲面で成り立つことは，このようにして S 上でも成り立つことが予想される．その予想が正しいことを確かめる道をこれから歩んでいくことにしよう.

$\boldsymbol{R}^3$ の曲面の定義

【定義】 $\boldsymbol{R}^3$ の部分集合 S が次の条件をみたすとき，S を $\boldsymbol{R}^3$ の曲面という：

S の適当な有限個の開集合 $U_1, U_2, \ldots, U_s$ があって

(i)　$S = U_1 \cup U_2 \cup \cdots \cup U_s$

(ii)　各 U_α $(\alpha = 1, 2, \ldots, s)$ は，パラメーターをもつ開曲面となっている.

注意　(i) の条件は，有限個と限る必要は特にないのだが，簡単のため，ここでは U_α は有限個としておいた.

第 23 講で述べたパラメーターをもつ曲面の定義を参照してみると，U_α 上で，

S は次のような状況となって表わされていることがわかる．

$$\varphi_\alpha\colon D_\alpha \longrightarrow U_\alpha$$

をパラメーターを与える写像とする．D_α は $\boldsymbol{R}^2$ の領域である．このとき U_α の点 (u,v,w) は，このパラメーター写像によって

$$u=\tilde{u}(x,y),\quad v=\tilde{v}(x,y),\quad w=\tilde{w}(x,y)$$

と表わされる．$\tilde{u},\tilde{v},\tilde{w}$ は変数 (x,y) について C^∞-級の関数である．

パラメーター写像に関する条件——ヤコビアンは各点で階数が 2 (第 23 講参照)——から，実は次のことが成り立っている．

(ロ)　U の点 P をとると，P の近くでは，次の 3 つの場合の少なくとも 1 つが起きている (図 47).

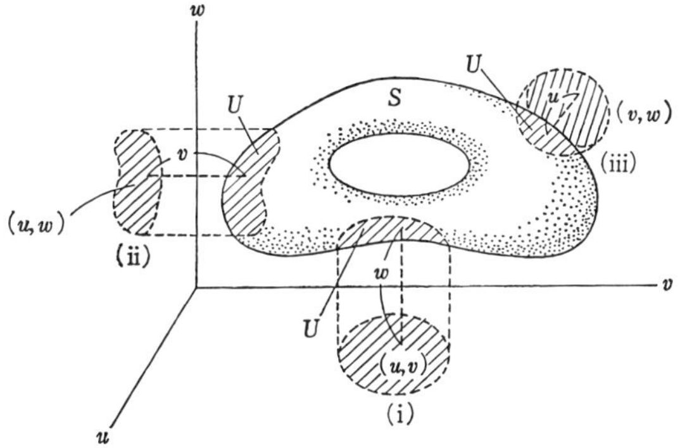

図 47

P の近くの U の点は

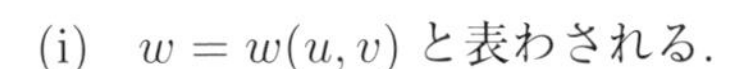

(i)　$w=w(u,v)$ と表わされる．

(ii)　$v=v(u,w)$ と表わされる．

(iii)　$u=u(v,w)$ と表わされる．

ここで，右辺に現われた関数は，それぞれの変数について，C^∞-級の関数である．

たとえば (i) が成り立つのは

$$\begin{vmatrix} \dfrac{\partial u}{\partial x} & \dfrac{\partial u}{\partial y} \\ \dfrac{\partial v}{\partial x} & \dfrac{\partial v}{\partial y} \end{vmatrix} \neq 0$$

のときである．

この結果から，S は，局所的には，適当な座標平面から測った高さの関数として表わされ，この高さは滑らかに変化するようになっていることがわかる．

局 所 座 標

各 U_α がパラメーター表示

$$\varphi_\alpha \colon D_\alpha \longrightarrow U_\alpha$$

をもつということを，もう少し別の角度からみてみよう．U_α の点は，D_α の点 (x_α, y_α) の φ_α による像となっている (図 48)．すなわち U_α の点は，φ_α という‘映写機’によって，$\boldsymbol{R}^2$ の領域 D_α が曲面 S 上にそっくり映し出されたと考える．

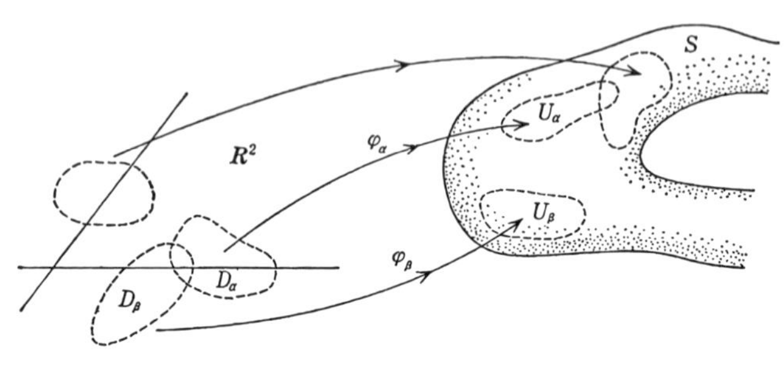

図 48

その意味では，D_α 上の点を表わす $\boldsymbol{R}^2$ の座標 (x_α, y_α) は，そのまま φ_α を通して U_α 上の座標を与えていると考えてもよい．このような見方をしてみると，(x_α, y_α) は，パラメーターであるというよりは，U_α 上の 1 つの座標であるという考え方をとった方がはっきりしてくる．

このように，(x_α, y_α) に U_α 上の座標の意味をもたすときには，φ_α の逆写像

$$\psi_\alpha \colon U_\alpha \longrightarrow D_\alpha$$

を考えて，この写像によって，U_α の点 P に

$$\psi_\alpha(\mathrm{P}) = (x_\alpha, y_\alpha)$$

として局所座標 (x_α, y_α) が導入されたと考えるのがふつうである (図 49)．

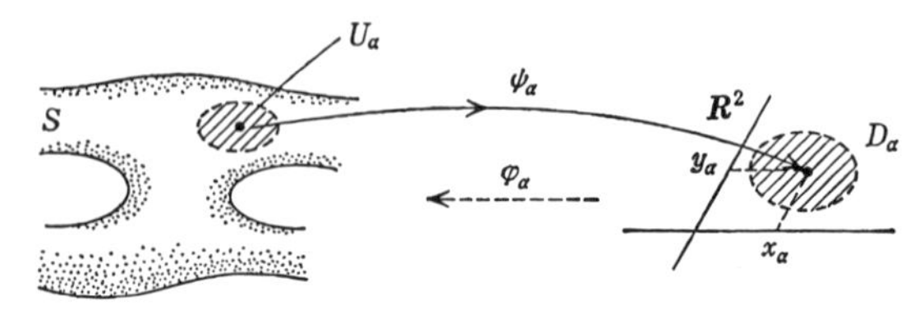

図 49

そして，このようにして U_α 上に導入された局所座標を ψ_α と対（つい）として考えることにして，$\{U_\alpha, \psi_\alpha\}$ と記す．ψ_α を局所座標写像という．

また S をおおう局所座標全体 $\{U_\alpha, \psi_\alpha\}$ $(\alpha = 1, 2, \ldots, s)$ を，S の 1 つの局所座標系という．

1つの注意

S が境界のない球面や，ドーナツ面のときには，いまの定義でよいのだが，実際は図 42 で表わした曲面のように境界があるときには，境界のところでは，局所座標の写像は，D_α で定義されているだけではなくて，D_α の境界の一部でも定義されている必要がある (図 50)．しかしこのような点に立ち入ると，議論があまり細かくなるので，読者にはそのような場合も考慮すべきだということを，留意してもらうことにして，上のような設定で話を進めていく．

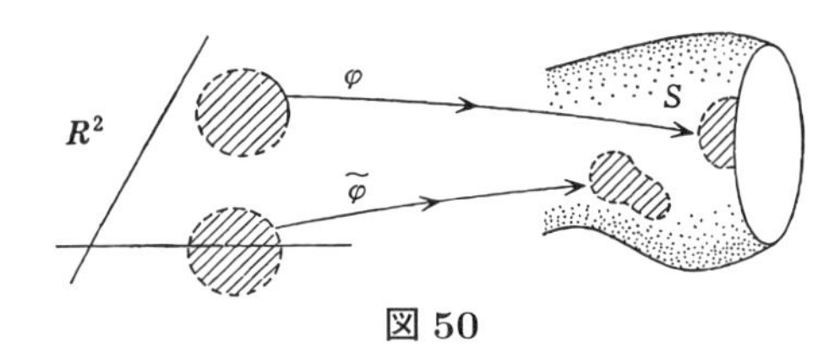

図 50

局所座標の変換

S の局所座標系を与える S の開集合 $U_1, U_2, \ldots, U_s$ は一般には重なっている．いま $U_\alpha \cap U_\beta \neq \phi$ とすると，$U_\alpha \cap U_\beta$ に属する点 P は，2 つの局所座標

$$(x_\alpha, y_\alpha), \quad (x_\beta, y_\beta)$$

をもつことになる．図式化してかくと

$$\begin{array}{ccc} & \mathrm{P} & \\ {}^{\psi_\alpha}\swarrow & & \searrow^{\psi_\beta} \\ (x_\alpha, y_\alpha) & \dashrightarrow & (x_\beta, y_\beta) \end{array}$$

このとき，$\dashrightarrow$ で表わされる写像を，局所座標の変換則という．写像の形でこの $\dashrightarrow$ の部分を正確にかくと，ψ_α の逆写像と ψ_β の合成写像として

$$\psi_\beta \circ {\psi_\alpha}^{-1}$$

と表わされる．実際

$$\psi_\beta \circ {\psi_\alpha}^{-1}(x_\alpha, y_\alpha) = \psi_\beta(\mathrm{P}) = (x_\beta, y_\beta)$$

である．

局所座標の変換則によって，x_β, y_β は (x_α, y_α) の関数として表わされる．

$$x_\beta = x_\beta(x_\alpha, y_\alpha), \quad y_\beta = y_\beta(x_\alpha, y_\alpha) \tag{1}$$

私たちがいま考えている場合は，$\mathrm{P} \in U_\alpha \cap U_\beta$ に対して (1) は C^∞-級の関数となっている．

これは (♮) の結果なのである．いま点 P のまわりで S が $w = w(u, v)$ と表わされているとしよう．このとき対応

$$(x_\alpha, y_\alpha) \longleftrightarrow (u, v), \quad (x_\beta, y_\beta) \longleftrightarrow (u, v)$$

は，C^∞-級の対応となって，したがってまた

$$(x_\alpha, y_\alpha) \longrightarrow (u, v) \longrightarrow (x_\beta, y_\beta)$$

が C^∞-級の対応となる．このことから (1) が，C^∞-級の関数となることが結論される．

局所座標の変換則が C^∞-級の関数で与えられているという意味で，S は C^∞-級の曲面である．

Tea Time

曲面の形

図 51 で示したように，曲面を少しずつ引き伸ばしたり曲げたりしていくと，はじめの形からは予想もつかないような形をした曲面が生まれてくる．座標平面上で解析学――微分・積分――を展開するときには，座標平面が変化していくこと

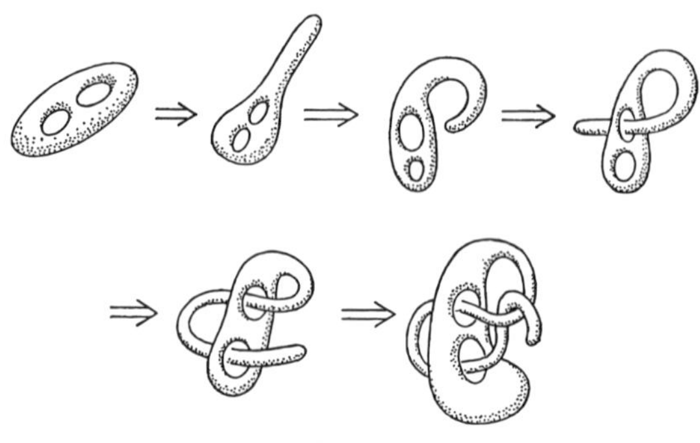

図 51

など考えることもなかったが，曲面上では状況が変わってきて，いろいろに変化し得る曲面の形をどのように考えるかが問題となる．幾何学の一分野である微分幾何学では，曲面の形そのものを問題とするが，曲面上で解析学を展開するときには，基本的な立場では，形にはよらないで図 51 で示したすべての曲面に共通に成り立つような結果を数学的にまず定式化しようとする．

図 51 のように，曲面の形がどんどん変化していくのを見ていると，このような立場は容認しにくいような気分になるかもしれない．しかし，たとえば，平面上で解析学を展開するとき，平面が少しくらい曲がっていても，同じ形で解析学が成り立つだろうと私たちは思っている．それは頭の中で，標準的な座標平面を思い浮かべて，曲がった平面もこの座標平面へ移して考えているからである．曲面の場合でも，少し変えても同様なことが成り立つだろうと思うのは，標準的なある形へと移して考えているからだろう．少しずつ，少しずつ変えても，同様のことが成り立つだろうと思っていると，結局，図 51 の曲面すべてに共通に成り立つような理論があってもよいだろうと思われてくる．このような観点を支えるものとして，座標変換で不変であるような性質が浮かび上がってくるのである．

第 26 講

曲面上の微分形式

テーマ
- ◆ 曲面上の C^∞-級関数
- ◆ 余接空間
- ◆ 曲面上の 1 次の微分形式
- ◆ 曲面上の 2 次の微分形式
- ◆ 外微分
- ◆ ストークスの定理
- ◆ (Tea Time) クラインの壺

曲面上の C^∞-級関数

曲面 S 上の点 P は，$\mathrm{P} \in U_\alpha$ のとき局所座標によって

$$\mathrm{P} \underset{{\psi_\alpha}^{-1}}{\overset{\psi_\alpha}{\rightleftarrows}} (x_\alpha, y_\alpha)$$

と表わされる．したがって曲面 S 上で定義された連続関数 $f(\mathrm{P})$ は

$$f(\mathrm{P}) = f(x_\alpha, y_\alpha) \qquad \left(U_\alpha \text{ 上で}\right) \tag{1}$$

と表わすことができる．この関係式は正確にかくと

$$f(\mathrm{P}) = f \circ {\psi_\alpha}^{-1}(x_\alpha, y_\alpha)$$

である．しかし，(1) のようにかいておいた方がずっとわかりやすい．

各 U_α 上で (1) の右辺が (x_α, y_α) の関数として C^∞-級の関数のとき，f を S 上の C^∞-級の関数という．

このような定義が可能なのは，S が C^∞-級の曲面——局所座標の変換則が C^∞-級——であるという事情が効いている．

なぜなら，$\mathrm{P} \in U_\alpha \cap U_\beta$ のとき，f は U_α の座標を用いるか，U_β の座標を用いるかによって，2 通りの表現

$$f(\mathrm{P}) = f(x_\alpha, y_\alpha), \quad f(\mathrm{P}) = f(x_\beta, y_\beta)$$

をもつ．このとき，$f(x_\alpha, y_\alpha)$ は C^∞-級なのに，$f(x_\beta, y_\beta)$ は C^∞-級でないという状況が起きては困るのである．関数 f が C^∞-級であるという性質は，f が S 上でとる値だけで決まる性質であってほしいので，座標のとり方にはよらないことが望まれる！　実際はこのような状況は起きない．その保証を与えるのが，曲面が C^∞-級であるという性質である．

このことを示すには

$$f\,(x_\alpha, y_\alpha) \text{ を } f \circ {\psi_\alpha}^{-1}(x_\alpha, y_\alpha)$$
$$f\,(x_\beta, y_\beta) \text{ を } f \circ {\psi_\beta}^{-1}(x_\beta,\ y_\beta)$$

と正確に表わしておいた方がよい．このとき

$$f \circ {\psi_\beta}^{-1} = (f \circ {\psi_\alpha}^{-1}) \circ (\psi_\alpha \circ {\psi_\beta}^{-1})$$

となるが，右辺で $\psi_\alpha \circ {\psi_\beta}^{-1}$ は局所座標の変換則で C^∞-級，したがって，$f \circ {\psi_\alpha}^{-1}$ が C^∞-級ならば，$f \circ {\psi_\beta}^{-1}$ も C^∞-級となる．

余 接 空 間

$\boldsymbol{R}^2$ 上に微分形式を定義するときには，まずベクトル空間 $\boldsymbol{V}_2$ に値をもつベクトル値関数を 1 次の微分形式，$\wedge^2(\boldsymbol{V}_2)$ に値をもつベクトル値関数を 2 次の微分形式とよんだのであった．

ベクトル空間 $\boldsymbol{V}_2$ では，$\boldsymbol{R}^2$ の座標のとり方にしたがって基底のとり方が決まっていた．$\boldsymbol{R}^2$ の標準的な座標に対しては，$\boldsymbol{V}_2$ は基底 $\{dx, dy\}$ をもっていたが，別の uv-座標に対しては，基底 $\{du, dv\}$ をもっていた．そしてこれらの基底の間の変換則は

$$du = \frac{\partial u}{\partial x}dx + \frac{\partial u}{\partial y}dy, \quad dv = \frac{\partial v}{\partial x}dx + \frac{\partial v}{\partial y}dy \tag{2}$$

で与えられていた．

曲面 S 上に微分形式を導入するために，$\boldsymbol{V}_2$ に代って，今度は S の各点 P に対して，2 次元のベクトル空間

$$T^*(S)_{\mathrm{P}}$$

が与えられていると考える．

$T^*(S)_{\mathrm{P}}$ のベクトル空間の構造——加法とスカラー積——は，点 P で決まるが，基底のとり方は，P のまわりの局所座標のとり方によって決まると考える．

点 P のまわりに，局所座標 $\{U_\alpha, \psi_\alpha\}$ をとり，したがって P のまわりの局所座

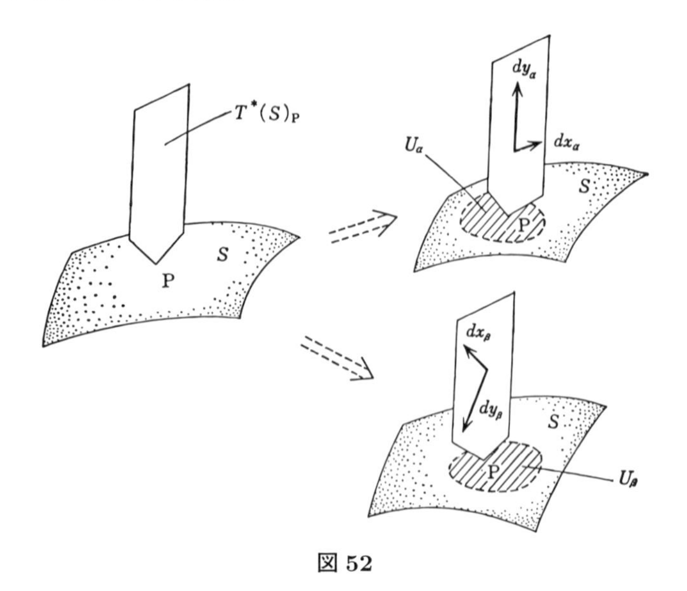

図 52

標は (x_α, y_α) で与えられるとき，$T^*(S)_\mathrm{P}$ の基底は

$$\{dx_\alpha, dy_\alpha\} \tag{3}$$

で与えられるとする．

いま，同じ点 P は U_β にも属しているとする．点 P のまわりの局所座標として $\{U_\beta, \psi_\beta\}$ をとると，それにしたがって，$T^*(S)_\mathrm{P}$ の基底は

$$\{dx_\beta, dy_\beta\} \tag{4}$$

をとるものとする (図 52).

したがって，P のまわりの局所座標 $\{U_\alpha, \psi_\alpha\}$ をとったときには，$T^*(S)_\mathrm{P}$ に属するベクトルは，ただ 1 通りに，基底 $\{dx_\alpha, dy_\alpha\}$ によって

$$\xi\, dx_\alpha + \eta\, dy_\alpha$$

と表わされるのである．

$\mathrm{P} \in U_\alpha \cap U_\beta$ のとき，$\mathrm{P} \in U_\alpha$ と考えるか，$\mathrm{P} \in U_\beta$ と考えるかにしたがって，$T^*(S)_\mathrm{P}$ には 2 つの基底 (3) と (4) が入ることになる．この 2 つの基底 (3) と (4) の間の変換則は，(2) と同様の形で与えておくことが望ましい．すなわち，U_α 上の局所座標 (x_α, y_α) と U_β 上の局所座標 (x_β, y_β) の間の変換則を

$$x_\beta = x_\beta\,(x_\alpha, y_\alpha), \quad y_\beta = y_\beta\,(x_\alpha, y_\alpha)$$

と表わすとき，基底変換の変換則は

$$dx_\beta = \frac{\partial x_\beta}{\partial x_\alpha} dx_\alpha + \frac{\partial x_\beta}{\partial y_\alpha} dy_\alpha$$
$$dy_\beta = \frac{\partial y_\beta}{\partial x_\alpha} dx_\alpha + \frac{\partial y_\beta}{\partial y_\alpha} dy_\alpha \tag{5}$$

で与えられるとするのである．

このようにして定義された，S の各点 P に付随しているベクトル空間 $T^*(S)_\mathrm{P}$ を，点 P における S の余接空間という．

また $T^*(S)_\mathrm{P}$ に属するベクトルを，点 P における S の余接ベクトルという．

記号が新しくなったが，$T^*(S)_\mathrm{P}$ は，点 P にベクトル空間 $\boldsymbol{V}_2$ が付随していると考えてもよいのである．P の近くでの局所座標のとり方が，同時に $T^*(S)_\mathrm{P}$ の基底を指定するという考えは，$\boldsymbol{V}_2$ の場合と同様であり，また P のまわりの状態だけ考えている限りでは，基底変換の関係 (5) も，$\boldsymbol{V}_2$ の場合と同じである．

S 上の 1 次の微分形式

S の各点 P に対して，$T^*(S)_\mathrm{P}$ に属する余接ベクトルを対応させる対応 $\omega(\mathrm{P})$ が与えられたとする (図 53).

$\mathrm{P} \in U_\alpha$ とすると, U_α 上の局所座標 (x_α, y_α) によって $T^*(S)_\mathrm{P}$ の基底 $\{dx_\alpha, dy_\alpha\}$ が決まるから,

$$\omega(\mathrm{P}) = f_\alpha\left(x_\alpha,\ y_\alpha\right) dx_\alpha + g_\alpha\left(x_\alpha, y_\alpha\right) dy_\alpha \tag{6}$$

と表わされる．

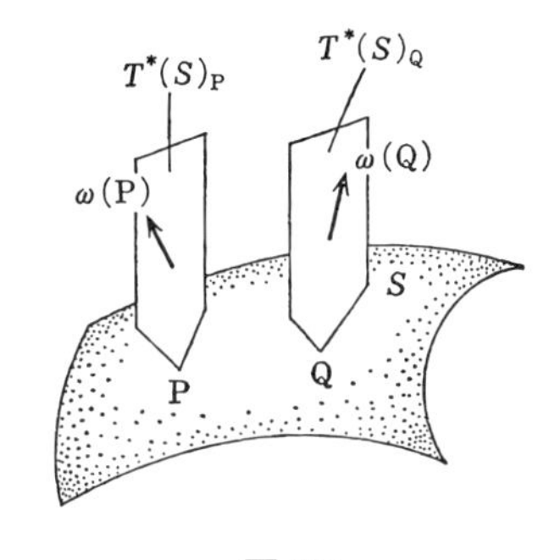

図 53

【定義】 ω を，各 U_α 上で (6) のように表わしたとする．このとき，f_α，g_α が U_α 上で C^∞-級の関数となるとき，ω を S 上の 1 次の微分形式という．

第 23 講との関連で述べると，私たちは，S 上の 1 次の微分形式を，パラメーター空間へ引き戻した形で定義したことになっている．

S 上の 2 次の微分形式

同様にして，S 上の 2 次の微分形式を考えることができる．2 次の微分形式とは，各点 P に対して，$\wedge^2 T^*(S)_{\mathrm{P}}$ のベクトルを対応させる対応 ω であって，各 U_α 上で

$$\omega(\mathrm{P}) = h_\alpha(x_\alpha, y_\alpha)\, dx_\alpha \wedge dy_\alpha$$

と表わすと，h_α が，(x_α, y_α) について C^∞-級の関数となっているようなものである．

外　微　分

S 上の C^∞-級の関数 $f(\mathrm{P})$ が与えられたとき，各 U_α 上で f の外微分

$$df(\mathrm{P}) = \frac{\partial f}{\partial x_\alpha} dx_\alpha + \frac{\partial f}{\partial y_\alpha} dy_\alpha \tag{7}$$

を考えることができる．第 19 講で示したように，外微分は座標変換で不変だから，$\mathrm{P} \in U_\alpha \cap U_\beta$ のとき

$$\frac{\partial f}{\partial x_\alpha} dx_\alpha + \frac{\partial f}{\partial y_\alpha} dy_\alpha = \frac{\partial f}{\partial x_\beta} dx_\beta + \frac{\partial f}{\partial y_\beta} dy_\beta$$

が成り立つ．

このことは，$df(\mathrm{P})$ の定義は，P のまわりの局所座標のとり方によらず

$$df(\mathrm{P}) \in T^*(S)_{\mathrm{P}}$$

となっていることを示す．また (7) の右辺で，dx_α, dy_α の係数 $\dfrac{\partial f}{\partial x_\alpha}$，$\dfrac{\partial f}{\partial y_\alpha}$ は C^∞-級の関数だから，df は S 上の 1 次微分形式となっている．

df を f の外微分という．

S 上の 1 次の微分形式 ω が与えられたとき，同様に ω の外微分 $d\omega$ を定義することができる．すなわち，U_α 上で

$$\omega(\mathrm{P}) = f_\alpha(x_\alpha, y_\alpha)\, dx_\alpha + g_\alpha(x_a, y_\alpha)\, dy_\alpha$$

と表わすとき

$$d\omega(\mathrm{P}) = df_\alpha \wedge dx_\alpha + dg_\alpha \wedge dy_\alpha$$

とおく．この式の右辺が，P のまわりの局所座標のとり方によらずに，$d\omega(\mathrm{P}) \in \wedge^2 T^*(S)_{\mathrm{P}}$ となっていることは，外微分の座標変換による不変性からわかる．

ストークスの定理

$U_\alpha \cap U_\beta \neq \phi$ のとき，点 $\mathrm{P} \in U_\alpha \cap U_\beta$ でつねに

$$J\left(x_\beta y_\beta / x_\alpha y_\alpha\right) = \begin{vmatrix} \dfrac{\partial x_\beta}{\partial x_\alpha} & \dfrac{\partial x_\beta}{\partial y_\alpha} \\ \dfrac{\partial y_\beta}{\partial x_\alpha} & \dfrac{\partial y_\beta}{\partial y_\alpha} \end{vmatrix} > 0$$

が成り立つとき，S は向きづけられた曲面であるという．

S 上の微分形式の定義は確定したのだから，第 24 講で述べたストークスの定理は，任意の向きづけられた曲面上でも成り立ちそうである．実際，この予想は正しいのだが，その証明にはここでは立ち入らない (向きづけを仮定しているのは，ストークスの定理の積分に現われる符号の整合性を保証するためである)．パラメーターのついた曲面に対しては成り立った第 24 講の結果を，ある意味で，つなぎ合わしていくとよいのである．

特に，球面やドーナツ面のように S の境界がないときには，すなわち $\partial S = \phi$ のときには，ストークスの定理は簡単に次のような形になる．

> S が境界のない向きづけられた曲面のとき，任意の 1 次の微分形式 ω に対して
>
> $$\int_S d\omega = 0$$
>
> が成り立つ．

Tea Time

クラインの壺

クラインの壺というと，何か『アラビアンナイト』にでも出てくるような不思議な壺のことを思ってしまう．実際，この壺は不思議な壺なのである．しかし，‘クライン’ はこの壺で一攫千金の金持ちになったアラビアの商人の名前ではなくて，19 世紀後半から 20 世紀にかけて活躍した高名なドイツの数学者の名前で

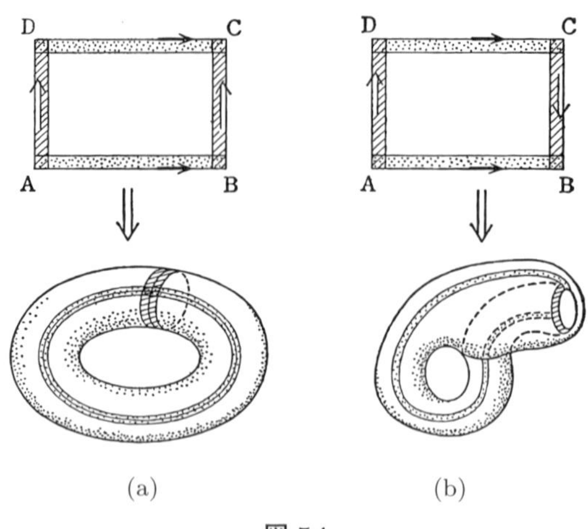

(a)　　(b)

図 54

ある．

長方形 ABCD を図 54 の (a) のように矢印に沿って貼り合わすとドーナツ面となるが，(b) のように矢印に沿って貼り合わそうとすると，どうしても交わってしまって，ふつうのような曲面にならない．この曲面の上を虫が歩いていく様子を想像すると，この虫は表を歩いているつもりが，歩き続けるといつの間にか裏側にまわってしまうことになる．この曲面をクラインの壺という．クラインの壺は表と裏の区別がつかず，したがってまた一定した向きを曲面全体に指定できない壺である．クラインの壺を，$\boldsymbol{R}^3$ の中で実現しようと思っても，必ず交わってしまうから，前講とこの講で述べた $\boldsymbol{R}^3$ の曲面とはなっていない．しかし $\boldsymbol{R}^4$ の中では交わらずに (想像しにくいが) ふつうの曲面の形となって実現される．前講の曲面の定義で，$\boldsymbol{R}^3$ の部分集合とかいたところを，$\boldsymbol{R}^4$ の部分集合とかき直すと，$\boldsymbol{R}^4$ の曲面の定義が得られる．クラインの壺はその意味で $\boldsymbol{R}^4$ の中の曲面となっているのである．もちろん，クラインの壺の上でも，微分形式や外微分などを考えることができる．

第 27 講

多様体の定義

テーマ
- 再び抽象的設定へ
- 位相多様体
- 局所座標
- 局所座標の変換則
- C^∞-級の多様体 (滑らかな多様体)
- 多様体上の C^∞-級関数

はじめに

この 30 講も，あと 4 講を残すだけとなった．振り返ってみると，この講義の前半は，抽象的な n 次元ベクトル空間からスタートして，テンソル代数，外積代数を構成する道を歩んできた．この外積代数の概念は，後半になって，グリーンの公式，ガウスの定理，ストークスの定理などを微分形式によって表現する手段を与えた．この表現によって克ちとった最も重要なことは，これらの公式や定理が，座標変換で不変であるという解釈を付すことができるようになったことである．

しかし，外積代数の方は，n 次元ベクトル空間の上に構成されていたのに，微分形式の方は，まだ 2 次元，3 次元の場合しか導入していない．対応して，n 次元の場合に，微分形式の理論を展開するためには，いわば 'n 次元の曲面' といった概念がまず必要となる．

'n 次元の曲面' は，現代数学の中では，まったく抽象的な枠組の中で捉えられて，n 次元の多様体として導入されている．

これからは，前半の抽象的なベクトル空間の議論の進め方に対応する形で，抽象的な設定の中で，多様体の概念と，その上の微分形式のことについて述べることにしよう．読者は，ところどころで，曲面概念のときに見たと同じような景色を，少し高度の上がった山道から見下ろすような感じをもたれるかもしれない．

位相多様体

多様体の概念を導入するとき，$\boldsymbol{R}^3$ の曲面の概念と多少異なる視点から出発する．私たちは，背景となる $\boldsymbol{R}^3$ を捨てて，曲面だけを，いわば裸でとり出すといった考え方で，多様体を定義したい．

曲面そのものだけを見て，そこから何か抽象的な概念を抽出しようとすると，曲面はまず点の集まり——集合——であって，またこの集合には近さの概念——位相——が入っているとみることができる．すなわち曲面上では，1点の近傍とか，曲面上の点列が曲面上のある点に近づくなどということを考えることができる．

この2つの性質——点の集まりと近さ——を抽象化(総合)したものとして，位相空間という概念がある．位相空間とは，開集合，閉集合，近傍などという概念を投入しながら，'近さ' の性質を付与した集合のことである．位相空間という言葉に慣れておられない読者は，以下で位相空間というとき，十分高い次元のユークリッド空間 $\boldsymbol{R}^N$ の中の部分集合のことだと読み直して読んでいただいても差しつかえない．

ベクトル空間の概念が '集合' の上に建設されたように，多様体の概念は '位相空間' という土台の上につくられていく．

もう1つハウスドルフ空間のことだけ述べておこう．位相空間 X が，ハウスドルフ空間であるとは，任意の異なる2点 p, q に対し，p の近傍 $V(p)$，q の近傍 $V(q)$ で $V(p) \cap V(q) = \phi$ をみたすものが存在することである．

【定義】　ハウスドルフ位相空間 M が，次の性質 (C) をもつ開集合 U_α の集まり $\{U_\alpha\}_{\alpha \in A}$ によって

$$M = \bigcup_{\alpha \in A} U_\alpha$$

とおおわれているとき，M を n 次元位相多様体という：

> (C)　U_α から $\boldsymbol{R}^n$ の開集合の上への位相同型写像 ψ_α が存在する．

多様体の点は，これから $x, y, \ldots$ のように表わすことにしよう．

U_α と ψ_α を対（つい）にして，$\{U_\alpha, \psi_\alpha\}$ を局所座標といい，これらの全体 $\{U_\alpha, \psi_\alpha\}_{\alpha\in A}$ を M の局所座標系という．U_α に属する点 x は，ψ_α によって

$$\psi_\alpha(x) = ({x_\alpha}^1,\ {x_\alpha}^2, \ldots, {x_\alpha}^n) \tag{1}$$

と表わされる．$({x_\alpha}^1, {x_\alpha}^2, \ldots, {x_\alpha}^n)$ を U_α 上の x の局所座標といい，U_α を局所座漂近傍という．また (1) を簡単に

$$x = ({x_\alpha}^1, {x_\alpha}^2, \ldots, {x_\alpha}^n)$$

と表わす．

局所座標の変換

M の点 x が U_α にも U_β にも属しているとする (図 55)．このとき，$x \in U_\alpha$ と考えると局所座標は

$$\psi_\alpha(x) = ({x_\alpha}^1, {x_\alpha}^2, \ldots, {x_\alpha}^n)$$

となり，$x \in U_\beta$ と考えると局所座標は

$$\psi_\beta(x) = ({x_\beta}^1, {x_\beta}^2, \ldots, {x_\beta}^n)$$

となる．このとき写像

$$\psi_\beta \circ {\psi_\alpha}^{-1} \colon ({x_\alpha}^1, {x_\alpha}^2, \ldots, {x_\alpha}^n) \longrightarrow ({x_\beta}^1, {x_\beta}^2, \ldots, {x_\beta}^n) \tag{2}$$

を局所座標の変換則という．

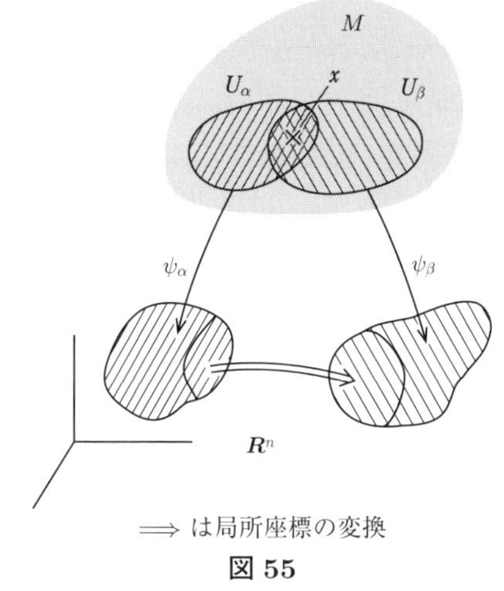

$\Longrightarrow$ は局所座標の変換

図 55

局所座標の変換則は，抽象的な位相空間から抽象的な位相空間への写像ではなくて，$\boldsymbol{R}^n$ の開集合から $\boldsymbol{R}^n$ の開集合への写像

$$\phi_\beta \circ {\psi_\alpha}^{-1} : \psi_\alpha\,(U_\alpha \cap U_\beta) \longrightarrow \psi_\beta\,(U_a \cap U_\beta)$$

となっていることを注意しよう．

C^∞-級の多様体

局所座標の変換則 (2) は，$U_\alpha \cap U_\beta$ 上では，${x_\beta}^1, {x_\beta}^2, \ldots, {x_\beta}^n$ が n 個の変数 $({x_\alpha}^1, {x_\alpha}^2, \ldots, {x_\alpha}^n)$ の関数として表わされることを示している：

$$x_\beta{}^1 = x_\beta{}^1\left(x_\alpha{}^1, x_\alpha{}^2, \ldots, x_\alpha{}^n\right)$$
$$\cdots\cdots\cdots$$
$$x_\beta{}^n = x_\beta{}^n\left(x_\alpha{}^1, x_\alpha{}^2, \ldots, x_\alpha{}^n\right)$$

これらの関数が，$\psi_\alpha(U_\alpha \cap U_\beta)$ 上で，$(x_\alpha{}^1, x_\alpha{}^2, \ldots, x_\alpha{}^n)$ に関して C^∞-級の関数となっているとき，局所座標の変換則は C^∞-級であるという．

【定義】　局所座標の変換則が C^∞-級であるような位相多様体を，C^∞-級の多様体または滑らかな多様体という．

これからは，C^∞-級の多様体のことを，単に多様体ということにする．

C^∞-級の関数

M を n 次元の多様体とする．M 上の連続関数 $f(x)$ に対して，各 U_α 上で

$$f\left(x_\alpha{}^1, x_\alpha{}^2, \ldots, x_\alpha{}^n\right) = f \circ \psi_\alpha{}^{-1}\left(x_\alpha{}^1, x_\alpha{}^2, \ldots, x_\alpha{}^n\right)$$

とおくことにより，$\boldsymbol{R}^n$ の開集合 $\psi_\alpha(U_\alpha)$ 上で定義された連続関数が得られる．

【定義】　各 α に対して，$f\left(x_\alpha{}^1, x_\alpha{}^2, \ldots, x_\alpha{}^n\right)$ が $\psi_\alpha(U_\alpha)$ 上で C^∞-級の関数となるとき，f を M 上の C^∞-級関数という．

この定義が，局所座標系のとり方によらない整合性をもつのは，局所座標の変換則が C^∞-級だからである (このことについては，前講の‘曲面上の C^∞-級関数’を参照)．

コメント (I)

抽象的な設定といっても，やはりいろいろな配慮は必要である．曲面の場合を考えてみよう．与えられた曲面に，座標近傍に相当する紙を貼ると考えてみても，紙の貼り方にはいろいろあって，大きな紙を無雑作に貼りつけていく人もいるし，小さくきれいに整えた紙を，重なり目がなるべく目立たないように丹念に貼る人もいる．

このことを考えてみると，多様体の定義で，M 上の局所座標系を $\{U_\alpha, \psi_\alpha\}_{\alpha\in A}$ として，1 つだけ決めておくということは，紙の貼り方まで指定してしまうようで，窮屈すぎるようである．多様体の定義では，別の局所座標系 $\{V_\lambda, \tilde{\psi}_\lambda\}_{\lambda\in\Lambda}$ をとって，$M = \bigcup V_\lambda$ と表わしてもよい，としておいた方がよい．

しかし，曲面のときと違うのは，M はまったく抽象的な対象なのだから，2つの局所座標系 $\{U_\alpha, \psi_\alpha\}_{\alpha \in A}$ と，$\{V_\lambda, \tilde{\psi}_\lambda\}_{\lambda \in \Lambda}$ とが，どのようなとき，M に同じ属性——C^∞-級の構造——を与えるかを，はっきりさせておかなくてはならない．そのため，$U_\alpha \cap V_\lambda \neq \phi$ のとき，$x \in U_\alpha \cap V_\lambda$ に対して

$$\psi_\alpha(x) = ({x_\alpha}^1, {x_\alpha}^2, \ldots, {x_\alpha}^n)$$
$$\tilde{\psi}_\lambda(x) = ({y_\lambda}^1, {y_\lambda}^2, \ldots, {y_\lambda}^n)$$

とおき，局所座標の変換

$$({x_\alpha}^1, {x_\alpha}^2, \ldots, {x_\alpha}^n) \longleftrightarrow ({y_\lambda}^1, {y_\lambda}^2, \ldots, {y_\lambda}^n)$$

が互いに C^∞-級のときに，2つの局所座標系 $\{U_\alpha, \psi_\alpha\}_{\alpha \in A}$ と $\{V_\lambda, \tilde{\psi}_\lambda\}_{\lambda \in \Lambda}$ は同値であるという．

そして C^∞-級の多様体 M の構造というのは，同値な局所座標のどれをとっても，変わらないような性質として与えられていると考えるのである．たとえば，M 上のある関数が C^∞-級の関数であるという性質は同値な，どの局所座標系をとっても変わらない性質である．

コメント (II)

多様体 M 上に C^∞-級の関数を定義しても，C^∞-級の関数が M 上に‘たくさん’存在しなくては，何を考えているのかはっきりしなくなるだろう．

数学を抽象的に構成するときには，ある基本的な概念を最初に導入し，その上に層々と概念——構造——を積み重ねていく．しかし，ある場合によっては概念を導入しても，それは空しい概念となることもある．たとえば実数という概念の上に，$x^2 + y^2 = -1$ となる (x, y) を半径 -1 の円というといっても，空しい概念になってしまうだろう．

実際，多様体に何の条件もつけなければ，たとえば M 上にどこまでも波打って進んでいくような C^∞-級関数 (波の高さを示す関数！) が存在するという保証は得られない．

このためには，多様体の定義で

[**可算性の条件**]　M は高々可算個の局所座標近傍 $U_1, U_2, \ldots, U_n, \ldots$ でおおえる．

をつけ加えるとよい．

この条件をつけ加えると，多様体は急に活き活きとして C^∞-級関数はたくさん存在するようになる．私たちは，n 変数の関数として $\boldsymbol{R}^n$ 上で出会うような C^∞-

関数に対するイメージを，M 上でももってもよいようになる．

これから考える多様体は，いつもこの可算性の条件をみたしているとする．

Tea Time

多様体の例

多様体となるような数学的な対象は実にたくさんある．$\boldsymbol{R}^3$ の中の曲面はもちろん多様体だが，n 次元の球面 $\left\{(x_1, x_2, \ldots, x_{n+1}) \mid {x_1}^2 + {x_2}^2 + \cdots + {x_{n+1}}^2 = 1\right\}$ も多様体である．また $\boldsymbol{R}^n$ の原点を通る直線全体の集合にも多様体の構造が入るし，原点を通る r 次元 $(1 \leqq r < n)$ の平面全体の集合にも多様体の構造が入る．計量をもつベクトル空間 $\boldsymbol{V}$ が与えられたとき，$\boldsymbol{V}$ の正規直交基底全体の集合も多様体をつくる．行列を知っている読者には，直交行列の全体も，ユニタリ行列の全体も多様体の構造をもつことを述べておこう．

質問　僕はまだ抽象的な概念に慣れていないものですから，ここでの多様体の話も，抽象的なベクトル空間の話を思い出しながら聞いていました．そこで思ったのですが，抽象的なベクトル空間といっても，基底を 1 つとると，具象的なベクトル空間 $\boldsymbol{R}^n$ として実現されました．同じようなことは多様体でも起きるのでしょうか．つまり，抽象的な多様体も，何かある具体的なものによって実現されるというようなことがあるのでしょうか．

答　まったく一般的な多様体では，抽象性と具象性を結ぶ道はないようである．しかし，可算性の条件をおくと，n 次元の多様体は，必ずある高い次元のユークリッド空間 $\boldsymbol{R}^N$ の中にある，n 次元の曲面として，実現されることが知られている．'n 次元の曲面' といういい方ははっきりしないが，要するに $\boldsymbol{R}^N$ の中で，局所的には

$$(x_1, x_2, \ldots, x_n, f_{n+1}(x_1, \ldots, x_n), \ldots, f_N(x_1, \ldots, x_n))$$

のような形で表わされる集合のことである $((x_1, \ldots, x_n)$-平面から測って，高さ

が $f_{n+1}, \ldots, f_N$ で与えられている！）．この詳しい内容は述べられないが，多様体 M から，$\boldsymbol{R}^N$ の中のある‘n 次元の曲面’$\tilde{M}$ の上への，C^∞-級の 1 対 1 写像 (逆写像も C^∞-級) が，必ず存在するのである．

そうすると，ベクトル空間のときと同じように，多様体といっても，$\boldsymbol{R}^N$ の中の‘n 次元曲面’にすぎないならば，抽象的な多様体の概念を，わざわざもち出すことはなかったのではないかという疑問が出るかもしれない．しかし，すぐ上でみたように，多様体には実にいろいろなものがあり，それらは数学の中でさまざまな相を示している．それらをわざわざ‘n 次元の曲面’として実現するよりは，そのもつ性質をそのまま抽象した多様体の観点から調べる方がはるかに見通しがよいのである．

第 28 講

余接空間と微分形式

テーマ
- ◆ 余接空間
- ◆ 1 次の微分形式
- ◆ k 次の微分形式
- ◆ k 次の微分形式のつくる空間 $\Omega^k(M)$
- ◆ 外微分：$\Omega^k(M) \xrightarrow{d} \Omega^{k+1}(M)$
- ◆ 余接バンドルの考え

余接空間

M を n 次元の多様体とする．M の各点 x に対して，x における余接空間とよばれる n 次元ベクトル空間

$$T^*(M)_x$$

を付随させる．

$T^*(M)_x$ の基底のとり方は，x を含む局所座標のとり方によって決まる．$x \in U_\alpha$ のとき，$T^*(M)_x$ の基底としては

$$\{d{x_\alpha}^1, d{x_\alpha}^2, \ldots, d{x_\alpha}^n\} \tag{1}$$

をとる．x が同時に U_β にも属しているときには，$x \in U_\beta$ と考えると，$T^*(M)_x$ の基底としては

$$\{d{x_\beta}^1, d{x_\beta}^2, \ldots, d{x_\beta}^n\} \tag{2}$$

をとる．

この考え方は，次のように考えてみるとわかりやすい．局所座標とは，M の開集合 U_α から，$\boldsymbol{R}^n$ の開集合への 1 対 1 写像 ψ_α によって与えられたものである．この U_α から $\boldsymbol{R}^n$ への写像に伴って，$T^*(M)_x$ をベクトル空間 $\boldsymbol{R}^n$ に写像する仕方——基底のとり方——が決まってくる．いわば，U_α を $\boldsymbol{R}^n$ の開集合へ投影す

るとき，それに寄り添うように $T^*(M)_x$ が (ベクトル空間として) $\boldsymbol{R}^n$ の上へ，と投影されてくるのである．

(1) と (2) で与えられる，$T^*(M)_x$ の 2 つの基底の間の変換則も，やはり $({x_\alpha}^1, \ldots, {x_\alpha}^n)$ から $({x_\beta}^1, \ldots, {x_\beta}^n)$ への局所座標の変換則に同伴しているように定義する．実際，(1) と (2) の変換則は，

$$d{x_\beta}^i = \frac{\partial {x_\beta}^i}{\partial {x_\alpha}^1} d{x_\alpha}^1 + \frac{\partial {x_\beta}^i}{\partial {x_\alpha}^2} d{x_\alpha}^2 + \cdots + \frac{\partial {x_\beta}^i}{\partial {x_\alpha}^n} d{x_\alpha}^n \qquad (3)$$
$$(i = 1, 2, \ldots, n)$$

とする．すなわち，見かけ上は関数

$${x_\beta}^i = {x_\beta}^i\left({x_\alpha}^1, {x_\alpha}^2, \ldots, {x_\alpha}^n\right) \quad (i = 1, 2, \ldots, n)$$

を，全微分した式をそのまま借用して，基底変換の変換則を与える式とするのである．

もっとも読者は，この式は，$\boldsymbol{V}_2, \boldsymbol{V}_3$ の基底変換則ですでに見慣れたものだと感じられるだろう．

このように定義されたベクトル空間 $T^*(M)_x$ を，x における M の余接空間という．また，$T^*(M)_x$ の元 (ベクトル！) を x における余接ベクトルという．

$x \in U_\alpha$ のとき，$T^*(M)_x$ の元は，ただ 1 通りに

$${\xi_1}^\alpha d{x_\alpha}^1 + {\xi_2}^\alpha d{x_\alpha}^2 + \cdots + {\xi_n}^\alpha d{x_\alpha}^n$$

と表わされる．

1 次の微分形式

M の各点 x に対して，$T^*(M)_x$ の元を対応させる対応 $\omega(x)$ があって，各 U_α 上で

$$\omega(x) = {\xi_1}^\alpha(x) d{x_\alpha}^1 + {\xi_2}^\alpha(x) d{x_\alpha}^2 + \cdots + {\xi_n}^\alpha(x) d{x_\alpha}^n$$

と表わしたとき，${\xi_1}^\alpha(x), {\xi_2}^\alpha(x), \ldots, {\xi_n}^\alpha(x)$ が U_α 上で C^∞-級の関数となるとき，$\omega(x)$ を M 上の1次の微分形式という．

k 次の微分形式

一般に，$1 \leqq k \leqq n$ をみたす整数 k に対して，M 上の k 次の微分形式を定義しよう．M の各点 x に対して，$\wedge^k T^*(M)_x$ の元を対応させる対応 $\omega(x)$ があって，各 U_α 上で，$\wedge^k T^*(M)_x$ の基底

$$\{d{x_\alpha}^{i_1} \wedge d{x_\alpha}^{i_2} \wedge \cdots \wedge d{x_\alpha}^{i_k};\quad i_1 < i_2 < \cdots < i_k\}$$

を用いて，

$$\omega(x) = \sum_{i_1 < i_2 < \cdots < i_k} {\xi^\alpha}_{i_1 i_2 \cdots i_k}(x) d{x_\alpha}^{i_1} \wedge d{x_\alpha}^{i_2} \wedge \cdots \wedge d{x_\alpha}^{i_k} \tag{4}$$

と表わしたとき，右辺に現われる

$${\xi^\alpha}_{i_i i_2 \cdots i_k}(x) \quad (i_1 < i_2 < \cdots < i_k)$$

が，U_α 上で C^∞-級の関数となるとき，ω を M 上の k 次の微分形式という．

$k = 1$ のときは，すぐ上に定義した 1 次の微分形式の定義と一致している．

微分形式のつくる空間

M 上の k 次の微分形式全体のつくる空間を $\Omega^k(M)$ で表わす．また C^∞-級の関数は 0 次の微分形式と考え，この全体を $\Omega^0(M)$ と表わす．

$\Omega^k(M)$ $(k = 0, 1, 2, \ldots, n)$ では加法とスカラー積の演算ができるという意味で，$\Omega^k(M)$ はベクトル空間となる．実際，$\omega, \eta \in \Omega^k(M)$ ならば，各点 x で $\omega(x), \eta(x) \in \wedge^k T^*(M)_x$ であり，したがって任意の実数 α, β に対して

$$\alpha\omega(x) + \beta\eta(x) \in \wedge^k T^*(M)_x$$

となる．したがって

$$(\alpha\omega + \beta\eta)(x) = \alpha\omega(x) + \beta\eta(x)$$

と定義すると，$\alpha\omega + \beta\eta \in \Omega^k(M)$ となることがわかる．

実際は

$$\boxed{f \in \Omega^0(M), \quad \omega \in \Omega^k(M) \Longrightarrow f\omega \in \Omega^k(M)}$$

これは，(4) 式の両辺に $f(x)$ をかけても，右辺は同様の形となっている——${\xi^\alpha}_{i_1 \cdots i_k}(x)$ が $f(x){\xi^\alpha}_{i_1 \cdots i_k}(x)$ に変わる——ことさえ確かめればよい．

外　微　分

$f \in \Omega^0(M)$ に対し，$x \in U_\alpha$ のとき $T^*(M)_x$ の元

$$\frac{\partial f}{\partial x_\alpha{}^1}dx_\alpha{}^1 + \frac{\partial f}{\partial x_\alpha{}^2}dx_\alpha{}^2 + \cdots + \frac{\partial f}{\partial x_\alpha{}^n}dx_\alpha{}^n \tag{5}$$

を対応させることを考える．したがって $x \in U_\beta$ のときには，この規約では，f に対して $T^*(M)_x$ の元

$$\frac{\partial f}{\partial x_\beta{}^1}dx_\beta{}^1 + \frac{\partial f}{\partial x_\beta{}^2}dx_\beta{}^2 + \cdots + \frac{\partial f}{\partial x_\beta{}^n}dx_\beta{}^n \tag{6}$$

を対応させることになる．

$x \in U_\alpha \cap U_\beta$ のとき，基底の変換則 (3) から，(5) と (6) は同じ $T^*(M)_x$ の元を表わしていることが確かめられる．したがって (5) は局所座標のとり方によらないことがわかって，各 U_α 上で

$$df = \frac{\partial f}{\partial x_\alpha{}^1}dx_\alpha{}^1 + \frac{\partial f}{\partial x_\alpha{}^2}dx_\alpha{}^2 + \cdots + \frac{\partial f}{\partial x_\alpha{}^n}dx_\alpha{}^n$$

とおくと，df は M 上の 1 次の微分形式となる．

すなわち，対応

$$\begin{array}{ccc} \Omega^0(M) & \longrightarrow & \Omega^1(M) \\ \Cup & & \Cup \\ f & \dashrightarrow & df \end{array}$$

が得られた．

df を f の外微分という．

一般に k 次の微分形式 ω に対して，その外微分 $d\omega$ を，U_α 上での ω の表現 (4) を用いて

$$\boxed{d\omega = \sum_{i_1<i_2<\cdots<i_k} d\xi^\alpha{}_{i_1 i_2 \cdots i_k} \wedge dx_\alpha{}^{i_1} \wedge dx_\alpha{}^{i_2} \wedge \cdots \wedge dx_\alpha{}^{i_k}}$$

と定義する．この定義が意味をもつためには，右辺が局所座標のとり方によらない表現であることを確かめなくてはならないが，このことは，第 19 講で用いた議論 (177 頁も参照) と同じようにして示せるので，ここでは省略する．

外微分 d は

$$d : \Omega^k(M) \longrightarrow \Omega^{k+1}(M)$$

への写像と考えられる(ただし $\Omega^{n+1}(M)=\{0\}$ とおく).$\boldsymbol{R}^3$ の微分形式について第21講で述べた‘外微分の性質’(a), (b) ,(c), (d) は,M の微分形式に対する外微分に対しても同様に成り立つ性質である.特に d は線形写像であって

$$d(\omega\wedge\eta)=d\omega\wedge\eta+(-1)^k\omega\wedge d\eta \quad (\omega\in\Omega^k(M))$$
$$d(d\omega)=0$$

が成り立つ.

余接バンドルの考え

多様体 M の各点 x には,余接空間 $T^*(M)_x$ が付随している.これらをすべて集めた集合

$$\bigcup_{x\in M}T^*(M)_x$$

を考え,これを $T^*(M)$ とおく.M の各点 x にある $T^*(M)_x$ を,点 x の上に立っているベクトル空間であるというように想像を働かしてみると,$T^*(M)$ は,これをすべて束ねて1つにした空間であるというイメージが湧く.

この束ねた集合 $T^*(M)$ に,これから構造をいれるのだが,そのようにして得られた空間を余接バンドルというのは,バンドル(日本語の訳は束.例:bundle of straw,わらの束)という言葉の中にやはり束ねるという語感が入っているからである.

局所座標近傍 U_α を1つとる.$x\in U_\alpha$ のときの $T^*(M)_x$ をすべて束ねて得られる集合

$$T^*(U_\alpha)=\bigcup_{x\in U_\alpha}T^*(M)_x$$

を考えてみよう.局所座標 $({x_\alpha}^1,\ldots,{x_\alpha}^n)$ が U_α 上で指定されているから,それに応じて,各 $T^*(M)_x$ $(x\in U_\alpha)$ は基底 $\{d{x_\alpha}^1,\ldots,d{x_\alpha}^n\}$ をもっている.

いま $\xi\in T^*(M)_x$ $(x\in U_\alpha)$ を1つとって

$$\xi={\xi_1}^\alpha d{x_\alpha}^1+{\xi_2}^\alpha d{x_\alpha}^2+\cdots+{\xi_n}^\alpha d{x_\alpha}^n$$

と表わしたとき,ξ に対して,$\left(x\,;{\xi_1}^\alpha,{\xi_2}^\alpha,\ldots,{\xi_n}^\alpha\right)$ を対応させる:

$$\xi\longrightarrow\left(x\,;{\xi_1}^\alpha,{\xi_2}^\alpha,\ldots,{\xi_n}^\alpha\right)$$

この対応は,1対1写像

$$T^*(U_\alpha) \longrightarrow U_\alpha \times \boldsymbol{R}^n \tag{7}$$

を導く．そしてこの対応でベクトル空間 $T^*(M)_x$ $(x \in U_\alpha)$ は $\{x\} \times \boldsymbol{R}^n$ へと移っている ($\{x\} \times \boldsymbol{R}^n$ は $\boldsymbol{R}^n$ と同じであると考えてよい)．

(7) の対応を簡単に

$$T^*(U_\alpha) \cong U_\alpha \times \boldsymbol{R}^n$$

と記すことにしよう．このことは，各座標近傍 U_α 上では，$T^*(M)_x$ は，$\boldsymbol{R}^n$ を整然と並べた形で，束ねられることを意味している．

いま $U_\alpha \cap U_\beta \neq \phi$ とする．このとき U_α 上の束ね方

$$T^*(U_\alpha) \cong U_\alpha \times \boldsymbol{R}^n \tag{8}$$

と，U_β 上の束ね方

$$T^*(U_\beta) \cong U_\beta \times \boldsymbol{R}^n \tag{9}$$

は，$U_\alpha \cap U_\beta$ 上で見たときに，一致しているとは限らない．

この束ね方の違いはどのようになっているだろうか．いま $x \in U_\alpha \cap U_\beta$ を 1 つとる．$\xi \in T^*(M)_x$ に対し，(8) は

$$\xi \longrightarrow (x\,;\xi_1{}^\alpha, \xi_2{}^\alpha, \ldots, \xi_n{}^\alpha) \tag{8$'$}$$

とみて束ねたものであり，(9) は

$$\xi \longrightarrow (x\,;\xi_1{}^\beta, \xi_2{}^\beta, \ldots, \xi_n{}^\beta) \tag{9$'$}$$

とみて束ねたものである．$(\xi_1{}^\alpha, \xi_2{}^\alpha, \ldots, \xi_n{}^\alpha)$ と，$(\xi_1{}^\beta, \xi_2{}^\beta, \ldots, \xi_n{}^\beta)$ とは (3) と反変的な関係

$$\xi_1{}^\beta = \frac{\partial x_\alpha{}^1}{\partial x_\beta{}^i}\xi_1{}^\alpha + \frac{\partial x_\alpha{}^2}{\partial x_\beta{}^i}\xi_2{}^\alpha + \cdots + \frac{\partial x_\alpha{}^n}{\partial x_\beta{}^i}\xi_n{}^\alpha \tag{10}$$

$(i = 1, 2, \ldots, n)$ で結ばれている．

(8) と (9)，したがってまた (8)$'$ と (9)$'$ は，$x \in U_\alpha \cap U_\beta$ のとき，(10) の関係が成り立つときには，同じものと考えて 1 つにしてしまう．

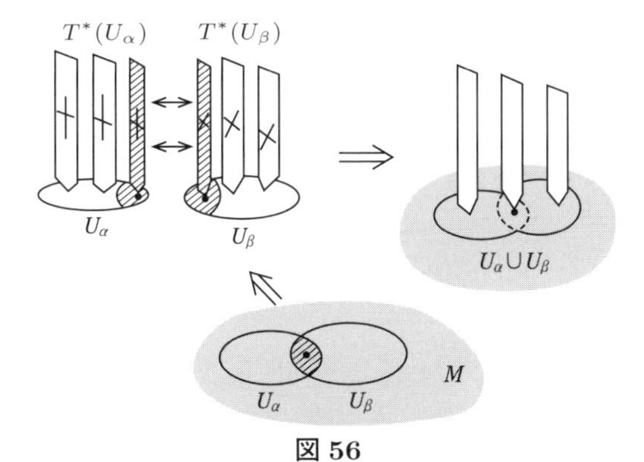

図 56

このようにして，各 U_α 上

で，余接空間を束ねてできた $T^*(U_\alpha)$ を今度は，局所座標近傍の重なりでは，(10) の関係が成り立つものを同じものと思って同一視する (図 56)．この操作で，各 $T^*(U_\alpha)$ は，M 上全体で 1 つに束ねられる．このようにして束ねられて得られた空間が

$$T^*(M)$$

にほかならない．$T^*(M)$ を M の余接バンドルというのである．

Tea Time

質問　多様体上に微分形式を定義する方法はわかりましたが，僕はまだ数学の形式で整えられた高い建物の外に立っているような気がしています．この建物の中には何があるのでしょうか．微分形式というのは，本当に役立つのでしょうか．

答　微分形式は現代数学の中で，最も基本的な概念の 1 つといってよく，実に有効に用いられている．それよりもまず，前講の Tea Time でも述べたように，多様体は，単純な曲面概念では律しきれないような，多くの対象を含んでいたことを思い出しておこう．たとえば $\boldsymbol{R}^n$ の原点を通る r 次元 $(1 \leqq r < n)$ の平面全体の集まりも多様体の構造をもっている．このようなところにも微分形式が定義され，外微分を通して解析学を展開する道が開けてきたことを注意すべきだろう．

一般の多様体上でも，ストークスの定理を定式化できる．ストークスの定理の中から，解析学と幾何学との深い接点を読みとってつくられたド・ラームの理論は，現代数学の中で基本的な役目を演じているが，これも，全体として微分形式の中でつくられている．また，曲面の微分幾何でよく知られているガウス曲率も，高次元へ拡張しようとすると，微分形式の考えが導入されてくるのである．

第 29 講

接　空　間

テーマ
- ◆ 接空間の定義：余接空間の双対空間
- ◆ 接ベクトル
- ◆ 接空間における基底の変換則
- ◆ 接ベクトルの成分の変換則
- ◆ 曲線の定義する接ベクトル
- ◆ ベクトル場

余接空間と接空間

微分形式の話を中心としてきたので，余接空間が舞台の前面に登場することになったが，‘余接’という妙な言葉が示しているように，実は接空間という概念が別にある．接空間は，英語で tangent space といい，余接空間は英語で cotangent space という．接空間は，接線方向のベクトルのつくる空間に注目して得られた概念である．

接空間の方から見ると，余接空間は，接空間上の線形関数の全体のつくるベクトル空間——双対空間——として捉えることができる．

私たちは，ベクトル空間の双対性に注目して，逆に，接空間は余接空間の双対空間であるという定義から出発することにしよう．

接空間の定義

n 次元の多様体 M を考える．M の点 x における余接空間を $T^*(M)_x$ とする．

【定義】　$T^*(M)_x$ の双対空間を $T(M)_x$ と表わして，x における M の接空間という．$T(M)_x$ の元を，x における M の接ベクトルという．

$T(M)_x$ は n 次元のベクトル空間である．$x \in U_\alpha$ のとき $T^*(M)_x$ は基底

$$\{dx_\alpha{}^1, dx_\alpha{}^2, \ldots, dx_\alpha{}^n\}$$

をもつ．$T(M)_x$ におけるこの双対基底を

$$\left\{\frac{\partial}{\partial x_\alpha{}^1}, \frac{\partial}{\partial x_\alpha{}^2}, \ldots, \frac{\partial}{\partial x_\alpha{}^n}\right\}$$

によって表わす．したがって $x \in U_\alpha$ のとき，$T(M)_x$ の元は，ただ1通りに

$$\mu^1 \frac{\partial}{\partial x_\alpha{}^1} + \mu^2 \frac{\partial}{\partial x_\alpha{}^2} + \cdots + \mu^n \frac{\partial}{\partial x_\alpha{}^n}$$

と表わされる．

$T(M)_x$ と，$T^*(M)_x$ とは互いに双対空間の関係にあるのだから，x における接ベクトル

$$\mu = \sum_{i=1}^n \mu^i \frac{\partial}{\partial x_\alpha{}^i}$$

と，x における余接ベクトル

$$\xi = \sum_{i=1}^n \xi_i dx_\alpha{}^i$$

の間には，互いに他の線形関数になっているという関係があり，それは

$$\mu(\xi) = \xi(\mu) = \sum_{i=1}^n \mu^i \xi_i$$

と表わされる (右辺はアインシュタインの規約 (第13講) を用いれば $\mu^i\xi_i$ とかいてもよい)．

接空間における基底の変換則

$T^*(M)_x$ において，$x \in U_\alpha \cap U_\beta$ のとき，2つの基底

$$\{dx_\alpha{}^1, dx_\alpha{}^2, \ldots, dx_\alpha{}^n\}, \quad \{dx_\beta{}^1, dx_\beta{}^2, \ldots, dx_\beta{}^n\} \tag{1}$$

の間には，変換則

$$dx_\beta{}^i = \sum_{j=1}^n \frac{\partial x_\beta{}^i}{\partial x_\alpha{}^j} dx_\alpha{}^j \quad (i = 1, 2, \ldots, n)$$

が成り立つ．右辺に現われる変換はヤコビ行列

$$\tilde{J}\,(x_\beta/x_\alpha) = \begin{pmatrix} \dfrac{\partial x_\beta{}^1}{\partial x_\alpha{}^1} & \cdots & \dfrac{\partial x_\beta{}^1}{\partial x_\alpha{}^n} \\ & \cdots\cdots & \\ \dfrac{\partial x_\beta{}^n}{\partial x_\alpha{}^1} & \cdots & \dfrac{\partial x_\beta{}^n}{\partial x_\alpha{}^n} \end{pmatrix}$$

によって引き起こされていることを注意しよう．すなわち (1) の基底変換の行列は $J(x_\beta/x_\alpha)$ である．

ヤコビ行列には

$$\tilde{J}\,(x_\alpha/x_\beta)\,\tilde{J}\,(x_\beta/x_\alpha) = \tilde{J}\,(x_\alpha/x_\alpha) = \text{単位行列}$$

という関係があるから

$$\tilde{J}\,(x_\beta/x_\alpha)^{-1} = \tilde{J}\,(x_\alpha/x_\beta)$$

である．このことから，第 14 講‘双対基底の基底変換’を参照すると，(1) に対応する $T(M)_x$ の 2 つの基底

$$\left\{\frac{\partial}{\partial {x_\alpha}^1}, \frac{\partial}{\partial {x_\alpha}^2}, \ldots, \frac{\partial}{\partial {x_\alpha}^n}\right\}, \quad \left\{\frac{\partial}{\partial {x_\beta}^1}, \frac{\partial}{\partial {x_\beta}^2}, \ldots, \frac{\partial}{\partial {x_\beta}^n}\right\} \tag{2}$$

の間に，変換則

$$\boxed{\frac{\partial}{\partial {x_\beta}^i} = \sum_{j=1}^n \frac{\partial {x_\alpha}^j}{\partial {x_\beta}^i}\frac{\partial}{\partial {x_\alpha}^j} \quad (i = 1, 2, \ldots, n)} \tag{3}$$

が成り立つことがわかる．

接ベクトルの成分の変換則

M の点 x が，$x \in U_\alpha \cap U_\beta$ となっているとき，x における接ベクトル μ は，(2) を用いて 2 通りに表わされる．

$$\mu = \sum_{i=1}^n \mu^i \frac{\partial}{\partial {x_\alpha}^i} = \sum_{i=1}^n \nu^i \frac{\partial}{\partial {x_\beta}^i}$$

この 2 つの成分 $\{\mu^1, \ldots, \mu^n\}$，$\{\nu^1, \ldots, \nu^n\}$ の変換則は，(3) の変換則とは反変的であって (第 14 講参照)，

$$\nu^i = \sum_{j=1}^n \frac{\partial {x_\beta}^i}{\partial {x_\alpha}^j}\mu^j \quad (i = 1, 2, \ldots, n) \tag{4}$$

で与えられている．

曲線の定義する接ベクトル

いま，数直線上の区間 $[-1, 1]$ から M の中への連続写像

$$t \longrightarrow x(t)$$

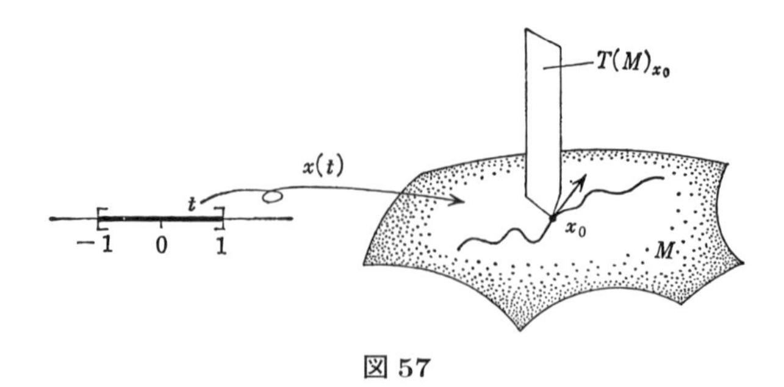

図 57

が与えられたとし，$x(0) = x_0$ とおく (図 57)．$x_0 \in U_\alpha$ とすると，t が 0 に十分近いときには，$x(t)$ はやはり U_α に属しており，したがって局所座標系を用いて

$$x(t) = ({x_\alpha}^1(t), {x_\alpha}^2(t), \ldots, {x_\alpha}^n(t))$$

と表わすことができる．この右辺に現われる t の関数 ${x_\alpha}^i(t)$ $(i = 1, 2, \ldots, n)$ が微分可能な関数のとき，$x(t)$ を ($t = 0$ の近くで) 微分可能な曲線という．以下では微分可能な曲線だけを考えることにしよう．

このとき，$t = 0$ における $x(t)$ の接ベクトルを

$$\left(\frac{d{x_\alpha}^1}{dt}(0), \frac{d{x_\alpha}^2}{dt}(0), \ldots, \frac{d{x_\alpha}^n}{dt}(0)\right) \tag{5}$$

と定義しようと考えるのは，自然なことである．しかしこの定義は，局所座標のとり方によっている．実際，もし $x(0)$ が U_β にも属していれば，U_β 上の局所座標を用いて，同じ考えで $t = 0$ における $x(t)$ の接ベクトルを求めてみることができる．そうすると (5) に代って

$$\left(\frac{d{x_\beta}^1}{dt}(0), \frac{d{x_\beta}^2}{dt}(0), \ldots, \frac{d{x_\beta}^n}{dt}(0)\right) \tag{6}$$

が得られるだろう．

(5) と (6) はまったく違う成分をもつベクトルである．しかし関係がないわけではない．それをみるためには，座標変換の式を用いて

$${x_\beta}^i(t) = {x_\beta}^i({x_\alpha}^1(t), {x_\alpha}^2(t), \ldots, {x_\alpha}^n(t))$$

$(i = 1, 2, \ldots, n)$ と表わし，t について微分してみるとよい．結果は

$$\frac{d{x_\beta}^i}{dt}(0) = \sum_{j=1}^{n} \frac{\partial {x_\beta}^i}{\partial {x_\alpha}^j} \frac{d{x_\alpha}^j}{dt}(0)$$

である．この式は，(5) から (6) へ移る変換則が，接ベクトルの成分の変換則 (4)

とまったく同じ形になっている．

このことは，(5) も (6) も $T(M)_{x_0}$ における 1 つの接ベクトル

$$\frac{dx}{dt}(0) = \sum_{i=1}^{n} \frac{d{x_\alpha}^i}{dt}(0)\frac{\partial}{\partial {x_\alpha}^i} = \sum_{i=1}^{n} \frac{d{x_\beta}^i}{dt}(0)\frac{\partial}{\partial {x_\beta}^i}$$

の成分を表わしていると考えることができる．

【定義】 $T(M)_{x_0}$ における接ベクトル

$$\frac{dx}{dt}(0)$$

を，曲線 $x(t)$ の $t=0$ における接ベクトルという．

この接ベクトル $\dfrac{dx}{dt}(0)$ は，抽象的なベクトル空間 $T(M)_{x_0}$ の中にある抽象的なベクトルである．読者の中には，図 57 を見て，曲線 $x(t)$ の接ベクトルは，ちゃんと図示できているのにと思われる方がいるかもしれない．しかしこのような図によって示されているものは，1 つの局所座標をとって，M のある部分を $\boldsymbol{R}^n$ へ写し出した像である．別の局所座標をとって図示すれば，全然別の図となっただろう．このような図示の仕方によらない‘接ベクトル’という概念は存在すると私たちは考えたいが，この概念をいわば定着させるのは，$T(M)_x$ という抽象的なベクトル空間の中においてであったのである．

ベクトル場

M の各点 x に対して，x における 1 つの接ベクトルを対応させる対応が与えられたとして，それを $X(x)$ とおく．したがって

$$X(x) \in T(M)_x$$

である．

U_α 上での $T(M)_x$ の基底 $\left\{\dfrac{\partial}{\partial {x_\alpha}^1}, \ldots, \dfrac{\partial}{\partial {x_\alpha}^n}\right\}$ を用いると，$x \in U_\alpha$ のとき $X(x)$ は，

$$X(x) = {\mu_\alpha}^1(x)\frac{\partial}{\partial {x_\alpha}^1} + {\mu_\alpha}^2(x)\frac{\partial}{\partial {x_\alpha}^2} + \cdots + {\mu_\alpha}^n(x)\frac{\partial}{\partial {x_\alpha}^n}$$

と表わされる．

【定義】 各 U_α 上で

$${\mu_\alpha}^1(x), \quad {\mu_\alpha}^2(x), \quad \ldots, \quad {\mu_\alpha}^n(x)$$

が C^∞-級の関数のとき，X を M 上のベクトル場という．

ベクトル場 X が与えられたとし，M の局所座標近傍 U_α 上で，X の模様を考えてみよう．U_α を，局所座標を用いた写像によって，$\boldsymbol{R}^n$ の開集合上へ移してみると，この開集合上ではベクトル場 X は，各点 x で

$$({\mu_\alpha}^1(x), {\mu_\alpha}^2(x), \ldots, {\mu_\alpha}^n(x))$$

というベクトルで表わされる．長短はあるとしても，これを各点 x $(\in U_\alpha)$ に与えられた砂鉄と考えると，X がベクトル場となる条件は，この砂鉄の長さと向きが，滑らかに変わっていくことを示している．

そうすると，ベクトル場 X が与えられたとき，'磁力線' を求めるという考えが当然湧いてくる．これはベクトル場の積分曲線を求めるという問題であって，局所座標を用いない抽象的な表現では，'微分方程式'

$$\frac{dx}{dt}(t) = X(x(t))$$

を解く問題となるのであるが，これについて述べることは，ここでは省略することにしよう．

Tea Time

ベクトル場は微分作用素にもなっている

M 上にベクトル場 X が与えられているとしよう．X を U_α 上で

$$X(x) = \sum_{i=1}^n {\mu_\alpha}^i(x) \frac{\partial}{\partial {x_\alpha}^i}$$

と表わしておく．いままでは，記号 $\dfrac{\partial}{\partial {x_\alpha}^i}$ は，まったく記号としての意味しかなかったが，いま仮に，これを偏微分の記号と思って，M 上の C^∞-級関数に対して

$$\sum_{i=1}^n \mu_\alpha i(x) \frac{\partial f}{\partial {x_\alpha}^i} \quad (U_\alpha \text{ 上で}) \tag{$*$}$$

を考えてみる．ここで f は $({x_\alpha}^1, \ldots, {x_\alpha}^n)$ の関数と思っている．ところが，この値は局所座標のとり方によらないのである．すなわち $x \in U_\alpha \cap U_\beta$ のとき

$$\sum_{i=1}^{n} \mu_\alpha{}^i(x) \frac{\partial f}{\partial x_\alpha{}^i} = \sum_{i=1}^{n} \mu_\beta{}^i(x) \frac{\partial f}{\partial x_\beta{}^i}$$

が成り立つ(このことは読者が確かめてみられるとよい).

したがって，各 U_α 上で $(*)$ を，Xf とおくと，Xf は，M 上の C^∞-級関数となっている.

この意味で，ベクトル場は，1 階の微分作用素と考えてよく，そこでは，$T(M)_x$ の基底としての記号 $\frac{\partial}{\partial x_\alpha{}^i}$ と，微分作用素としての記号 $\frac{\partial}{\partial x_\alpha{}^i}$ が整合してくるのである.

第 30 講

リーマン計量

テーマ

◆ 接空間への内積の導入の問題点
◆ 内積についての復習
◆ リーマン計量
◆ 曲線の長さ
◆ リーマン計量の存在
◆ リーマン計量の表わし方 $g_{ij}dx^i dx^j$
◆ テンソル計算

接空間への内積の導入

M の各点 x には接空間 $T(M)_x$ が付随している．$T(M)_x$ は n 次元のベクトル空間である．この n 次元のベクトル空間に内積を入れることを考えたい．

$T(M)_x$ に内積を入れるといっても，x が変わるたびに $T(M)_x$ に導入された内積が，まったくアト・ランダムに変わるようなものでは，やはり困る．たとえば，ある点 x で $T(M)_x$ の内積で測ったところ，長さ 1 であった接ベクトルを，x のごく近くの点 y まで連続的に動かしたところ，長さの方はまったく不連続な変わり方をして，y についたとき，$T(M)_y$ の内積で測ったら，長さが突然 10000 になってしまったなどということがあっては困るのである．

もっとも，この説明で，接ベクトルを動かすなどといういい方ははっきりしないと指摘される読者もおられるかもしれない．そのためには，次のようにいって，もっと論点を明らかにしておいた方がよいだろう．

いま，区間 $[-1,1]$ から M への微分可能な曲線 $x(t)$ が与えられたとする．前講で述べたように，各 t に対して

$$\frac{dx}{dt}(t) \in T(M)_{x(t)}$$

である (もっとも前講では $t=0$ の場合しか述べなかった). もし各 $T(M)_{x(t)}$ に内積が与えられていれば, この内積によって $\dfrac{dx}{dt}(t)$ の長さ

$$\left\| \frac{dx}{dt}(t) \right\|$$

を考えることができるが, これが少なくとも連続的に変化するようになっていなくては, 数学的にも直観的にも不自然なことになってしまう.

私たちの望むのは, ある意味で, x の変化につれて連続的に (できれば C^∞-級に) 変化していくように, $T(M)_x$ に内積を導入したい, ということである.

内積についての復習

内積については, 第 11 講, 第 12 講で詳しく述べてきた. そこでの議論にしたがえば, ベクトル空間に内積を 1 つ与えることは, 正規直交系を 1 つ指定することであるといってもよい.

しかしここでは, 第 13 講で述べたような観点に立つ方がよい. それにしたがえば, ベクトル空間 $\boldsymbol{V}$ に, いま 1 つ内積 $(\ \ ,\ \ )$ が与えられたとする. このときあらかじめ存在していた基底 $\{\boldsymbol{e}_1, \boldsymbol{e}_2, \ldots, \boldsymbol{e}_n\}$ に対して

$$(\boldsymbol{e}_i, \boldsymbol{e}_j) = g_{ij} \quad (i, j = 1, 2, \ldots, n)$$

とおくと, $g_{ij} = g_{ji}$ で, 任意の実数 $x_1, x_2, \ldots, x_n$ に対し

$$\sum_{i,j=1}^{n} g_{ij} x_i x_j \geqq 0 \quad (\text{等号は } x_1 = \cdots = x_n = 0 \text{ のときに限る})$$

が成り立つ.

逆に上の条件をみたす $\{g_{ij}\}$ $(i, j = 1, 2, \ldots, n)$ が与えられれば, $\boldsymbol{V}$ に, $(\boldsymbol{e}_i, \boldsymbol{e}_j) = g_{ij}$ をみたす内積が導入される.

リーマン計量

いま, M の各点 x に対し, 接空間 $T(M)_x$ に, 内積 $(\ \ ,\ \ )_x$ が与えられているとする.

局所座標近傍 U_α 上で $T(M)_x$ の基底

$$\left\{ \frac{\partial}{\partial {x_\alpha}^1}, \frac{\partial}{\partial {x_\alpha}^2}, \ldots, \frac{\partial}{\partial {x_\alpha}^n} \right\}$$

を考え，各点 $x \in U_\alpha$ に対して

$$\left(\frac{\partial}{\partial {x_\alpha}^i}, \frac{\partial}{\partial {x_\alpha}^j}\right)_x = {g_{ij}}^\alpha(x) \tag{1}$$

とおく．

【定義】 各点 x に対し $T(M)_x$ に与えられた内積 $(\ \ ,\ \ )_x$ が，次の条件 (R) をみたすとき，M にリーマン計量が与えられたという：

(R)　各 U_α 上で，${g_{ij}}^\alpha(x)$ は C^∞-級の関数である．

M にリーマン計量が与えられたとき，$T(M)_x$ $(x \in U_\alpha)$ の 2 つの接ベクトル

$$\mu = \sum_{i=1}^n \mu^i \frac{\partial}{\partial {x_\alpha}^i}, \quad \nu = \sum_{i=1}^n \nu^i \frac{\partial}{\partial {x_\alpha}^i}$$

の内積は

$$(\mu, \nu)_x = \sum_{i,j=1}^n {g_{ij}}^\alpha(x)\mu^i\nu^j$$

と表わされる．$(\mu, \nu)_x$ は，x の関数と考えると，U_α 上で C^∞-級の関数となっている．また μ の長さ $\|\mu\|_x$ は

$$\|\mu\|_x = \sqrt{\sum_{i,j=1}^n {g_{ij}}^\alpha(x)\mu^i\mu^j} \tag{2}$$

で与えられる．

曲線の長さ

M にリーマン計量が与えられているとする．M 上の微分可能な曲線 $x = x(t)$ $(-1 \leqq t \leqq 1)$ を考えよう．$x(t) \in U_\alpha$ とすると，$x(t)$ の接ベクトルの長さは，(2) から

$$\left\|\frac{dx}{dt}(t)\right\| = \sqrt{\sum_{i,j=1}^n {g_{ij}}^\alpha(x)\frac{d{x_\alpha}^i}{dt}\frac{d{x_\alpha}^j}{dt}}$$

となり，右辺は t についての連続関数となる．したがって積分

$$\int_0^1 \left\|\frac{dx}{dt}(t)\right\| dt$$

を考えることができる．この値を 0 から 1 までの曲線 $x(t)$ の長さという．

読者は，各接空間上に内積を通して与えられたベクトルの長さの概念が，積分の概念を用いることによって，M 全体へと広がっていくことに注目してほしい．

リーマン計量の存在

では，任意の多様体 M 上にリーマン計量は存在するのだろうかということが問題となる．これについては次の定理が成り立つ．

【定理】 多様体 M には，必ずリーマン計量が存在する．

これについての証明はここでは与えないが，考え方は次のようである．各局所座標近傍では，$T(M)_x$ の基底として

$$\left\{\frac{\partial}{\partial {x_\alpha}^1}, \frac{\partial}{\partial {x_\alpha}^2}, \ldots, \frac{\partial}{\partial {x_\alpha}^n}\right\}$$

がとれるから，この基底を通して $\boldsymbol{R}^n$ と同一視しておけば，$x \in U_\alpha$ である限り，$T(M)_x$ に条件 (R) をみたす内積が入ることは明らかなのである．問題は，M を $M = \bigcup U_\alpha$ と局所座標近傍でおおったとき，各 U_α 上でこのように独立で与えられたリーマン計量を，いかに上手に貼り合わせて，M 上のリーマン計量をつくるかにかかっている．この貼り合わせの操作に，1 の分解とよばれる C^∞-級関数の集まりが，M 上に存在していることが，本質的に用いられてくるのである．

M が局所座標近傍の有限個によって

$$M = U_1 \cup U_2 \cup \cdots \cup U_s$$

とおおわれているとき，1 の分解とはどのようなものかだけ説明しておこう．

M 上の C^∞-級の関数の集まり $\{f_1, f_2, \ldots, f_s\}$ で次の性質をみたすものを，1 の分解という．

(a) $f_i(x) \geqq 0 \quad (i = 1, 2, \ldots, s)$

(b) $x \notin U_i$ ならば $f_i(x) = 0 \quad (i = 1, 2, \ldots, s)$

(c) $\sum_{i=1}^{s} f_i(x) = 1$

1 の分解は必ず存在することが証明される．一般には，‘局所有限な’ 座標近傍におおわれているとき，この座標近傍に付随した 1 の分解は必ず存在するのである．

リーマン計量の表わし方

一般に，ベクトル空間 $\boldsymbol{V}$ の内積 $(\boldsymbol{x}, \boldsymbol{y})$ は，$\boldsymbol{x}$ と $\boldsymbol{y}$ について，それぞれ線形であって，したがって，$\boldsymbol{V} \times \boldsymbol{V}$ 上の双線形関数と考えることができる．そのように考えると，内積は，双線形関数のつくる空間 $\boldsymbol{V}^* \otimes \boldsymbol{V}^*$ の元を 1 つ与えているとみることができる．$\{\boldsymbol{e}_1, \boldsymbol{e}_2, \ldots, \boldsymbol{e}_n\}$ を $\boldsymbol{V}$ の基底とし，$\{\boldsymbol{e}^1, \boldsymbol{e}^2, \ldots, \boldsymbol{e}^n\}$ を $\boldsymbol{V}^*$ におけるこの双対基底とする．このとき，内積が

$$(\boldsymbol{e}_i, \boldsymbol{e}_j) = g_{ij}$$

で与えられているとき，この内積を表わす双線形関数は $\boldsymbol{V}^* \otimes \boldsymbol{V}^*$ の元として

$$\sum_{i,j=1}^{n} g_{ij} \boldsymbol{e}^i \otimes \boldsymbol{e}^j \tag{3}$$

で表わされる．実際，この双 1 次関数が $(\boldsymbol{e}_s, \boldsymbol{e}_t)$ でとる値をみてみると

$$\begin{aligned} \sum_{i,j=1}^{n} g_{ij} \boldsymbol{e}^i \otimes \boldsymbol{e}^j (\boldsymbol{e}_s, \boldsymbol{e}_t) &= \sum_{i,j=1}^{n} g_{ij} \boldsymbol{e}^i (\boldsymbol{e}_s) \boldsymbol{e}^j (\boldsymbol{e}_t) \\ &= g_{st} \end{aligned}$$

となって，$\boldsymbol{e}_s$ と $\boldsymbol{e}_t$ の内積 $(\boldsymbol{e}_s, \boldsymbol{e}_t)$ に一致する．

このことを (1) で与えられている，M 上のリーマン計量に適用してみよう．接空間 $T(M)_x$ における基底

$$\left\{ \frac{\partial}{\partial {x_\alpha}^1}, \frac{\partial}{\partial {x_\alpha}^2}, \ldots, \frac{\partial}{\partial {x_\alpha}^n} \right\}$$

の，$T^*(M)_x$ における双対基底は

$$\{d{x_\alpha}^1, d{x_\alpha}^2, \ldots, d{x_\alpha}^n\}$$

で与えられていることを思い出しておこう．

したがって (1) の表わし方で，(3) をかき表わしてみると

$$\sum_{i,j=1}^{n} {g_{ij}}^\alpha d{x_\alpha}^i \otimes d{x_\alpha}^j$$

となる．

ここで，記号 $\otimes$ も省略し，また局所座標近傍を示す添数 α も省略すると

$$\sum_{i,j=1}^{n} g_{ij} dx^i dx^j$$

となる．アインシュタインの規約を用いれば，さらに

$$g_{ij}dx^i dx^j$$

とかいてもよいことになる．リーマン計量をこのように表わすことは，ごくふつうのことになっているが，この意味は，上に述べたようなものであるということは知っておいた方がよいかもしれない．

テンソル計算

ベクトル空間 $\boldsymbol{V}$ に内積を与えると，第 13 講で述べたように，$\boldsymbol{V}$ と双対空間 $\boldsymbol{V}^*$ の間に標準的な同型対応が存在する．

このことは，M にリーマン計量が与えられると，各点 x で接空間 $T(M)_x$ と余接空間 $T^*(M)_x$ の間に標準的な同型対応が存在することを意味している．したがってまた，これらの空間のテンソル積の間にも標準的な同型対応が存在することになる．

第 13 講で述べた指標の上げ下げのような規約による，この同型対応の表示は，今度は，接空間と余接空間の同型対応を示す規約として，M 全体へと広がっていく．これはリーマン幾何学でのテンソル計算として知られているものであるが，ここでは，これ以上述べない．

本書の前半で与えた線形空間の理論がこのようにして，しだいしだいに多様体の上へと広がってきて，そこで解析学と幾何学との接合を示すような役目を演じてくるようになる．これはベクトル解析が示した新しい展望である．読者がこれまでの話で，現代数学のこの方向への強い志向に，少しでも関心を抱かれればよいがと望んでいる．

Tea Time

質問　これまでの 30 講で学んだベクトル解析の内容に沿って，もう少し先まで勉強したいと思ったら，どんな本で学ぶのがよいでしょうか．

答　この講義では，物理的な事柄を少しも述べなかった．質問の趣旨とは少しずれるが，もし，物理的な応用も知りたいという人は，本屋さんへ行って，数学書と物理学書の並んでいる棚をみると，その種のテーマを扱った本を，何冊か見つけることができるだろう．この場合でも，数学者のかいたベクトル解析の本と，物理学者のかいたベクトル解析の本は，少しニュアンスが違うようである．

さて，この本で述べてきたような，純粋数学の方向をさらに押し進めると，多様体の一般論が眼前に広がってくるということになる．この講義では，多様体の導入を，微分形式の道をたどって行なったが，現代数学の中で，多様体はもっと広い視野で捉えられている．これについては，志賀浩二『現代数学への招待——多様体とは何か』(岩波書店) が読みやすいのではないかと思う．多様体に関する本も，最近は数学書の棚に見出すことができるようになった．微分形式の応用は多方面にわたるが，たとえば，古典的な曲面の微分幾何でも，微分形式は有効に用いられるのであって，それについては小林昭七『曲線と曲面の微分幾何』(裳華房) を参照されるとよい．

索　　引

タ 行

ナ 行

ハ　行

マ　行

ヤ　行

ラ　行

ワ　行

著者略歴

志賀浩二（しが こうじ）

1930年　新潟県に生まれる
1955年　東京大学大学院数物系数学科修士課程修了
　　　　東京工業大学理学部教授，桐蔭横浜大学工学部教授などを歴任
　　　　東京工業大学名誉教授，理学博士
2024年　逝去
受　賞　第1回日本数学会出版賞
著　書　「数学30講シリーズ」（全10巻，朝倉書店），
　　　　「数学が生まれる物語」（全6巻，岩波書店），
　　　　「中高一貫数学コース」（全11巻，岩波書店），
　　　　「大人のための数学」（全7巻，紀伊國屋書店）など多数

数学30講シリーズ 7
新装改版 ベクトル解析30講　　定価はカバーに表示

1989年 5月25日　初　　版第1刷
2022年 8月 5日　　　　第25刷
2024年 9月 1日　新装改版第1刷

著　者　志　賀　浩　二
発行者　朝　倉　誠　造
発行所　株式会社　朝　倉　書　店

東京都新宿区新小川町6-29
郵便番号　162-8707
電　話　03(3260)0141
F A X　03(3260)0180
https://www.asakura.co.jp

〈検印省略〉

中央印刷・渡辺製本

ISBN 978-4-254-11887-2 C3341　　Printed in Japan

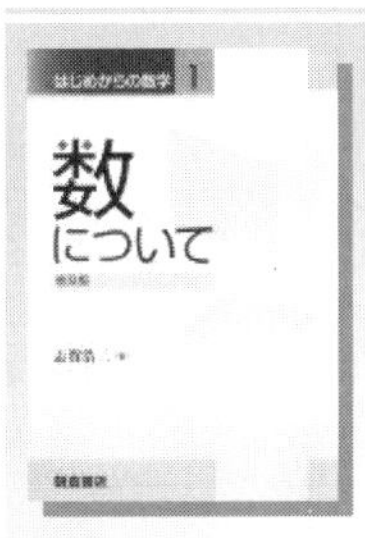

はじめからの数学 1 数について （普及版）

志賀 浩二 (著)

B5 判／152 頁　978-4-254-11535-2 C3341　定価 3,190 円（本体 2,900 円＋税）

数学をもう一度初めから学ぶとき“数”の理解が一番重要である。本書は自然数，整数，分数，小数さらには実数までを述べ，楽しく読み進むうちに十分深い理解が得られるように配慮した数学再生の一歩となる話題の書。【各巻本文二色刷】

はじめからの数学 2 式について （普及版）

志賀 浩二 (著)

B5 判／200 頁　978-4-254-11536-9 C3341　定価 3,190 円（本体 2,900 円＋税）

点を示す等式から，範囲を示す不等式へ，そして関数の世界へ導く「式」の世界を展開。〔内容〕文字と式／二項定理／数学的帰納法／恒等式と方程式／ 2 次方程式／多項式と方程式／連立方程式／不等式／数列と級数／式の世界から関数の世界へ。

はじめからの数学 3 関数について （普及版）

志賀 浩二 (著)

B5 判／192 頁　978-4-254-11537-6 C3341　定価 3,190 円（本体 2,900 円＋税）

‘動き’を表すためには，関数が必要となった。関数の導入から，さまざまな関数の意味とつながりを解説。〔内容〕式と関数／グラフと関数／実数，変数，関数／連続関数／指数関数，対数関数／微分の考え／微分の計算／積分の考え／積分と微分

朝倉 数学辞典

川又 雄二郎・坪井 俊・楠岡 成雄・新井 仁之 (編)

B5 判／776 頁　978-4-254-11125-5 C3541　定価 19,800 円（本体 18,000 円＋税）

大学学部学生から大学院生を対象に, 調べたい項目を読めば理解できるよう配慮したわかりやすい中項目の数学辞典。高校程度の事柄から専門分野の内容までの数学諸分野から327項目を厳選して五十音順に配列し, 各項目は2～3ページ程度の, 読み切れる量でページ単位にまとめ, 可能な限り平易に解説する。〔内容〕集合, 位相, 論理／代数／整数論／代数幾何／微分幾何／位相幾何／解析／特殊関数／複素解析／関数解析／微分方程式／確率論／応用数理／他。

プリンストン 数学大全

砂田 利一・石井 仁司・平田 典子・二木 昭人・森 真 (監訳)

B5 判／1192 頁　978-4-254-11143-9 C3041　定価 19,800 円（本体 18,000 円＋税）

「数学とは何か」「数学の起源とは」から現代数学の全体像, 数学と他分野との連関までをカバーする, 初学者でもアクセスしやすい総合事典。プリンストン大学出版局刊行の大著「The Princeton Companion to Mathematics」の全訳。ティモシー・ガワーズ, テレンス・タオ, マイケル・アティヤほか多数のフィールズ賞受賞者を含む一流の数学者・数学史家がやさしく読みやすいスタイルで数学の諸相を紹介する。「ピタゴラス」「ゲーデル」など96人の数学者の評伝付き。

上記価格は 2024 年 7 月現在